ASP. NET 程序设计项目教程（第 2 版）

主 编 周 虎 王 彬 邢如意
副主编 邱 芬 赵志健 叶贵文 严圣华

北京理工大学出版社
BEIJING INSTITUTE OF TECHNOLOGY PRESS

版权专有　侵权必究

图书在版编目（CIP）数据

ASP. NET 程序设计项目教程 / 周虎，王彬，邢如意主编. -- 2 版. -- 北京：北京理工大学出版社，2017.8（2024.7 重印）
ISBN 978 - 7 - 5682 - 4446 - 6

Ⅰ. ①A… Ⅱ. ①周… ②王… ③邢… Ⅲ. ①网页制作工具 – 程序设计 – 教材 Ⅳ. ①TP393.092.2

中国版本图书馆 CIP 数据核字（2017）第 181884 号

责任编辑：钟　博	文案编辑：钟　博
责任校对：周瑞红	责任印制：李志强

出版发行 /	北京理工大学出版社有限责任公司
社　　址 /	北京市丰台区四合庄路 6 号
邮　　编 /	100070
电　　话 /	（010）68914026（教材售后服务热线）
	（010）68944437（课件资源服务热线）
网　　址 /	http：//www.bitpress.com.cn

版 印 次 /	2024 年 7 月第 2 版第 10 次印刷
印　　刷 /	唐山富达印务有限公司
开　　本 /	787 mm × 1092 mm　1/16
印　　张 /	20.25
字　　数 /	470 千字
定　　价 /	58.00 元

图书出现印装质量问题，请拨打售后服务热线，负责调换

前　言

随着网络技术的进一步发展和 Internet 的日益普及，人们对 Web 站点建设技术的需求与日俱增。作为动态网站开发平台，ASP.NET 是目前较为流行的开发技术之一，也是微软公司推出的核心产品。ASP.NET 从根本上对 ASP 进行了升级，全面融入面向对象的编程理念，也是 .NET 战略的重要组成部分。在一般情况下，ASP.NET 应用程序可以使用三种语言编程：VB.NET、JavaScript.NET 和 C#语言。其中，C#是一门随着 .NET 的发布而发布的全新的面向对象的编程语言。因此，本书采用 C#作为 .NET 编程首选语言，同时采用 Visual Studio 2012 作为 ASP.NET 开发平台。

本书在编写过程中，力求突出技能培养，注重实践，遵循操作顺序，特别适合学生通过上机实践获取实际操作的经验。本书力求符合当前职业学校学生的认知规律，并依据任务驱动式的教学模式，遵循计算机软件技术教学的基本教学规律。本书在内容的编排和层次的组织上遵从"基础－进阶－提高"的设计思路，通过"项目－任务－导学案例"的组织结构编排全书，努力提高学生的实践技能。

本书的特色如下：

（1）全书以案例为点，以任务为驱动，突出学生职业发展主线，符合职教特色。

（2）按照"先案例，后理论"的方式组织编排内容，符合当前教育规律，这是程序设计语言类教材的一个新的尝试。

（3）将 ASP.NET Web 应用程序的基本内容浓缩在案例中，读者只要学会案例就能很好地掌握所有内容。着力构建包括实验、实训、实习（顶岗实习）的实践教学体系，按照职业岗位（群）的技能标准，从单项技能训练到多项训练、从简单才能实训到综合技能实训、从认知实习到模拟实习再到顶岗实习，实现与企业人才需求标准的无缝对接，让学生真正获得直接上岗的就业能力。

（4）案例导学与任务驱动设置在"导学实践，跟我学"模块中，随后的"能力大比拼，看谁做得又好又快"模块可锻炼学生的技能、知识，是"教、学、做"的有机统一。

本书共有 10 个项目，各项目的执笔人如下：项目一由王彬完成，项目二、三、四、五、六由邢如意完成，项目七、八、九、十由周虎完成，最后由王彬统稿。

本书是在国家示范计算机网络技术专业数字化资源共建共享课题组的统一组织下进行编写的，在此感谢项目组兄弟学校所给予的指导和帮助，同时也对北京理工大学出版社所提供的支持表示衷心的感谢。

在编写的过程中，由于编者水平有限，并且本书所涉及的技能与知识点甚多，尽管编者力求完善，但难免有不妥和错误之处，诚恳地期望广大读者和各位专家不吝指教。

有关本书的意见和反馈信息以及读者在学习过程中遇到的困难，请邮件联系：65505153@qq.com。

编　者

目　　录

项目一　了解 ASP.NET 与 Visual Studio 2015 ············ 1
　　任务一　设计"Hello，VS2015"程序 ············ 1
　　任务二　ASP.NET 程序构成及页面事件 ············ 7
项目二　网页设计基础 ············ 16
　　任务一　HTML 基础 ············ 16
　　任务二　CSS ············ 29
　　任务三　JavaScript ············ 39
　　任务四　jQuery ············ 49
项目三　主题与母版 ············ 58
　　任务一　主题和外观文件的创建与使用 ············ 58
　　任务二　母版页的创建与使用 ············ 65
　　任务三　内容页访问母版页 ············ 72
项目四　ASP.NET 常用控件 ············ 74
　　任务一　ASP.NET 常用控件概述 ············ 74
　　任务二　服务器控件与 HTML 控件的区分 ············ 75
　　任务三　常用控件 ············ 76
　　任务四　验证控件 ············ 94
　　任务五　用户自定义控件 ············ 107
项目五　ASP.NET 内置对象及状态管理 ············ 110
　　任务一　ASP.NET 内置对象概述 ············ 110
　　任务二　Page 和 Cookie 对象 ············ 110
　　任务三　Request 和 Response 对象 ············ 113
　　任务四　Application 和 Session 对象 ············ 114
项目六　使用 ADO.NET 访问数据库 ············ 123
　　任务一　ADO.NET 概述 ············ 123
　　任务二　Connection 对象 ············ 124
　　任务三　Command 对象 ············ 130
　　任务四　DataReader 对象 ············ 137
　　任务五　DataAdapter 对象 ············ 144
　　任务六　使用 DataSet 对象 ············ 146
　　任务七　数据控件的使用 ············ 151
项目七　LINQ 数据访问技术 ············ 188
　　任务一　LINQ 查询的基本语法 ············ 188

任务二 LINQ to SQL …………………………………………………………… 194
  任务三 LINQ DataSource ………………………………………………………… 205
项目八 在线购物商城……………………………………………………………………… 210
项目九 **Web Service 与 AJAX** …………………………………………………………… 259
  任务一 创建 Web Service ……………………………………………………… 259
  任务二 调用 Web Service ……………………………………………………… 264
  任务三 AJAX 核心控件 ………………………………………………………… 269
  任务四 AJAXControlToolKit 控件的使用 ……………………………………… 273
项目十 **ASP.NET MVC 技术应用** ……………………………………………………… 280
  任务一 Hello ASP.NET MVC …………………………………………………… 280
  任务二 使用 ASP.NET MVC 实现新用户管理功能 …………………………… 287
参考文献 ……………………………………………………………………………………… 313

项目一
了解 ASP. NET 与 Visual Studio 2015

● **项目任务**

本项目通过使用 C#语言 ASP. NET 来开发 Web 应用程序，在此过程中通过实践来熟悉 ASP. ENT 和 Visual Studio 2015 的集成开发环境（IDE），理解并掌握 ASP. ENT Web 应用程序的构成。

● **学习目标**

☆ 掌握 ASP. NET4.5 的集成开发环境；
☆ 学会在 Visual Studio 2015 中新建 Web 应用程序；
☆ 掌握 ASP. NET 程序的构成与处理过程。

任务一 设计 "Hello，VS2015" 程序

任务要点

（1）掌握新建 Web 应用程序的方法；
（2）掌握 ASP. NET 的集成开发环境（IDE）；
（3）掌握 ASP. NET 的程序运行环境。

导学实践，跟我学

【案例 1-1】 设计 "Hello，VS2015" 程序。

Visual Studio 2015 是微软公司推出的一个基于 Windows 平台开发的集成开发环境。本任务将以一个简单的 "Hello，VS2015" 程序为例讲解在 Visual Studio 2015 中开发 ASP. NET Web 应用程序的基本过程。

具体步骤如下：

（1）打开 Visual Studio 2015 后，单击 "文件" → "新建网站"，在弹出的 "新建网站" 对话框中，语言选择 "Visual C#"，类型选择 "ASP. NET 空网站"，并单击 "确定" 按钮，如图 1-1 所示。

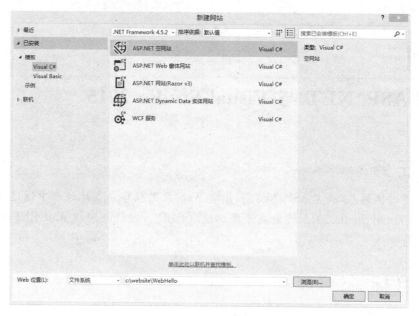

图 1-1 "新建网站"对话框

> **小提示** 在"位置"中有3个选项：文件系统、HTTP、FTP。"文件系统"表示由系统建立一个临时 HTTP 服务器，端口随机生成，外部不能访问，安全性高；"HTTP"表示如果本地计算机架设了 HTTP 服务器，可以直接将文件放在一个配置好的 Web 目录中；"FTP"表示将文件存放在远程目录中，这适合对已经存在的 Web 应用程序作小修改。

（2）在 WebHello 的网站开发环境中，可以在"解决方案资源管理器"中看到一个"Web.Config"文件，首先用鼠标右键单击选择"添加"→"添加新项"，如图 1-2 所示。

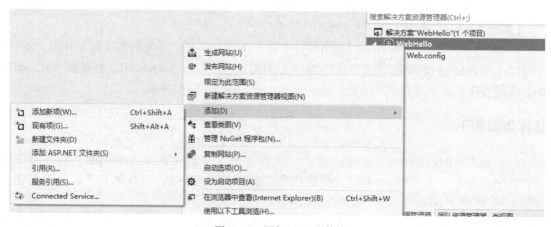

图 1-2 添加 Web 窗体

项目一　了解ASP.NET与Visual Studio 2015

在弹出的窗口中选择"Web 窗体"，窗体名称为"Default.aspx"，然后单击"添加"按钮，这便在网站的目录下创建了"Default.aspx"页面，如图1-3所示。

图1-3　新建 Web 窗体

> **小提示**　"Default.aspx"和"Default.aspx.cs"分别对应页面设计和后台代码。可以这样理解："Default.aspx"存放的设计页面，"Default.aspx.cs"存放的是隐藏的代码页。这在一定程度上实现了代码与页面分离。

（3）在界面中单击"设计"（左下角有标注），就可以转到"设计"视图，在工具箱里将"Label"控件拖入"设计"视图中，并将之命名为"lblHello"，如图1-4所示。

（4）在"设计视图"下，双击空白地方，会从"Default.aspx"页面转到"Default.aspx.cs"页面，在页面载入事件 Page_Load() 中输入如图1-5所示的代码。

代码如下：

```
this.lblHello.Text = "Hello,VS2015";
```

（5）单击"调试"→"启动调试"或"开始执行（不调试）"，将出现如图1-6所示的效果。

图1-4　设置 Label 属性

```
1   using System;
2   using System.Collections.Generic;
3   using System.Linq;
4   using System.Web;
5   using System.Web.UI;
6   using System.Web.UI.WebControls;
7
    2 个引用
8   public partial class _Default : System.Web.UI.Page
9   {
        0 个引用
10      protected void Page_Load(object sender, EventArgs e)
11      {
12          this.lblHello.Text = "Hello,VS2015";
13      }
14  }
```

图1-5　后台代码

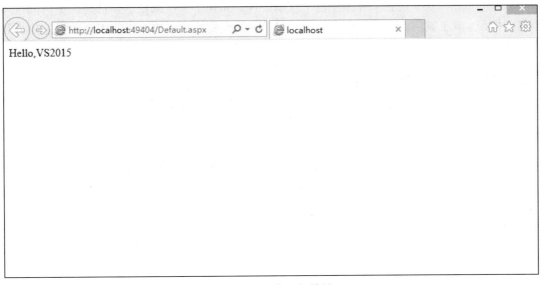

图 1-6 程序运行效果

示例说明

（1）一般来说，第一次运行网站时会弹出"未启用调试"对话框。在"未启用调试"对话框中，用户可以选择添加"Web.config"，单击"确定"按钮，就可以将"Web.config"文件添加到 Web 应用程序中，并启动调试功能。

（2）本案例利用控件 Label 实现了一个简单的"Hello, VS2015"的 Web 应用程序（网站），在 .NET 框架下利用 C#语言实现了基于 B/S 架构的网站。用 C#语言开发的网站代码页为"*.aspx.cs"。很多时候，可以这样理解：.cs 文件内放后台操作代码，而 .aspx 文件只是存放各个控件的代码，处理程序代码一般放在 .cs 文件中。

背景知识

1. Visual Studio 2015 简介

Visual Studio 2015 是微软公司推出的一款功能完整的开发环境，是最流行的基于 Windows 的应用程序开发平台。由于采用了新版 Windows 的核心功能，因此 Visual Studio 2015 只能在系统为 Windows 7 或更高版本的电脑上才能运行。

Visual Studio 2015 不仅支持传统桌面级应用程序的开发，还支持跨平台移动应用开发等。对于 C#开发者而言，其通过使用 Xamarin 移动框架编写 C#代码，并将代码绑定到 iOS 和 Android 设备中；对于 Web 开发者而言，其可以使用 HTML、CSS、JavaScript（或 TypeScript）进行跨平台移动 Web 开发。Visual Studio 2015 支持针对 JavaScript 的断点调试、变量监视、控制台等代码调试功能。

Visual Studio 2015 的整个界面经过了重新设计，简化了工作流程，并且提供了访问常用工具的捷径。其工具栏经过了简化，减少了选项卡的混乱性，用户可以使用全新快速的方式找到代码。

2. Visual Studio 2015 界面介绍

Visual Studio 2015 界面分为工具菜单栏、工具箱、代码视图编辑区、解决方案管理区和错误调试显示窗口，如图 1-7 所示。

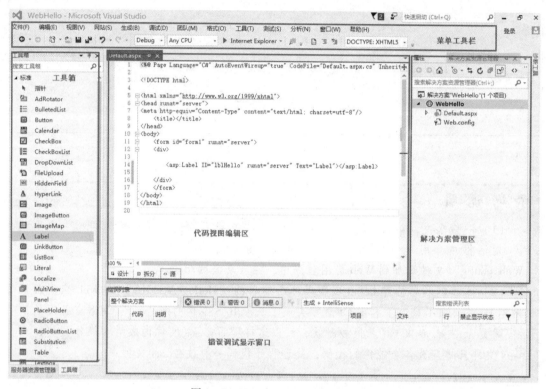

图 1-7 Visual Studio 2015 界面

菜单工具栏提供快捷操作按钮及功能菜单；工具箱提供常用的 Web 控件，用于用户的页面设计；代码视图编辑区用于编辑界面及后台代码；错误调试显示窗口显示程序运行过程中的错误信息；解决方案管理区用于网站项目文件管理以及控件的属性窗口切换操作。

※ 能力大比拼，看谁做得又好又快 ※

使用 TextBox 控件并显示"Hello，VS2015"，结果如图 1-8 所示。

项目一 了解ASP.NET与Visual Studio 2015

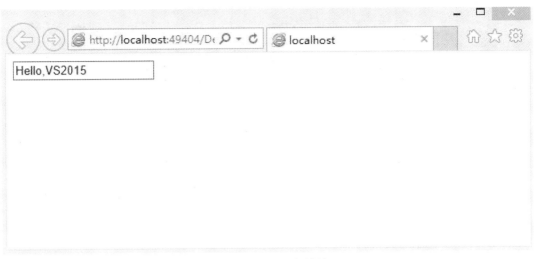

图1-8 程序运行效果

任务小结

------你掌握了吗?

（1）使用 Visual Studio 2015 创建 Web 应用程序。

（2）掌握页面载入事件的作用。

任务二　ASP.NET 程序构成及页面事件

任务要点

（1）掌握 ASP.NET 页面结构；

（2）掌握 ASP.NET 应用程序文件夹；

（3）掌握 ASP.NET 的页面指令；

（4）掌握 ASP.NET 的页面事件。

导学实践，跟我学

【案例1-2】　ASP.NET 程序构成初探。

在创建 ASP.NET Web 应用程序时，不可避免地要学会并掌握页面结构、指令、事件、应用程序文件夹、Global.asax 以及程序的编译。下面继续以"Hello, Visual Studio 2015"程序为例讲解以上知识点。

具体步骤如下：

（1）打开"Default.aspx"页面并单击"源"，如图1-9所示。

ASP.NET 指令在每个 ASP.NET 页面中都有。使用这些指令可以控制 ASP.NET 页面的行为。

ASP.NET程序设计项目教程（第2版）

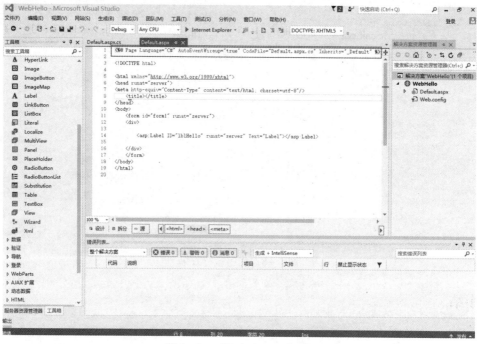

图1-9 "Default.aspx"源

以上是@Page指令的一个例子。@Page指令允许为ASP.NET页面（.aspx）指定解析和编译页面时使用的属性和值。它是最常用的指令。ASP.NET页面是ASP.NET的一个重要部分，所以它有许多属性。详见"背景知识"部分。

（2）切换到"Default.aspx.cs"，如图1-10所示。

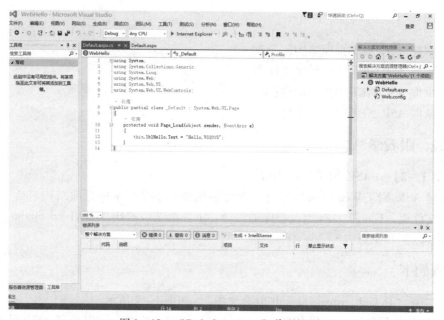

图1-10 "Default.aspx.cs"代码视图

Page_Load()事件是页面事件中最常用的一个，它表示页面载入时触发的事件，一般情

-8-

况下用来给窗体控件初始化值。

（3）创建“Global. asax”。在“解决方案资源管理器”的网站根目录上单击鼠标右键选择“添加新项”，如图1－11所示，在弹出的“添加新项”对话框中选择“全局应用程序类”→“添加”后，在“解决方案资源管理器”中双击“Global. asax”，如图1－12所示。

图1－11 创建“Global. asax”

```
<%@ Application Language="C#" %>

<script runat="server">

    void Application_Start(object sender, EventArgs e)
    {
        // 在应用程序启动时运行的代码

    }

    void Application_End(object sender, EventArgs e)
    {
        //  在应用程序关闭时运行的代码

    }

    void Application_Error(object sender, EventArgs e)
    {
        // 在出现未处理的错误时运行的代码

    }

    void Session_Start(object sender, EventArgs e)
    {
        // 在新会话启动时运行的代码

    }

    void Session_End(object sender, EventArgs e)
    {
        // 在会话结束时运行的代码。
        // 注意: 只有在 Web.config 文件中的 sessionstate 模式设置为
        // InProc 时，才会引发 Session_End 事件。如果会话模式设置为 StateServer
        // 或 SQLServer，则不引发该事件。

    }

</script>
```

图1－12 “Global. asax”代码

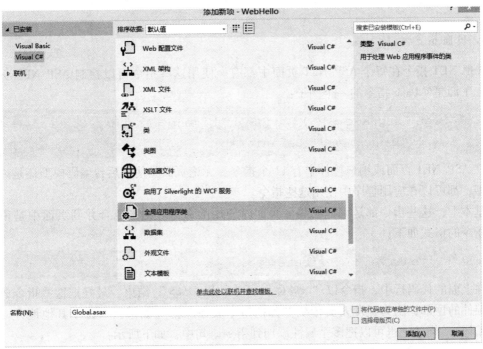

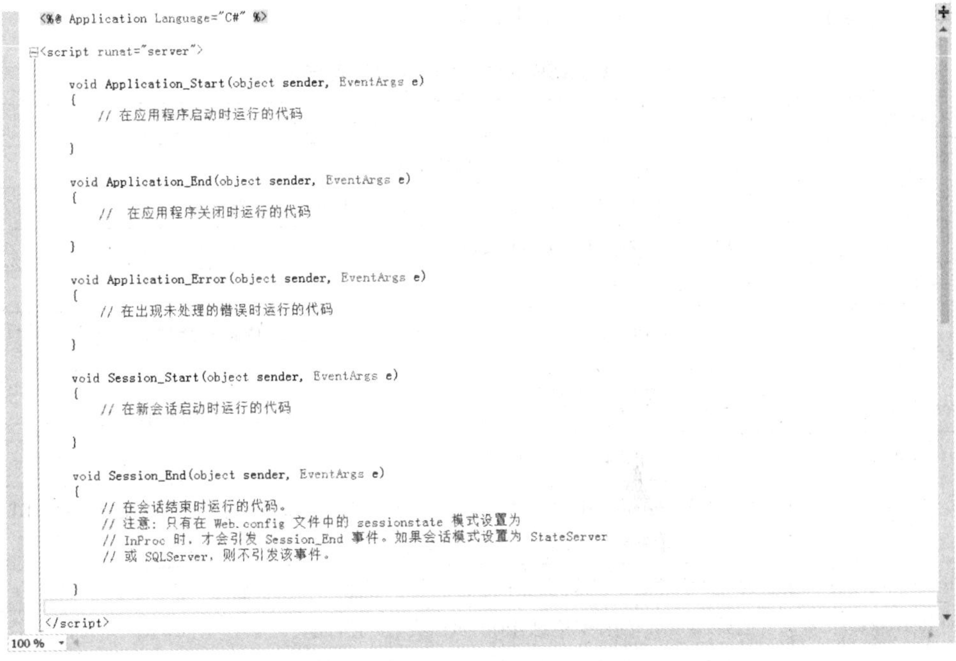

ASP.NET 应用程序只能有一个 "Global.asax" 文件,它自动生成的事件常用的主要有 Application_Start( )、Application_End( )、Session_Start( )、Session_End( ) 等。

背景知识

1. 页面指令

ASP.NET 指令在每个 ASP.NET 页面中都有。使用这些指令可以控制 ASP.NET 页面的行为。下面是 @Page 指令的一个例子:

```
<%@ Page Language = "C#" AutoEventWireup = "true" CodeFile = "Default.aspx.cs" Inherits = "_Default"%>
```

在 ASP.NET 页面或用户控件中有 11 个指令。无论页面是使用后台编码模型还是内置编码模型,都可以在应用程序中使用这些指令。

基本上,这些指令都是编译器编译页面时使用的命令。把指令合并到页面中是很简单的。指令的格式如下:

```
<%@ [Directive][Attribute = Value]%>
```

在上面的代码行中,指令以 "<%@" 开头,以 "%>" 结束。最好把这些指令放在页面或控件的顶部,因为开发人员传统上都把指令放在那里(如果指令位于其他地方,页面仍能编译)。当然,也可以把多个属性添加到指令语句中,如下所示:

```
<%@ [Directive][Attribute = Value][Attribute = Value]%>
```

表 1-1 描述了 ASP.NET 页面中的常用指令。

表 1-1 ASP.NET 页面中的常用指令

指令	说明
@ Assembly	把程序集链接到与它相关的页面或用户控件上
@ Control	用户控件(.ascx)使用的指令,其含义与 @Page 指令相当
@ Implements	实现指定的 .NET Framework 接口
@ Import	在页面或用户控件中导入指定的命名空间
@ Master	允许指定 master 页面——在解析或编译页面时使用的特定属性和值。这个指令只能与 master 页面(.master)一起使用
@ MasterType	把类名与页面关联起来,获得包含在特定 master 页面中的强类型化的引用或成员
@ OutputCache	控制页面或用户控件的输出高速缓存策略
@ Page	允许指定在解析或编译页面时使用的页面特定属性和值。这个指令只能与 ASP.NET 页面(.aspx)一起使用
@ PreviousPageType	允许 ASP.NET 页面处理应用程序中另一个页面的回送信息
@ Reference	把页面或用户控件链接到当前的页面或用户控件上
@ Register	给命名空间和类名关联上别名,作为定制服务器控件语法中的记号

1) @ Page

@ Page 指令允许为 ASP.NET 页面（.aspx）指定解析和编译页面时使用的属性和值。

2) @ Master

@ Master 指令类似于@ Page 指令，但@ Master 指令用于 master 页面（.master）。在使用@ Master 指令时，要指定和站点上的内容页面一起使用的模板页面的属性。内容页面（使用@ Page 指令建立）可以继承 master 页面上的所有 master 内容（在 master 页面上使用@ Master 指令定义的内容）。尽管这两个指令是类似的，但@ Master 指令的属性比@ Page 指令少。

3) @ Control

@ Control 指令类似于@ Page 指令，但@ Control 指令是在建立 ASP.NET 用户控件时使用的。@ Control 指令允许定义用户控件要继承的属性。这些属性值会在解析和编译页面时赋予用户控件。@ Control 指令的可用属性比@ Page 指令少，但其中有许多都可以在建立用户控件时进行必要的修改。

4) @ Import

@ Import 指令允许指定要导入到 ASP.NET 页面或用户控件中的命名空间。导入了命名空间后，该命名空间中的所有类和接口就可以在页面和用户控件中使用了。这个指令只支持 Namespace 属性。

Namespace 属性带一个 String 值，它指定要导入的命名空间。@ Import 指令不能包含多个属性/值对，所以必须把多个命名空间导入指令放在多行代码上，如下所示：

```
<%@ Import Namespace = "System.Data"%>
<%@ Import Namespace = "System.Data.SqlClient"%>
```

5) @ Implements

@ Implements 指令允许 ASP.NET 页面实现特定的.NET Framework 接口。这个指令只支持 Interface 属性。

Interface 属性直接指定了.NET Framework 接口。ASP.NET 页面或用户控件实现一个接口时，就可以直接访问其中的所有事件、方法和属性。

6) @ Register

@ Register 指令把别名与命名空间和类名关联起来，作为定制服务器控件语法中的记号。把一个用户控件拖放到.aspx 页面上时，就使用了@ Register 指令。把用户控件拖放到.aspx 页面上，Visual Studio 2015 就会在页面的顶部创建一个@ Register 指令。这样就在页面上注册了用户控件，该控件就可以通过特定的名称在.aspx 页面上访问了。

7) @ Assembly

@ Assembly 指令在编译时把程序集（.NET 应用程序的构建块）关联到 ASP.NET 页面或用户控件上，使该程序集中的所有类和接口都可用于页面。这个指令支持两个属性——Name 和 Src。

（1）Name：允许指定用于关联页面文件的程序集名称。程序集名称应只包含文件名，不包含文件的扩展名。例如，如果文件是"MyAssembly.vb"，Name 属性的值应是 MyAssembly。

（2）Src：允许指定编译时使用的程序集文件源。

8）@ PreviousPageType

这个指令用于指定跨页面的传送过程起始于哪个页面。@ PreviousPageType 指令是一个新指令，用于处理 ASP. NET4.5 提供的跨页面传送新功能。这个简单的指令只包含两个属性——TypeName 和 VirtualPath。

（1）TypeName：设置回送时的派生类名。

（2）VirtualPath：设置回送时所传送页面的地址。

9）@ MasterType

@ MasterType 指令把一个类名关联到 ASP. NET 页面上，以获得特定 master 页面中包含的强类型化引用或成员。这个指令支持两个属性——TypeName 和 VirtualPath。

（1）TypeName：设置从中获得强类型化的引用或成员的派生类名。

（2）VirtualPath：设置从中检索这些强类型化的引用或成员的页面地址。

下面是使用@ MasterType 指令的一个例子：

```
<%@MasterType VirtualPath = " ~/Wrox.master"%>
```

10）@ OutputCache

@ OutputCache 指令控制 ASP. NET 页面或用户控件的输出高速缓存策略。这个指令支持 10 个属性。

11）@ Reference

@ Reference 指令声明，另一个 ASP. NET 页面或用户控件应与当前活动的页面或控件一起编译。这个指令支持两个属性——TypeName 和 VirtualPath。

（1）TypeName：设置从中引用活动页面的派生类名。

（2）VirtualPath：设置从中引用活动页面的页面或用户控件地址。

下面是使用@ Reference 指令的一个例子：

```
<%@Reference VirtualPath = " ~/MyControl.ascx"%>
```

2. 页面事件

在 ASP. NET 页面的寿命周期内，Page 对象会公开一些被频繁使用的标准事件。ASP. NET 页面框架在运行时，会自动调用这些方法的相应代理实例。这样就无须编写必要的"粘接代码"。以下按激发顺序提供运行时连线的代理实例：

（1）Page_Init：出现此事件期间，可以初始化值或连接可能具有的任何事件处理程序。

（2）Page_Load：出现此事件期间，可以执行一系列操作来首次创建 ASP. NET 页面或响应由投递引起的客户端事件。在此事件之前，已还原页面和控件视图状态。使用 IsPostBack 页面属性检查是否为首次处理该页面。如果是首次处理，应执行数据绑定。此外，应读取并更新控件属性。

（3）Page_DataBind：在页面级别调用 DataBind 方法时，将引发 DataBind 事件。如果在单个控件上调用 DataBind，则它只激发它下面控件的 DataBind 事件。

项目一　了解ASP.NET与Visual Studio 2015

（4）Page_PreRender：恰好在保存视图状态和呈现控件之前激发 PreRender 事件。可以使用此事件在控件上执行所有最后时刻操作。

（5）Page_Unload：完成页面呈现之后，将激发 Page_Unload 事件。此事件是执行最终清理工作的合适位置。这包括清理打开的数据库连接、丢弃对象或关闭打开的文件等操作。

以下概括了非确定性事件。

（1）Page_Error：如果在页面处理过程中出现未处理的例外，则激发 Error 事件。错误事件为用户提供了妥善处理错误的机会。

（2）Page_AbortTransaction：如果要指明交易是成功还是失败，交易事件非常有用。此事件通常用于购物车方案，其中此事件可以指示订购是成功还是失败。如果已终止交易，则激发此事件。

（3）Page_CommitTransaction：如果已成功提交交易，则激发此事件。

除了上面的页面事件之外，还有以下事件：

（1）InitComplete：表示页面完成了初始化。

（2）LoadComplete：表示页面完全加载到内存中。

（3）PreInit：表示页面初始化前的那一刻。

（4）PreLoad：表示页面加载到内存前的那一刻。

（5）PreRenderComplete：表示页面显示在浏览器中之前的那一刻。

这些新页面事件的构建与前面介绍的页面事件相同。

如果创建一个 ASP.NET 页面，并打开跟踪功能，就会看到页面事件的启动顺序，它们按照下面的顺序启动：

（1）PreInit；

（2）Init；

（3）InitComplete；

（4）PreLoad；

（5）Load；

（6）LoadComplete；

（7）PreRender；

（8）PreRenderComplete；

（9）Unload。

添加了这些新的页面事件后，就可以在页面编译期间在许多不同的地方处理页面和页面上的控件。

3. ASP.NET 应用程序文件夹

1）\App_Code 文件夹

App_Code 文件夹是存储 classes、.wsdl 文件和 typed datasets 的地方。解决方案中的所有页面可以自动访问存储在这个文件夹的任何一个项目。如果这些项目是一个 class（.vb 或 .cs），则 Visual Studio 2015 会自动检测并编译它，也会自动创建源于 .wsdl 文件的 XML Web service proxy class 或者源于 .xsd 文件的一个 typed dataset。

2) \App_Data 文件夹

App_Data 文件夹是应用程序存储数据的地方，可以包括 Microsoft SQL Express 文件（.mdf files）、Microsoft Access 文件（.mdb files）、XML 文件等。

3) \App_Themes 文件夹

App_Themes 文件夹是存贮 ASP.NET4.5 新特性主题需要使用的.skin 文件、CSS 文件和 images 文件的地方。

4) \App_GlobalResources 文件夹

资源文件（.resx）是一个在应用程序中依据不同文化来改变页面内容的、可以作为数据字典的字串表。除字串外，还可添加 image 等其他文件。

5) \App_LocalResources 文件夹

可以把资源文件添加到\App_LocalResources 文件夹，只不过\App_GlobalResources 文件夹是应用程序级别，而\App_LocalResources 文件夹是页面级别。

6) \App_WebReferences 文件夹

可以使用\App_WebReferences 文件夹自动访在应用程序中引用的远程 Web Services。

7) \App_Browsers 文件夹

可以用存储在\App_Browsers 文件夹中的.browser 文件来判断浏览器的兼容性。

4. Global.asax

ASP.NET 应用程序只能有一个"Global.asax"文件，该文件支持许多项。

与处理.aspx 页面中页面级的事件一样，也可以在"Global.asax"文件中处理应用程序的事件。除了这个代码示例中列出的事件之外，还可以在这个文件中构建如下事件：

（1）Application_Start：在应用程序接收到第一个请求时调用，这是在应用程序中给应用程序级的变量赋值或指定对所有用户必须保持的状态的理想位置。

（2）Session_Start：类似于 Application_Start 事件，但这个事件在用户第一次访问应用程序时调用。例如，Application_Start 事件只在接收到第一个请求时触发，第一个请求会让应用程序运行，而 Session_Start 事件会在每个终端用户第一次向应用程序发出请求时调用。

（3）Application_BeginRequest：它没有被列在 Visual Studio 2015 提供的模板中，但该事件会在每个请求发出之前触发。也就是说，在请求到达服务器，且得到处理之前，会触发 Application_BeginRequest 事件，并在处理该请求之前处理。

（4）Application_AuthenticateRequest：每个请求都会触发该事件，允许为请求建立定制的身份验证。

（5）Application_Error：在应用程序的用户抛出一个错误时触发。它适合提供应用程序级的错误处理，或者把错误记录到服务器的事件日志中。

（6）Session_End：在 InProc 模式下运行时，这个事件在终端用户退出应用程序时触发。

（7）Application_End：在应用程序结束时触发。大多数 ASP.NET 开发人员都不使用这个事件，因为 ASP.NET 很好地完成了关闭和清理剩余对象的任务。

任务小结

------你掌握了吗?

（1）ASP.NET4.5 的页面指令。

（2）ASP.NET4.5 的应用程序文件夹。

（3）ASP.NET4.5 的页面事件。

（4）"Global.asax"文件中的事件。

项目二

网页设计基础

●项目任务

本项目主要通过 Dreamweaver 来完成 HTML、CSS、JavaScript 和 JQuery 的学习和应用，通过动手实践来学习什么是 CSS、什么是 HTML、什么是脚本语言（JavaScript）、jQuery 库的基本使用方法。通过本项目的案例学习，读者能够初步理解和掌握制作网页所用到的工具软件和流行的前端 JavaScript 程序编写思想，这些知识将为动态网页的学习打下坚实的基础。

●学习目标

☆ 学会 HTML 语法并能够制作简单的网页；
☆ 掌握 CSS 的基本用法和技巧；
☆ 掌握 JavaScript 的基本用法；
☆ 掌握 JQuery 的基本用法。

任务一　HTML 基础

任务要点

（1）使用记事本制作 HTML 网页；
（2）使用 Dreamweaver 制作 HTML 网页。

导学实践，跟我学

【案例 2-1】　使用记事本制作 HTML 网页。

使用记事本制作一个简单的主页（index.htm）时，一般直接将记事本的扩展名".txt"改为".htm"，然后使用 IE 浏览器打开就可以了，在这里有必要识记 HTML 网页的主体结构。

任务结果如图 2-1 所示。

具体步骤如下（在 Windows XP 中完成）：

（1）单击"我的电脑"→"工具"→"文件夹选项"→"查看"→"隐藏已知文件类型的扩展名"→"确定"，去掉选项前面的勾选即可将所有文件的扩展名显示出来。

（2）单击"桌面"→"新建"→"文本文件"，此时会在桌面上出现"新建文本文档.txt"，如图 2-2 所示。将文件名改为"index.htm"，图标会马上变为图 2-3 所示的样式。

项目二 网页设计基础

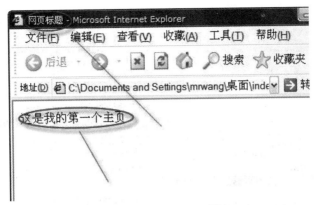

图 2-1 案例 2-1 的结果

图 2-2 改名前   图 2-3 改名后

> **小提示**　为了区分不同的文件，必须给每个文件命名，计算机对文件实行按名存取的操作方式。DOS 操作系统规定文件名由主名和扩展名组成，主名由 1~8 个字符组成，扩展名由 1~3 个字符组成，主名和扩展名之间由一个小圆点隔开，一般称为"8.3 规则"。其格式如下：
>
> □□□□□□□□.□□□（主名.扩展名）
>
> 　　到了 Windows 时代，此种命名方法已经不能适应日益增多的文件，因此现在已经突破了所谓的"8.3 规则"。现在需要说明的主名是标识文件名的，而扩展名一般是用来标识文件类型的，比如".txt"是文本文件，".doc"是 Word 文件，".xls"是 Excel 文件。对有的文件修改扩展名就可以作适当的类型转换，比如本任务中，是由空白".txt"文档，转换为".htm"文件。

(3) 在"index.htm"文件，单击鼠标右键选择"属性"→"打开方式"→"记事本"，使用记事本来编辑代码文本，如图 2-4 所示。

(4) 在打开的记事本中，输入以下代码：

```html
<html>
<head>
<title>网页标题</title>
</head>
<body>
这是我的第一个主页
</body>
</html>
```

图2-4 选择打开方式

要浏览这个"index.htm"文件,可双击它,或者打开浏览器,在"File"菜单中选择"Open",然后选择这个文件,效果如图2-5所示。

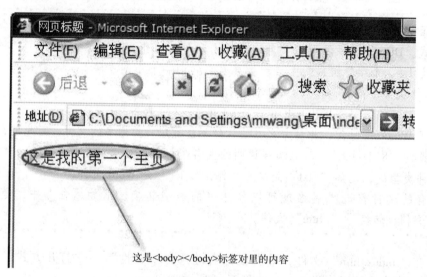

图2-5 浏览文件

示例说明

这个文件的第一个标签是 < html > ,这个标签"告诉"浏览器这是 HTML 文件的头。文件的最后一个标签是 </ html > ,表示 HTML 文件到此结束。

< head > 和 </ head > 之间的内容,是 Head 信息。Head 信息是不显示出来的,在浏览器里看不到,但是这并不表示这些信息没有用处。比如可以在 Head 信息里加上一些关键词,以便于搜索引擎能够搜索到该网页。

<title>和</ title>之间的内容,是这个文件的标题。可以在浏览器最顶端的标题栏看到这个标题。

<body>和</ body>之间的信息是正文。

HTML 文件看上去和一般文本类似,但是它比一般文本多了标签<tag>,比如<html>、<title>等,通过这些标签,可以"告诉"浏览器如何显示这个文件。

小提示 1)关于标签对

目前全部使用成对标签,如果遇到单标签,可将它改造为"标签对",举例:
可改为

,表示换行。

一般来说,在 HTML 中的单标签有
、<hr>、<img>、<input>、<param>、<meta>、<link>,比较常用的有
、<img>、<link>等。

2)关于 HTML 代码的编写格式

一般来说,目前编写 HTML 代码要遵循以下要求,以为后续的学习打下良好的基础:
(1)标签对要成对出现;
(2)对不熟悉的标签要作出注释;
(3)标签对只能嵌套使用,不能交叉使用。

【**案例 2-2**】 使用 DreamWeaver 制作 HTML 网页。

通常人们不使用记事本来制作网页,进行网站开发,目前比较流行的网页编辑软件是 Dreamweaver。这个软件不仅可以编辑程序,还可以进行网站的发布,是一个功能比较齐全、比较容易上手的网页编辑工具。下面使用 Dreamweaver 制作一个网站的首页。

具体步骤如下(在 Dreamweaver8 中完成):

(1)在 D 盘根目录下建立文件夹并将之命名为"website"。

(2)打开 Dreamweaver,选择"文件"→"新建"→"基本页"→"HTML"→"创建"→"工具",将出现"Untitled-1"(未命名 1)的页面,如图 2-6 所示。

图 2-6 "Untitled-1"的页面

(3) 选择"文件"→"保存",在弹出的"另存为"对话框的"保存在"中,选择第一步建立的文件夹"Website",在"文件名"中输入"index.htm",单击"确定"按钮。

> **小提示** 在给网页取主页名时,一般使用"index"或"default",其扩展名可以使用".html"或".htm",一般情况下使用".htm"居多。

(4) 在上半部分的代码区的 <title></title> 内,输入"我的第一个首页",在 <body></body> 内,输入"此处显示网页的主体内容"。

(5) 按 F12 键运行网页,如图 2-7 所示。

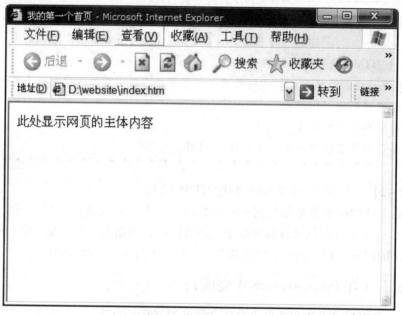

图 2-7 运行网页

> **示例说明**
>
> (1) 如图 2-7 所示,上部分为代码编辑区,下部分为即见即所得的网页。可以看到在 Dreamweaver 中,HTML 主体结构的代码是已经给出的。关于自动出现的 <meta/>,一般情况下不必理会它。
>
> (2) 一定要训练能够对简单的网页,尤其是 HTML 网页使用代码直接编写,这对动态网页的学习是大有裨益的。
>
> (3) 注意,地址栏的内容是"D:\website\index.htm",而不是通常浏览网页时常见的以"http://"开头,这是什么原因呢?因为因特网上的网页都是发布过并使用 HTTP 协议来传输浏览内容的,而案例中的网页还没有发布。发布网页需要域名空间,这是需要申请并交付一定费用的。使用 Dreamweaver 并配合因特网信息服务 IIS 也能做到这一点,详见案例 2-3。

【案例 2-3】 在 Dreamweaver 中进行站点发布。

如何将"D:\website"的网页在 Dreamweaver 中进行站点发布呢？下面是详细的步骤。

说明：进行站点的发布一定要先安装 IIS，此处不作详细说明。

具体步骤如下：

(1) 在"桌面"上，用鼠标右键选择"管理"→"计算机管理"→"Internet 信息服务"→"网站"→"默认网站"，再用鼠标右键选择"新建"→"虚拟目录"→"下一步"，如图 2-8、图 2-9、图 2-10 所示。

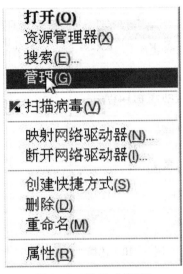

图 2-8 选择"管理"

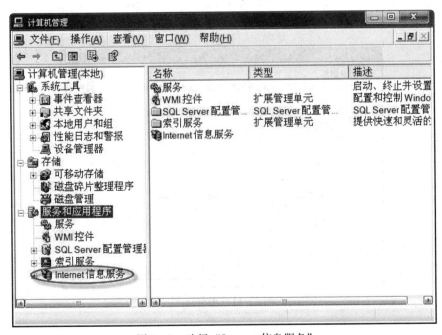

图 2-9 选择"Internet 信息服务"

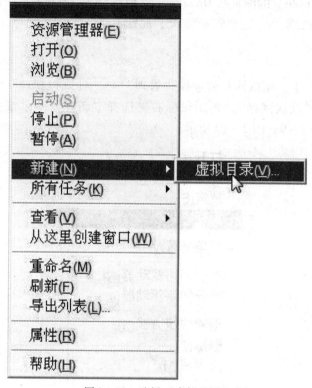

图 2-10 选择"虚拟目录"

（2）在"别名"中填入要给网站起的别名，然后单击"下一步"→"浏览"，选择"D:\website"，单击"下一步"→"下一步"→"完成"，如图 2-11 和图 2-12 所示。

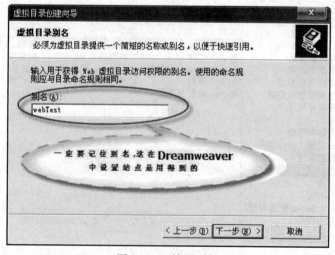

图 2-11 填写别名

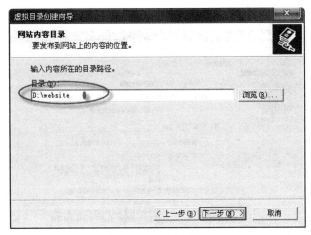

图2-12 选择位置

(3) 打开 IE 浏览器，在"地址"栏中，输入"http://localhost/webtest/index.htm"，如图2-13所示。

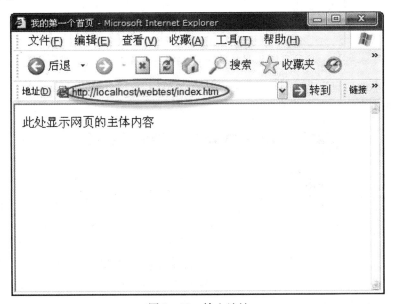

图2-13 输入地址

> **小提示** 在 Dreamweaver 中，如果设置好站点，那么在利用 IE 浏览器进行网站测试的时候会更便捷。下面继续介绍如何设置站点，测试时如果对某一网页进行测试，按下 F12 键即可。通常 IIS 的设置和站点设置要一气呵成，随着学习的继续深入，读者能够体会到这样做的好处。

(4) 打开 Dreamweaver，选择"站点"→"新建站点"，在弹出的对话框中选择"高级"选项卡，按照步骤 (5)、(6)、(7) 分别完成"本地信息""远程信息""测试服务器"的配置，如图2-14所示。

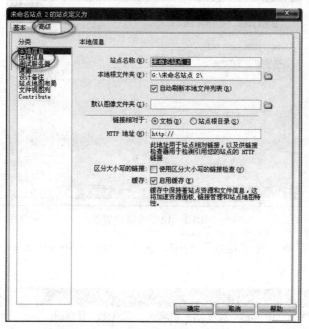

图2-14 选择"高级"选项卡

（5）在"本地信息"界面中，输入"站点名称"为"myWebsite"，将"本地文件夹"改为"D:\website"，如图2-15所示。

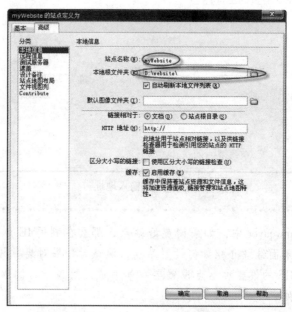

图2-15 "本地信息"界面

（6）在"远程信息"界面中，将"访问"改为"本地/网络"，将"远程文件夹"改为"D:\website"，并对复选框进行勾选，如图2-16所示。

项目二 网页设计基础

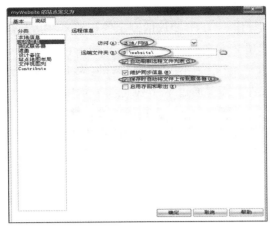

图 2-16 "远程信息"界面

(7) 在"测试服务器"界面中,将"服务器模型"改为"ASP JavaScript",将"访问"改为"本地/网络",在"URL 前缀"中的"http://localhost/"后加上"webtest",如图 2-17 所示。

图 2-17 "测试服务器"界面

小提示 在"测试服务器"界面中会自动出现路径"D:\website",因此远程信息所指向的文件夹是作为测试器的文件夹的。一般情况下,本地信息所指向的文件夹可以和远程信息、测试服务器所指向的不同,但本书为了方便将三者所指向的文件夹设置成一样。

背景知识

1. HTML 概述

HTML 是英文"Hypertext Marked Language"的缩写,中文意即"超文本标记语言",是

- 25 -

一种用来制作超文本文档的简单标记语言。超文本传输协议规定了浏览器在运行 HTML 文档时所遵循的规则和进行的操作。HTTP 协议的制定使浏览器在运行超文本时有了统一的规则和标准。用 HTML 编写的超文本文档称为 HTML 文档，它能独立于各种操作系统平台，自 1990 年以来 HTML 就一直被用作万维网（World Wide Web，WWW/Web）的信息表示语言，使用 HTML 语言描述的文件，需要通过 Web 浏览器显示出效果。

超文本可以加入图片、声音、动画、影视等内容，事实上每个 HTML 文档都是一种静态的网页文件，这个文件里面包含了 HTML 指令代码，这些指令代码并不是一种程序语言，其只是一种排版网页中资料显示位置的标记结构语言，易学易懂，非常简单。HTML 的普遍应用就是带来了超文本的技术，即通过单击鼠标从一个主题跳转到另一个主题，从一个页面跳转到另一个页面，与世界各地主机的文件链接，直接获取相关的主题。

HTML 只是一个纯文本文件。创建一个 HTML 文档只需要两个工具，一个是 HTML 编辑器，一个是 Web 浏览器。HTML 编辑器是用于生成和保存 HTML 文档的应用程序。Web 浏览器是用来打开 Web 网页文件，供人们查看 Web 资源的客户端程序。

2. HTML 的基本结构

一个 HTML 文档是由一系列元素和标签组成的。元素名不区分大、小写。HTML 用标签来规定元素的属性及其在文件中的位置，HTML 超文本文档分文档头和文档体两部分，在文档头里，对这个文档进行了一些必要的定义，文档体中才是要显示的各种文档信息。

下面是一个最基本的 HTML 文档的代码：

```
<html> ----------------- |开始标签
    <head>  ----------------- |头部标签开始
        <title>一个简单的 HTML 示例</title>
                --------- |TITLE 标签对用来在标题栏内显示网页主题
    </head>   ----------------- |头部标签结果
    <body> -------------- |主体开始
    这是网页的文档的显示部分(大部分代码是在这个标签对里面的)
    </body> -------------- |主体结束
</html> ---------------- |结尾标签
```

<html></html>在文档的最外层，文档中的所有文本和 html 标签都包含在其中，它表示该文档是以超文本标识语言（HTML）编写的。事实上，现在常用的 Web 浏览器都可以自动识别 HTML 文档，并不要求有 html 标签，也不对该标签进行任何操作，但是为了使 HTML 文档能够适应不断变化的 Web 浏览器，还是应该养成不省略这对标签的良好习惯。

<head></head>是 HTML 文档的头部标签，在浏览器窗口中，头部信息是不显示在正文中的，在此标签中可以插入其他标记，用以说明文件的标题和整个文件的一些公共属性。若不需头部信息则可省略此标记，良好的习惯是不省略。

<title>和</title>是嵌套在 head 头部标签中的，标签之间的文本是文档标题，它显示在浏览器窗口的标题栏中。

<body></body>标记一般不省略，标签之间的文本是正文，是浏览器要显示的页面

内容。

上面的这几对标签在文档中都是唯一的,head 标签和 body 标签是嵌套在 html 标签中的。

3. HTML 的标签与属性

刚刚接触超文本的读者所遇到的最大的障碍就是一些用"＜"和"＞"括起来的句子,其称为标签,是用来分割和标签文本的元素,以形成文本的布局、文字的格式及五彩缤纷的画面。标签通过指定某块信息为段落或标题等来标识文档的某个部件。属性是标签里的参数选项,

HTML 的标签分单标签和成对标签两种。成对标签是由首标签(＜标签名＞)和尾标签(＜/ 标签名＞)组成的,成对标签只作用于这对标签中的文档。单独标签的格式为:＜标签名＞,单独标签在相应的位置插入元素就可以了,大多数标签都有自己的一些属性,属性要写在始标签内,属性用于进一步改变显示的效果,各属性之间无先后次序,属性是可选的,属性也可以省略而采用默认值,其格式如下:

＜标签名字 属性1 属性2 属性3…＞内容＜/ 标签名字＞

作为一般的原则,大多数属性值不用加双引号,但是包括空格、% 号,# 号等特殊字符的属性值必须加双引号。为了养成良好的习惯,提倡全部对属性值加双引号,如:

＜ font color = "#ff00ff" face = "宋体" size = "30" ＞字体设置＜/ font ＞

注意事项:输入首标签时,一定不要在"＜"与标签名之间输入多余的空格,也不能在中文输入法状态下输入这些标签及属性,否则浏览器将不能正确地识别括号中的标签命令,从而无法正确地显示信息。

4. 常用标签(tag)及其属性

常用标签及其属性见表 2 - 1。

表 2 - 1 常用标签及其属性

标签或属性名	hr	br	img	a	marquee	table	tr	td
说明	水平线	换行	图片	超链接标记	超链接	表格	行	单元格
标签或属性名	form	input	width	height	color	font	align	direction
说明	表单	输入	宽度	高度	颜色	字体	排列	方向
标签或属性名	loop	text	password	checkbox	radio	submit	reset	hidden
说明	循环	文本	密码	复选框	单选按钮	提交	重置	隐藏

※ 能力大比拼,看谁做得又好又快 ※

(1)根据所学技能与知识,依据图 2 - 18 使用 HTML 语言和记事本制作网页。

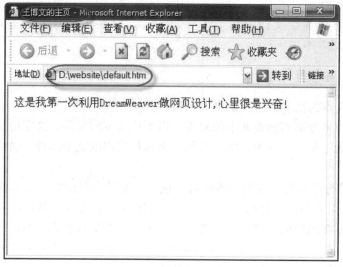

图 2 – 18　第（1）题图

（2）根据所学技能与知识，对第（1）题所做的 HTML 网页，使用 IIS 发布和站点设置的技能，用 IE 浏览器浏览时，使之呈现地址栏内的内容，如图 2 – 19 所示。

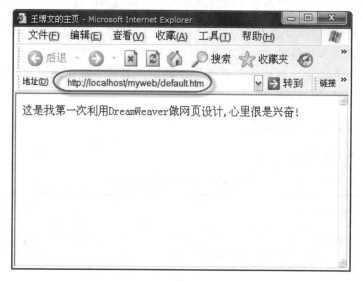

图 2 – 19　第（2）题图

任务小结

------你掌握了吗？

（1）HTML 的概念；

（2）HTML 中标签的使用；

（3）HTML 主体文档结构所用到的标签；

（4）在记事本中编辑简单的 HTML 网页；

（5）"背景知识"里的 4 个知识点。

任务二 CSS

任务要点

(1) 使用内部样式表美化网页；
(2) 使用外部样式表美化网页。

导学实践，跟我学

【案例2-4】 使用内部样式表对网页的字体、字号、字色、字样进行美化设置。

使用层叠样式表（一般简称样式表 CSS）来对网页的字体、字色、字号进行设置，而不单独设置。其原因很简单，如果网站稍微复杂，就会对字体、字色、字号、字样的控制显得力不从心。因此在以后的网站制作中会大量应用样式表。

> **小提示** 此处的字体指宋体、楷体等；字色指字的颜色，如红色、蓝色等；字号指字的大小，一般以像素为单位，比如12px；字样指字的样式，如加下划线、粗体、斜体等。

内部样式表，一般是和网页的代码一起的，它被包含在 <style></style> 中，而此标签对又被包含在 <head></head> 标签对中。下面通过案例2-4来认识并掌握内部样式表。

具体步骤如下：

(1) 如前所述，在 D:\website 中使用 Dreamweaver 建立一页面，并将之命名为"cssTest1.htm"。

> **小提示** 如果机房中的计算机有还原保护，此处还要作如前所述的 IIS 发布和站点设置，当然别名仍然为"webTest"。

(2) 打开"cssTest1.htm"页面，并将方框内的 CSS 代码（<style></style>标签内的代码）加入代码编辑区，如图2-20所示。
方框内代码为：

```
<STYLE type=text/css>
A {FONT-SIZE:12px;COLOR:#003300;LINE-HEIGHT:18px;FONT-FAMILY:"
    宋体";TEXT-DECORATION:none
}
A:hover {
```

ASP.NET 程序设计项目教程（第2版）

```
        FONT-SIZE:12px;LEFT:1px;COLOR:#ff6600;LINE-HEIGHT:18px;
        FONT-FAMILY:"宋体";
        POSITION:relative;TOP:1px;TEXT-DECORATION:none
        }
A:visited{color:#0099ff;}
</STYLE>
```

```
1  <HTML>
2  <HEAD>
3  <TITLE>内部样式表</TITLE>
4  <META http-equiv=Content-Type content="text/html; charset=gb2312">
5  <STYLE type=text/css>
6  A {
7      FONT-SIZE: 12px; COLOR: #003300; LINE-HEIGHT: 18px; FONT-FAMILY: "宋体"; TEXT-DECORATION: none
8      }
9  A:hover {
10     FONT-SIZE: 12px; LEFT: 1px; COLOR: #ff6600; LINE-HEIGHT: 18px; FONT-FAMILY: "宋体";
11     POSITION:relative; TOP: 1px; TEXT-DECORATION:none
12     }
13 A:visited{ color: #0099ff; }
14
15 body,td,th {
16     font-size: 16px;
17 }
18 </STYLE>
19 </HEAD>
20 <BODY topMargin=30 marginheight="0" >
21 <table width="360" border="0" cellspacing="0" cellpadding="0" align="center">
22 <tr>
23     <TD  Align=center ><A     href="http://www.xzcx.net.cn"
24                        target=_blank>徐州财经分院</A></TD>
25 </tr>
26 <tr>
27     <TD  Align=center><A      href="http://www.sohu.com"
28                        target=_blank>搜狐门户网站</A></TD>
29 </tr>
30 <tr>
31     <TD  Align=center><A  href="http://www.huaihai.tv/"
32                        target=_blank>中国淮海网</A> </TD>
33 </tr>
34 <tr>
35     <TD  Align=center><A  href="http://www.hao123.com"
36                        target=_blank>Hao123网站</A>
37                        </TD>
38 </tr>
```

图2-20　CSS代码

小提示　FONT-SIZE表示字体大小，一般以像素（px）为单位。LINE-HEIGHT表示行高，一般也以像素为单位，字体大小应小于行高，这样文字才可以显示完成。在CSS中字体用FONT-FAMILY表示，这与HTML中的<font></font>是有区别的。"TEXT-DECORATION"表示文字修饰，其值none表示没有下划线，此外还可以取值为underline（下划线）、overline（上划线）、line-through（中划线）、blink（闪烁）等。"POSITION:relative"表示相对位置，"LEFT：1px；TOP：1px"表示居左，居上的距离均为1，所以鼠标划过的时候有点向斜右下方下落的感觉。

（3）继续将方框内的代码放入<body></body>标签内，如图2-21所示。

项目二 网页设计基础

```
10        FONT-SIZE: 12px; LEFT: 1px; COLOR: #ff6600; LINE-HEIGHT: 18px; FONT-FAMILY: 宋体
11        POSITION:relative; TOP: 1px; TEXT-DECORATION:none
12      }
13  A:visited{ color: #0099ff; }
14
15  body,td,th {
16      font-size: 16px;
17  }
18  </STYLE>
19  </HEAD>
20  <BODY topMargin=30 marginheight="0" >
21  <table width="360" border="0" cellspacing="0" cellpadding="0" align="center">
22    <tr>
23      <TD Align=center ><A   href="http://www.xzcx.net.cn"
24                     target=_blank>徐州财经分院</A></TD>
25    </tr>
26    <tr>
27      <TD Align=center><A    href="http://www.sohu.com"
28                     target=_blank>搜狐门户网站</A></TD>
29    </tr>
30    <tr>
31      <TD Align=center><A href="http://www.huaihai.tv/"
32                     target=_blank>中国淮海网</A></TD>
33    </tr>
34    <tr>
35      <TD Align=center><A href="http://www.hao123.com"
36                     target=_blank>Hao123网站</A>
37                     </TD>
38    </tr>
39    <tr>
40      <TD Align=center><A    href="http://www.86516.com"
41                     target=_blank>影城视窗</A></TD>
42    </tr>
43  </table>
44  </BODY>
45  </HTML>
46
```

图 2-21 将代码放入 <body></body> 标签内

方框内代码为：

```
<table width="360"border="0"cellspacing="0"cellpadding="0"align="center">
<tr>
    <TD Align=center>
    <A href="http://www.xzcx.net.cn" target=_blank>徐州财经分院</A>
    </TD>
</tr>
<tr>
    <TD Align=center>
    <A href="http://www.sohu.com"target=_blank>搜狐门户网站</A>
    </TD>
</tr>
<tr>
    <TD Align=center>
    <A href="http://www.huaihai.tv/"target=_blank>中国淮海网</A>
    </TD>
</tr>
<tr>
    <TD Align=center>
```

```
                <A  href="http://www.hao123.com" target=_blank>
                  Hao123网站</A>
                </TD>
    </tr>
    <tr>
                <TD  Align=center>
                  <A  href="http://www.86516.com"target=_blank>彭城视窗</A>
                </TD>
    </tr>
</table>
```

> **小提示**　<a></a>的属性 target 常用的有三个值：_blank、_self、parent。_blank 表示在另外一窗口中打开网页，self 表示在原有的窗口中打开网页，parent 表示网页将会在父窗口中打开。如果没有父窗口，则在浏览器全屏窗口中载入链接的文件，就像_self 参数一样。

（4）在 Dreamweaver 中按下 F12 键，即可得到图 2-22 所示的结果。

图 2-22　显示效果

> **示例说明**
>
> 　　此处的 CSS 代码是直接嵌入<head></head>中去的，只有在单个网页中用到的 CSS 才采用本方式。当有多个网页要用到 CSS 时，采用外连 CSS 文件的方式，这样网页的代码大大减少，修改起来非常方便。这两种方法是可以混用的，且不会造成混乱，这就是 CSS 称为"层叠样式表"的原因。浏览器在显示网页时是这样处理的：先检查是否有内部 CSS，有就执行，然后再检查外连 CSS 文件。因此可看出，如果定义有重叠部分，执行优先级是：头部方式、外连文件方式。此外还有行内插入方式，它的优先级最高，但不建议使用。
> 　　每个规则的组成包括一个选择符，通常是一个 HTML 的元素，例如本例中的 A。有

很多的属性可以用于定义一个元素，每个属性带一个值，这时选择符应该如何呈现呢？其样式规则组成如下：

　　选择符{属性：值}

　　比如本例中的 A，可表示如下：

　　A{FONT-SIZE:12px;COLOR:#003300;LINE-HEIGHT:18px;FONT-FAMI-
　　LY:"宋体";TEXT-DECORATION:none
　　}

【案例 2-5】　使用外部样式表对网页的字体、字号、字色、字样进行美化设置。

稍复杂的网站设计都会使用到样式表，且大多数使用外部样式表，案例 2-5 即展现了外部样式表的创建与链接。外部样式表是一个单独的文件，扩展名为".css"。其在 Dreamweaver 中是可以直接创建的。利用外部样式表的优点是什么呢？其好处可以理解为以下两个：

（1）维护方便。只要修改一个 CSS 文件，则所有网页文件都会以最新修改的版本为准。

（2）网页处理速度更快。在有很多网页共用一份 CSS 样式表的情况下此优点更明显。因为不用为每一页都写同样的 CSS 代码，网页自然就会更简洁。

下面通过案例 2-5 来认识并掌握外部样式表。

具体步骤如下：

（1）如前所述，在 D:\website 中使用 Dreamweaver 建立一个页面，并将命名为"cssTest2.htm"。

> **小提示**　如果重启时有还原保护，一定要进行 IIS 发布和 Dreamweaver 站点设置。

（2）在 Dreamweaver 中，选择"文件"→"新建"→"常规"→"基本页"→"CSS"→"创建"，如图 2-23 所示。

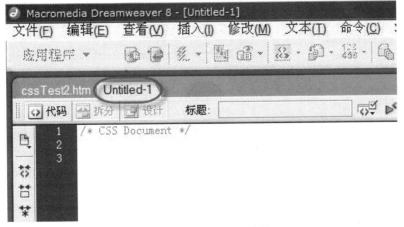

图 2-23　步骤（2）效果

(3) 选择"文件"→"保存"→"另存为"→"文件名",输入文件名"cssTest2.css",单击"保存"按钮。

(4) 在"cssTest2.css"文件中,并将 CSS 代码加入编辑区中,如图 2-24 所示。

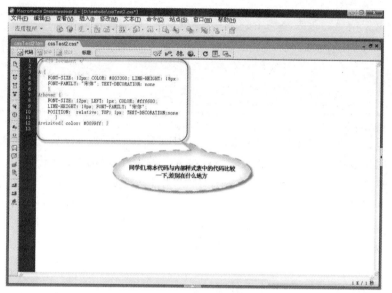

图 2-24 将代码加入编辑区中

方框内代码为:

```
A{FONT-SIZE:12px;COLOR:#003300;LINE-HEIGHT:18px;FONT-FAMILY:"宋体";TEXT-DECORATION:none
}
A:hover{
        FONT-SIZE:12px;LEFT:1px;COLOR:#ff6600;LINE-HEIGHT:18px;
        FONT-FAMILY:"宋体";
        POSITION:relative;TOP:1px;TEXT-DECORATION:none
        }
A:visited{color:#0099ff;}
```

小提示

有 3 种方法用于设定所需要的颜色。

1) 颜色名称

CSS 所用的颜色名称(常用的 16 种基本色)为:aqua、black、blue、fuchsia、gray、green、lime、maroon、navy、olive、purple、red、silver、teal、white、yellow。

Netscape 和 Microsoft 的浏览器还认可数百种其他色彩名称,参见"HYPE's Color Specifier"。

2) 16 进制 (hex) 色彩控制

使用 16 进制数可实现对色彩的更精确的控制,其格式为#336699。

3) RGB 值

对于习惯于 RGB 计数法的用户,这里将提供一种全新的色彩设定方法。RGB 法通常用于图像应用软件,例如 Photoshop。利用 RGB 设定色彩的方法如下:

rgb (51, 204, 0)

RGB 的每个值的数值范围为 0~255,其中 R 代表红色,G 代表绿色,B 代表蓝色。

(5) 切换到"cssTest2.htm"页面,将方框内的代码加入网页中,如图 2-25 所示。

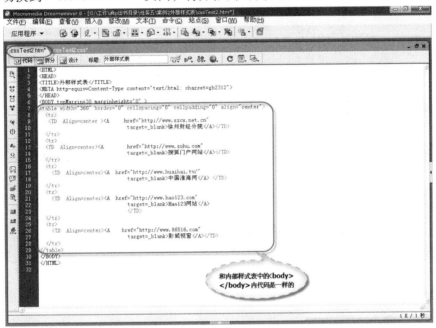

图 2-25 将代码加入网页中

方框内代码为:

```
<table width = "360" border = "0" cellspacing = "0" cellpadding = "0" align = "center" >
    <tr >
        <TD Align = center >
        <A  href = "http://www.xzcx.net.cn"   target = _blank >徐州财经分院 </A >
        </TD >
    </tr >
    <tr >
        <TDAlign = center >
        <Ahref = "http://www.sohu.com"target = _blank >搜狐门户网站 </A >
        </TD >
```

```
        </tr>
        <tr>
            <TD Align=center>
             <A href="http://www.huaihai.tv/"target=_blank>中
             国淮海网</A>
            </TD>
        </tr>
        <tr>
            <TD Align=center>
             <A href="http://www.hao123.com"target=_blank>
             Hao123网站</A>
            </TD>
        </tr>
        <tr>
            <TD Align=center>
             <A href="http://www.86516.com"target=_blank>彭城
             视窗</A>
            </TD>
        </tr>
</table>
```

（6）仍然在"cssTest.htm"页面，在Dreamweaver的右侧窗口中单击 按钮，弹出"链接外部样式表"对话框，如图2-26、图2-27所示。

（7）单击"浏览"按钮，在"D:\website"目录中选择"cssTest.css"，出现图2-28所示椭圆内的代码。

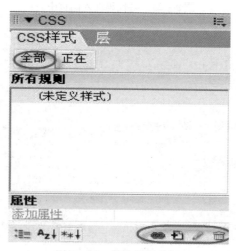

图2-26 单击相关按钮

图 2-27 "链接外部样表"对话框

图 2-28 出现代码

椭圆内代码为：

< link href = "cssTest2.css" rel = "stylesheet" type = "text/css" >。

小提示 以上代码也可以直接在 "cssTest2. htm" 的同样位置进行手工输入。

示 例 说 明

在外部样式表的应用中，可以看到 ".css" 文件是单独存在的，并且一定要注意是在网页中链接 CSS 文件。

背景知识

1996 年年底诞生了一种叫作样式表（style sheets）的技术。它向世人保证：将对布局、字体、颜色、背景和其他图文效果实现更加精确的控制，只通过修改一个文件就可改变页数不计的网页的外观和格式，能在所有浏览器和平台之间实现兼容。实际上除了还不能全面支持常用的大多数浏览器之外，CSS 在实现其他承诺方面做得相当出色。现在，先来了解样式表能做什么。

CSS 样式表有什么特别之处呢？简而言之，它能做以下事情：
①将格式和结构分离。
②以前所未有的能力控制页面布局。
③制作体积更小、下载速度更快的网页。
④将许多网页同时更新，比以前更好、更快、更容易。
⑤使浏览器的界面变得更友好。

（1）将格式和结构分离。HTML 从来没打算控制网页的格式或外观。这种语言定义了网页的结构和各要素的功能，而让浏览器自己决定应该让各要素以何种模样显示。但是网页设计者要求得更多，所以当 Netscape 推出新的可以控制网页外观的 html 标签时，网页设计者无不欢呼雀跃。人们可以用 < font face >、< i > 包在 < p > 外边控制文章主体的外观等。然后将所有东西都放入表格，用隐式 GIF 空格产生一个 20 像素的边距。一切都变得乱七八糟。编码变得越来越臃肿不堪，要想将什么内容迅速加到网页中变得越来越难。样式表通过将定义结构的部分和定义格式的部分分离使人们能够对页面的布局施加更多的控制。HTML 仍可以保持简单明了的初衷。CSS 代码独立出来从另一角度控制页面外观。

（2）以前所未有的能力控制页面的布局。< font size > 能使人们调整字号，表格标签帮助人们生成边距，这都没错。但是，人们对 HTML 总体上的控制却很有限。人们不可能精确地生成 80 像素的高度，不可能控制行间距或字间距，不能在屏幕上精确定位图像的位置。但是现在，样式表使这一切都成为可能。

（3）制作出体积更小、下载速度更快的网页。样式表只是简单的文本，就像 HTML 那样。它不需要图像，不需要执行程序，不需要插件，不需要流式。它就像 HTML 指令那样快。有了 CSS 之后，以前必须求助于 GIF 的事情现在通过 CSS 就可以实现。还有，正如先前提到的，使用样式表可以减少表格标签及其他加大 HTML 体积的代码，减少图像用量从而减小文件尺寸。

（4）更好、更快、更容易地维护及更新大量的网页。没有样式表时，如果想更新整个站点中所有主体文本的字体，必须一页一页地修改每张网页。即便站点用数据库提供服务，仍然需要更新所有的模板，而且需要更新每一模板中每一个实例的 < font face >。样式表的主旨就是将格式和结构分离。利用样式表，可以将站点上所有的网页都指向一个单一的 CSS 文件，只要修改 CSS 文件中的某一行，那么整个站点都会随之发生变动。

（5）浏览器的界面变得更友好。不像其他的网络技术，样式表的代码有很好的兼容性，也就是说，如果用户丢失了某个插件不会发生中断，或者使用老版本的浏览器时代码不会出现杂乱无章的情况。只要是可以识别串接样式表的浏览器就可以应用它。

※ 能力大比拼，看谁做得更好更快 ※

（1）利用内部样式表，在网页中使用选择符 h1 将"对文字外观的控制"字体设为"隶书",将字号设为 18 像素,将字色设为红色(使用颜色名称),如图 2-29 所示。

图 2-29 第(1)题图

> **小提示** 字体的属性,大部分都是"某体",比如黑体,而"隶书"是个例外。

(2)利用外部样式表,在网页中使用选择符 h1 将"对文字外观的控制"字体设为"黑体",将字号设为 20 像素,将字色设为红色(使用十六进制)。

任务小结

------ 你掌握了吗?
(1) 内部样式表;
(2) 外部样式表;
(3) 使用内部样式表的情况;
(4) 内部样式表代码在网页中的位置;
(5) 使用外部样式表的情况;
(6) 外部样式表代码在网页中的位置;
(7) 外部样式表链接到网页中的过程。

任务三 JavaScript

任务要点

(1) 学会事件驱动(处理)的编程思想;
(2) 掌握对象及对象的事件、方法、属性;
(3) 掌握基于对象的编程。

导学实践,跟我学

【案例 2-6】 应用 JavaScript 事件、属性、方法来制作网页。

JavaScript 是基于对象的程序设计语言，因此理解和掌握对象的事件、属性、方法是非常必要的，JavaScript 事件的主要作用可以简单地理解为：验证用户输入的数据、增加页面的动态效果。

一个使用 JavaScript 事件来实现交互的网页，一般有三部分内容：

（1）在 head 部分定义一些 JavaScript 函数，一般以 function 开始；

（2）HTML 本身的各种控制标签；

（3）拥有 ID 属性的 HTML 标签，主要指网页的界面元素，这些元素可以把 HTML 和 JavaScript 相连。

本案例的效果如图 2-30 所示。

图 2-30　案例 2-6 的效果

具体步骤如下：

（1）在 Dreamweaver 中新建一个网页，将之命名为"index.htm"，并保存在"D:\website"中。

（2）打开"index.htm"，并在其代码框的 \<head\>\</head\> 标签对中输入以下代码，如图 2-31 所示。

第一个方框内的代码为：

```
<script type="text/javascript">
<!--
function Welcome(msg)
{
    alert(msg);
```

```
}
-->
</script>
```

```
1  <html>
2  <head>
3  <meta http-equiv="Content-Type" content="text/html; charset=gb2312" />
4  <title>Java事件、属性、方法</title>
5  <script type="text/javascript">
6  <!--
7  function Welcome(msg)
8  {
9      alert(msg);
10 }
11 -->
12 </script>
13 </head>
14
15 <body onLoad="Welcome('欢迎进入江苏联合职业技术学院')" onUnload="Welcome('你把网页关闭了吗？')">
16
17 <input type="button" onClick="Welcome('这是鼠标单击事件（驱动）引起的代码执行')"  value="单击我"
18 </body>
19 </html>
20
```

图 2-31 输入代码

小提示 在网页中加入 JavaScript 代码的格式如下：

```
<script type="text/javascript">
<!--
JavaScript 脚本片段
-->
</script>
```

第二个方框内的代码为：

```
<body onLoad="Welcome('欢迎进入江苏联合职业技术学院')" onUnload="Welcome('你把网页关闭了吗？')">
<input type="button" onClick="Welcome('这是鼠标单击事件（驱动）引起的代码执行')"  value="单击我"/>
```

小提示 本段代码共有三个事件，分别是 onLoad、onUnload、onClick 事件。前两者为浏览器事件，后者为鼠标单击事件。它们都调用了函数 Welcome( )。

示例说明

一般来说，先在 <head> </head> 内定义 function 脚本片段，然后在譬如 onLoad、onUnload、onClick 的事件中驱动、执行这些脚本片段以达到网页交互的目的。

ASP.NET程序设计项目教程(第2版)

> 案例 2-6 是从浏览器页面载入事件、鼠标单击事件、浏览器页面关闭（或更新）事件所触发的代码执行来介绍事件处理的概念。

【案例 2-7】 应用 JavaScript 内置对象制作网页。

JavaScript 是基于对象的简单程序，对象是由 JavaScript 的变量或其他对象的属性、方法所组成的集合，对象是类的实例化。方法是作为某个对象成员的函数。每个对象有它们自己的行为或者使用它们的方法，比如一只狗会跑、会叫，这些行为称为方法，是动态的，可以使用这些方法来操作一个对象。属性用来描述某个具体对象的特征，是静态的，比如一只狗的颜色是黑色。

JavaScript 对象一般有 Windows、Document、History、Navigator、Location、Date、Math、Array、Boolean、Number、String 等。本案例主要讲解 Windows、Document、History 等对象，Document 对象和它呈现给 JavaScript 程序的元素集合（如表单、图像和链接）构成了文档对象模型。Document 的主要方法是 write()，它主要用来显示输出信息，在脚本中可以做所有在普通 HTML 中不能完成的工作。

具体步骤如下：

（1）如前所述，在 D:\website 中使用 Dreamweaver 建立一个页面。

在 Dreamweaver 中，选择"文件"→"新建"→"常规"→"基本页"→"创建"，将新建页面命名为"default.html"。

（2）在 <head></head> 标签对中输入以下代码，如图 2-32 所示。

```
1   <html>
2   <head>
3   <meta http-equiv="Content-Type" content="text/html; charset=gb2312" />
4   <title>无标题文档</title>
5   <script language="javascript">
6   <!--
7   function outPut()
8   {
9
10      document.write("<title>")
11      document.write("这是使用Document对象的网页输出")
12      document.write("</title>")
13      document.write("<body>")
14      document.write("<hr>")
15      document.write("<center>在脚本中可以做普通HTML不能完成的工作</center>")
16      document.write("<hr width=50% align=center>")
17      document.write("</body>")
18      //document对象最常用的方法是write()方法，可用来输出字符串，其中可以包含HTML标签
19  }
20  function openWeb(theUrl,winName,features)
21  {
22      window.open(theUrl,winName,features);
23  }
24  -->
25  </script>
26
27  </head>
28
29  <body onLoad="openWeb('default1.html','','width=400,height=300')">
30  <input type="submit" value="单击我，仔细查看标题样和窗口内容" onClick="outPut()"/><br/>
31  <a href="default2.html">跳转到default2.html</a>
32  </body>
33  </html>
```

图 2-32 输入代码（1）

第一块代码如下（<head></head>标签对中的代码）：

```
<script language="javascript">
<!--
function outPut()
{

document.write("<title>")
document.write("这是使用 Document 对象的网页输出")
document.write("</title>")
document.write("<body>")
document.write("<hr>")
document.write("<center>在脚本中可以做普通 HTML 不能完成的工作</center>")
document.write("<hr width=50% align=center>")
document.write("</body>")
//document 对象最常用的方法是 write()方法,可用来输出字符串,其中可以包含 HTML 标签
}
function openWeb(theUrl,winName,features)
{
    window.open(theUrl,winName,features);
}
-->
</script>
```

第二块代码如下：

```
<body onLoad="openWeb('default1.html','','width=400,height=300')">
<input type="submit" value="单击我,仔细查看标题样和窗口内容" onClick="outPut()"/>
<br/>
<a href="default2.html">跳转到 default2.html</a>
</body>
```

小提示 此处调用了两个在<head></head>标签中定义好的函数。"onLoad="openWeb('default1.html','','width=400, height=300')"表示在打开"default.html"页面的同时也打开一个长 400 像素、宽 300 像素的名为"default1.html"的页面；"onClick="outPut()""是指单击按钮时会调用 outPut()函数，从而实现对当前页面"default.htm"的复写。

（3）继续在 Dreamweaver 中，选择"文件"→"新建"→"常规"→"基本页"→

"创建",并将新建页面命名为"default1.html"。

(4) 在 <body> </body> 内输入代码"这是弹出的一个通知窗口",如图 2-33 所示。

图 2-33　输入代码（2）

(5) 继续在 Dreamweaver 中,选择"文件"→"新建"→"常规"→"基本页"→"创建",并将新建页面命名为"default2.html"。

(6) 在 <body> </body> 内输入代码,如图 2-34 所示。

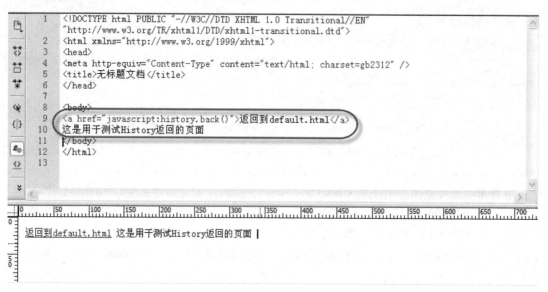

图 2-34　输入代码（3）

代码如下：

```
< a href = "javascript:history.back()" > 返回到 default.html </a>
<br/>
```

这是用于测试 History 返回的页面

小提示 以上是使用 History 对象 back() 函数来实现页面的返回。

（7）按前面所学知识，在 Dreamweaver 中设置站点，并在 IIS 设置 Web 站点发布。
（8）运行结果如图 2-35 所示。

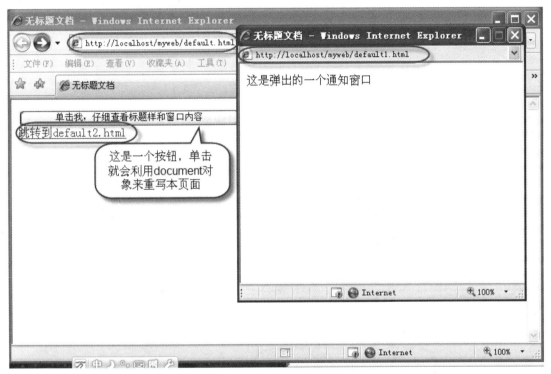

图 2-35 运行结果

（9）单击相关按钮，可得到图 2-36 所示的页面。
（10）在图 2-35 所示的页面中单击"跳转到 default2.html"，得到图 2-37 所示的页面。
（11）在图 2-37 中，单击"返回到 default.html"，就回到图 2-36 所示的页面。

示例说明

本案例主要用到了 Document、Windows、History 对象，希望读者根据案例好好揣摩它们的用法。

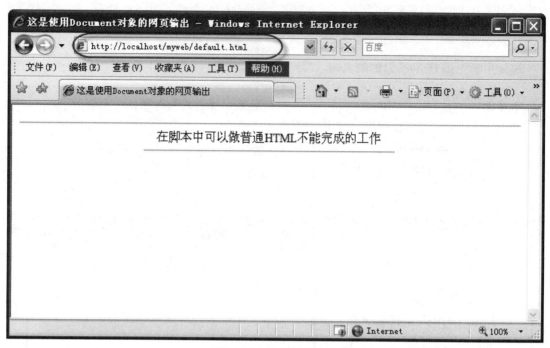

图2-36 得到页面（1）

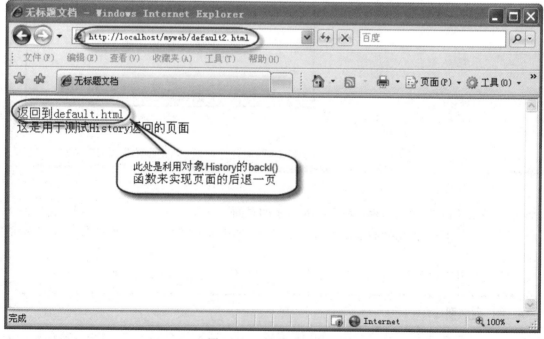

图2-37 得到页面（2）

背景知识

JavaScript 是一种新的描述语言,可以被嵌入 HTML 文件之中。它是一种基于对象和事件驱动并具有安全性能的脚本语言。使用它的目的是使 HTML 与 JavaScript 语言一直与 Web 客户进行交互,从而开发客户端的应用程序等。JavaScript 的出现使信息和用户之间不仅只是一种显示和浏览的关系,它实现了一种实时的、动态的、可交互式的表达功能。

JavaScript 是基于对象的语言。基于对象的基本特征就是采用事件驱动。通常鼠标或热键的动作称为事件,而由鼠标或热键引发的程序的动作,称为事件处理。而对事件进行处理的程序或函数,称为事件处理程序。

1. 事件

事件定义了用户与 Web 页面交互时产生的各种操作。简单地说,单击一个超级链接或按钮,就会产生一个事件,它"告诉"浏览器发生了需要进行处理的单击操作。事件不仅可以在用户交互过程中产生,而且浏览器自己的一些动作也可能产生事件。比如说,浏览器载入一个网页时,就会产生一个 Load 事件。

在 JavaScript 中,对象事件的处理通常由函数 function( ) 来担任,其基本格式与函数完全一样,格式如下:

```
function 事件处理名(参数表)
{
        事件处理语句集
        …
}
```

常用事件及处理如下。

1)浏览器事件

(1) Load 事件。

当文档载入时,产生该事件。Load 事件的一个作用就是在首次载入一个文档时检测 Cookie 的值,并用一个变量为其赋值,使它可以被源代码使用。

(2) onLoad 事件。

Web 页面退出(关闭或转向另一个页面)时引发 onUnload 事件,并可更新 Cookie 的状态。

(3) Submit 事件。

Submit 事件在完成信息的输入,准备将信息提交给服务器处理时发生,onSumbit 句柄在 Submit 事件发生时由 JavaScript 自动调用执行。onSubmit 句柄通常在标签中声明。

2)鼠标事件

鼠标事件是常见的事件,经常用到有 onClick、onMouseDown、onMouseOver、onMouseOut 等。

3)文本框事件

文本框事件有很多种,下面主要介绍 onChange、onSelect、onFocus、onBlue 四种事件。

①onChange 事件。当利用 text 或 texturea 元素输入字符值改变时触发该事件，同时 select 表格项中一个选项状态的改变也会引发该事件。②onSelect 事件。当 text 或 textarea 对象中的文字被加亮（选中）后，引发该事件。③获得焦点事件 onFocus。当用户单击 text 或 textarea 以及 select 对象时，产生该事件。此时该对象成为前台对象。④失去焦点事件 onBlur。当 text 对象或 textarea 对象以及 select 对象不再拥有焦点而退到后台时，引发该事件，它与 onFocas 事件是对应的关系。

2. 内置对象

JavaScript 的一个重要功能是基于对象功能。JavaScript 的内置对象大大简化了 JavaScript 程序设计，使其可以用更直观、模块化和可重用的方式进行程序开发。它支持开发对象模型并可将这些类型实例化，创建对象实例。JavaScript 中的对象由属性和方法两个基本元素构成。属性是对象在实施其行为的过程中，实现信息的装载单位，从而与变量相关联。方法是指对象能够按照设计者的意图而被执行，从而与特定的函数关联。

> **小提示**　可以这样理解对象、属性、方法、事件。小花是狗类的一个对象，它有四条腿、两个耳朵以及黑白相间的花色，这些都是它固有的属性。拿石头砸它时引发一个事件——小花吓得汪汪叫着使用它的四条腿逃走了（这是小花应对突发事件的一个方法）。

那么 JavaScript 都有哪些内置的对象呢？这些对象具有哪些作用或功能呢？

一般来说，JavaScript 具有以下对象：Windows、Document、History、Navigator、Location、Date、Math、Array、Boolean、Number、String 等。

（1）Windows 对象包括许多属性、方法和事件，可以利用这些对象控制浏览器窗口显示的各个方面。

（2）Document 对象可用于输出，主要方法有 write() 和 writeln()，用来实现在 Web 页面上显示输出信息。

（3）History 对象是指浏览器的浏览地址，History 对象中常用的方法包括 back()、forward() 和 go()。back() 和 forward() 主要实现页面的后退和前进，go() 用来进入指定的界面。

（4）Navigator 对象可用来存取浏览器的相关信息，浏览器对象 Navigator 中包括的常用属性有浏览器的名称、版本、代码名称、Cookie 功能是否打开等。

（5）Location 对象是当前网页的 URL 地址，可以使用 Location 对象打开网页，Location 对象中常用的方法包括 reload()、replace()。reload() 相当于 IE 浏览器上的"刷新"功能。replace() 打开一个 URL，并取代历史对象中当前位置的地址。

（6）JavaScript 没有时间类型，但可以用 Date 对象及其方法来取得日期和时间。Date 对象有许多方法来设置、提取和操作时间，它没有任何属性。

（7）预定义的 Math 对象具有数学常量和函数的属性和方法。同样的，标准的数学函数也是 Math 对象的方法。与别的对象不同，不能自己创建一个 Math 对象，所有的 Math 对象都是预定义的。

（8）JavaScript 可以使用预定义的 Array 对象及其方法提供对创建任何数据类型的支持。数组是一套数值的序列，它由一个名字和索引所组成。创建数组时有两种方法来定义一个数组。

（9）Boolean 对象是 boolean 数据类型的包装器。每当数据类型转换为 boolean 类型时，JavaScript 都隐含地使用 Boolean 对象。

（10）Number 对象代表数值数据类型和提供数值常数的对象。Number 对象最主要的用途是将其属性集中到一个对象中，以及使数字能够通过 toString() 方法转换为字符串。

（11）String 对象可用于处理或格式化文本字符串，以及确定和定位字符串中的子字符串。不要将它同字符串常量混淆。用户可以在一个字符串常量中调用任何 String 对象方法，JavaScript 自动将字符串常量转换为一个临时的 String 对象并调用其方法，然后丢弃该临时的 String 对象。用户也可以在一个字符串常量中使用 String.length 等属性。

（12）预定义的 Function 对象指定一个 JavaScript 字符串码，这使它可以像函数一样进行编译。

任务小结

------你掌握了吗？
（1）事件驱动（处理）的编程思想；
（2）对象及对象的事件、方法、属性；
（3）基于对象化的编程；
（4）最常用事件的处理；
（5）内置对象。

任务四　　jQuery

任务要点

（1）掌握 jQuery 选择器的使用；
（2）掌握使用 jQuery 进行文档操作；
（3）掌握使用 jQuery 进行 Ajax 操作。

导学实践，跟我学

【案例 2-8】　　jQuery 使用基础。

本案例效果如图 2-38 所示。

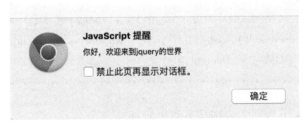

图 2-38　案例 2-8 的效果

具体步骤如下：

（1）在 Dreamweaver 中新建网页，将之命名为"jquery – 1. html"，并保存在"D:\website"中。

（2）打开"jquery – 1. html"文件，向页面的 <head> 部分录入图 2 – 39 代码。

```
1  <script src="jquery-1.8.0.js" type="text/javascript"></script>
2  <script>
3      $(document).ready(function(){
4          alert("你好，欢迎来到jquery的世界");
5      });
6  </script>
```

图 2 – 39　录入代码

> **示例说明**
>
> 代码中第 1 行用于向页面中导入 jQuery 库文件。第 3 ~ 5 行实现了绑定页面加载事件，具体功能为当页面加载完成后执行其内部代码。通常的写法为：
>
> ```
> $(document).ready(function(){
>     //这里的代码,将在页面加载完成后自动执行
> });
> ```
>
> Document 对象是 JavaScript DOM 中的内置对象，表示页面文档。使用 document.getElementById（id）方法可获得页面中的 html 元素。$(document) 代码是将原生的 document 对象包装为 jQuery 对象，因为只有 jQuery 对象才可调用 jQuery 库中提供的各种方法。
>
> $(document).ready（fn）方法与 window.onload 功能相同，其内部的 function(){} 为匿名函数。需要注意的是当页面上存在多处 $(document).ready（fn）代码时，这些代码将按顺序依次执行。

> **小提示**　jQuery 对象与 DOM 对象的互相转换：
>
> （1）DOM 对象转换为 jQuery 对象：使用 $() 包装起来即可。例如，$(Window) 即将 Window 对象转换为 jQuery 对象。
>
> （2）jQuery 对象转换为 DOM 对象：使用 $()[index] 或 $().get(index) 方法。例如："var doc = $(document).get(0)"；或"var doc = $(document)[0]"代码中 doc 变量即为原生的 DOM 中的 Document 对象。

【案例 2 – 9】　使用 jQuery 实现登录表单验证。

通过本案例主要学习使用 jQuery 选择器，使用选择器获取页面中各表单元素，然后进

项目二 网页设计基础

行验证，同时还学习 jQuery 中的事件绑定方法。

在使用 jQuery 库时，录入最多的代码为 $()，$() 为 jQuery() 的简写形式。实际上 $() 包括了多种写法，常用的包括 $(选择器)、$(html 字符串)、$(fn 回调函数)。其中 $(fn) 等同于 $(document).ready(fn) 写法。$(html 字符串) 是将原生的 html 元素包装为 jQuery 对象。例如："$("<input type='text'>").appendTo("body")" 实现了动态创建文本框 jQuery 对象的功能，并将其追加至页面底部。

本案例的实现效果如图 2-40 所示。

图 2-40 案例 2-9 的实现效果

具体步骤如下：

（1）在 Dreamweaver 中新建网页，将之命名为"jquery-2.html"，并保存在"D:\website"目录下。

（2）打开"jquery-2.html"，完成如效果所示的页面布局。其中登录名、密码文本框分别设置为它们的 name 属性和 id 属性，其值为 loginName 和 loginPwd。具体如下：

```
1  <form name="loginForm" method="post" action="#">
2    <div>
3      <label for="loginName">登录名：</label>
4      <input type="text" name="loginName" id="loginName" />
5    </div>
6    <div>
7      <label for="loginPwd">密码：</label>
8      <input type="password" name="loginPwd" id="loginPwd"/>
9    </div>
10   <div>
11     <a href="javascript:void(0)" class="lblSubmit">立即登录</a>
12   </div>
13 </form>
```

图 2-41 代码段（1）

页面中"立即登录"超链接应用了 lblSubmit 类样式。

（3）在"jquery-2.html"页面中的 <head> 部分添加图 2-42 所示代码。

```
1   <script src="jquery-1.8.0.js" type="text/javascript"></script>
2   <script>
3       $(document).ready(function(){
4           $(".lblSubmit").click(function(){
5               $("form").submit();
6           });
7           $("form").submit(function(){
8               if($("#loginName").val() == "") {
9                   alert('登录名不能为空!');
10                  $("#loginName").focus();
11                  return false;
12              }
13              if($("#loginPwd").val() == ""    ){
14                  alert('密码不能为空');
15                  $("#loginPwd").focus();
16                  return false;
17              }
18              return true;
19          });
20      });
21  </script>
```

图 2-42 代码段（2）

示例说明

上述代码整体为 $(document).ready(fn) 页面载入事件绑定，将页面加载完成后执行其内部代码。页面载入后执行的代码分为两个部分：

第 1 个部分（第 4~6 行）为 $(".lblSubmit").click(fn) 代码，$(".lblSubmit") 的作用是根据元素的类样式名称获取并包装为 jQuery 对象，当前页面中只有"立即登录"超链接应用了此类样式。$(".lblSubmit").click(fn) 用于实现为"立即登录"超链接绑定单击事件，方法的参数 fn 即单击事件的回调函数。第 2 部分（第 7~20 行）为 $("form").submit(fn) 代码，其中 $("form") 代码的作用是根据标签（元素）名称获取并包装为 jQuery 对象，$("form").submit(fn) 代码实现为表单绑定提交事件，当表单提交时触发此事件，立即调用 fn 回调函数。

在进行登录名和密码文本框数据验证时，同时使用了 $("#loginName") 和 $("#loginPwd") 的写法，此写法即根据页面元素的 ID 属性值来获取并包装为 jQuery 对象。代码 $("#loginName").val() 用于获取登录名文本框中的文本。$("#loginName").focus() 用于将焦点（光标）定位至登录名文本框中。

【案例 2-10】 使用 AJAX 实现登录功能。

AJAX 的全称是"Asynchronous Javascript And XML"，其中文含义是"异步的 JavaScript 和 XML"。AJAX 并不是全新的技术，而是将之前的 DHTML 等技术进行了重新整合。当前互联网发展正处于 Web2.0 时代,各种互联网应用层出不穷,用户终端也变得多样化,因此在开发互联网应用时,用户体验被放到了极为重要的位置。

AJAX 基于异步处理请求响应方式,用户在页面上执行某个操作后,不需等待服务器的响应结果即可继续执行后续操作。例如在查看地图时,实现地图的连续拖动效果。传统的未使用 AJAX 技术开发的网页,则需等待服务器响应结果后才可执行后续操作,其执行的过程是顺序的。同步和异步操作的不同如图 2-43 所示。

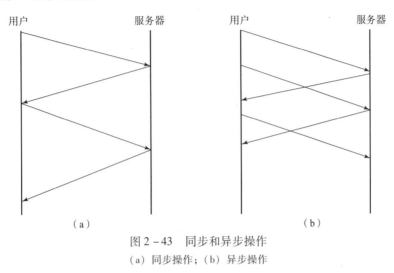

图 2-43　同步和异步操作
(a) 同步操作；(b) 异步操作

本案例在案例 2-9 的基础上,使用 AJAX 实现发送异步请求至服务端进行登录名和密码的正确性验证,实现效果如图 2-44 所示。

图 2-44　案例 2-10 的实现效果

具体步骤如下：

(1) 在 Dreamweaver 中打开"jquery-2.html",并将之另存为"jquery-3.html"。
(2) 修改 \<head\> 部分的 JavaScript 代码,完成 AJAX 请求验证,如图 2-45 所示。

ASP.NET程序设计项目教程（第2版）

```
1       if($("#loginPwd").val() == ""  ){
5       }
6       doCheckLogin();
7   });
8  });
9  function doCheckLogin() {
10     var url = "checklogin.jsp";
11     $.ajax({
12         type:"POST",
13         async:true,
14         url:url,
15         data:"loginName="+$("#loginName").val()+"&loginPwd="+$("#loginPwd").val(),
16         success:function(msg) {
17             alert(msg);
18         },
19         error:function(xhr,textStatus,errorThrown){
20             alert('登录失败，请重试');
21         }
22     });
23 }
24 </script>
```

图 2-45　修改代码

上述代码中将验证请求发送至"checklogin.jsp"，此页面是运行在服务端的动态网页，用于接收客户端（浏览器）提交的数据进行验证，然后发送结果返回给客户端。本案例采用硬编码形式，验证时若登录名和密码同时为 tom 和 123 则认为是正确的。参考"checklogin.jsp"代码如图 2-46 所示。

```
1  <%
2  request.setCharacterEncoding("utf-8");
3  String loginName = request.getParameter("loginName");
4  String loginPwd = request.getParameter("loginPwd");
5  if("tom".equals(loginName) && "123".equals(loginPwd)) {
6      out.print("登录成功");
7  }else{
8      out.print("登录名与密码不匹配，请检查");
9  }
10 %>
```

图 2-46　参考代码

示例说明

jQuery 对于 AJAX 操作提供了进一步的封装，大大简化了代码编写。本案例代码中使用了 $.ajax() 方法，调用时向其方法内部传递了一组数据，数据中各参数的含义如下：

（1）type：请求提交方式，默认为 GET，可取值还包括 POST、PUT、DELETE。

（2）async：指定是否为异步请求，默认为 true。若指定为 false，则发送同步请求。

（3）url：请求发送的地址，通常为运行在服务器端的动态网页。

（4）data：请求发送的数据，类型为字符串，使用"key = value 键值"的形式拼接。

（5）success：指定当服务端处理完成后调用的回调函数，并且默认向此函数传递三个参数，分别为 data——服务端返回数据、textStatus——响应结果状态码、xhr——XMLHttpRequest 对象。

（6）error：指定当服务端处理失败后调用的回调函数，向此函数传递的参数分别为 XMLHttpRequest（同上）、textStatus（同上）、errorThrown（错误描述）。

背景知识

jQuery 是当前最流行的兼容多浏览器、免费、开源的 JavaScript 框架，其由 John Resig 在 2006 年 1 月发布。jQuery 的设计核心理念是"write less，do more"（写得更少，做得更多），因此其语法非常简洁，例如其支持链式语法操作。除此之外，jQuery 还有支持 CSS3、易扩展、功能丰富等特点。

1. 如何下载 jQuery

jQuery 的官方站点为 http：// www. jquery. com。jQuery 当前的发行版为 1. X 和 2. X 两种，两者最大的区别在于自 2. X 版本以后，jQuery 将不再对 IE6 ~ 8 提供支持，因此为便于进行浏览器适配，本书选择 1. × 版本。同时为了提高 jQuery 文件的加载速度，官方提供了压缩版和未压缩版，分别用于生产环境和开发环境。压缩版的代码可读性较差，因此在学习阶段建议使用未压缩版，以便于学习 jQuery 的实现原理。例如"jquery - 1. 8. 0. js"为未压缩版（大小为 260KB），"jquery - 1. 8. 0. min. js"为压缩版（大小为 93KB）。

2. 如何使用 jQuery

1）准备工作

在下载了 jQuery 文件后，需要将 jQuery 文件引入至页面，例如：

```
<script type = "text/javascript" src = "jquery -1.8.0.js" > </script >
```

2）使用选择器引用页面元素

之前的内容提到了 jQuery 对象与 DOM 对象的区别。通过 document. getElementById（ID）标准获取的页面元素为 DOM 对象，此对象不可调用 jQuery 方法，需将其包装后 jQuery 对象才可调用。在实际开发中并没有这么复杂，读者只需掌握常用的选择器即可。所谓选择器，即 jQuery 提供的用于创建 jQuery 对象的方式方法，用于引用页面上的某些元素，继而对这些页面元素进行操作。

（1）基本选择器。

①#ID 选择器：根据给定的页面元素 ID 匹配一个元素。

例：查找 ID 为 myDiv 的元素，代码为：$("#myDiv")。
②.class 选择器：根据给定元素的 CSS 类名匹配元素。
例：查找类样式为 myCss 的元素，代码为：$(".myCss")。
③element 选择器：根据给定的元素名匹配元素。
例：查找页面中的所有 <table> 元素，代码为：$("table")。
（2）层级选择器：根据元素间的父子或兄弟关系查找元素。
①"祖先后代"选择器：在给定的祖先元素下查找匹配的后代元素。
例：$("form input") 代码用于匹配表单下的所有 input 元素。
②"父子"选择器：在给定的父元素下查找匹配的子元素。
例：$("form > input") 代码用于匹配表单下所有直接子级的 input 元素。
③prev + next 相邻元素选择器：匹配紧跟着 prev 元素的 next 元素。
例：$("label + input") 代码匹配跟在 label 后的 input 元素。
④prev ~ siblings 选择器：匹配 prev 之后的所有 siblings 元素。
例：$("form ~ input") 代码匹配与表单同级的所有 input 元素。
（3）基本筛选器：支持按位置筛选元素。
①：first 和 :last 筛选器：匹配获取第一个或最后一个元素。
②：even 和 :odd 筛选器：匹配获取第奇数个或第偶数个元素（位置从 0 开始计数）。
③：eq（index）、:gt（index）或 :lt（index）筛选器：获取等于、大于或小于指定索引的元素（位置为 0 开始计数）。
例：$("form input:eq（0）") 代码将获取表单下第一个 input 子元素。
（4）属性筛选器。
①[属性名 = 值]：匹配包含指定属性及值的元素。
例：$("input[type = 'text']") 匹配所有文本框；$("select option[selected = true]") 匹配下拉列表框中被选中的元素。
②[属性名!= 值]：等价于不满足"[属性名 = 值]"的元素，即匹配不包含指定属性或属性值不等于给定值的元素。
③其他：属性筛选器还包括匹配以指定值开头——[属性名^= 值]；以指定值结尾——[属性名 $= 值]；包含给定值——[属性名 *= 值]。
3）操作页面元素
在使用选择器获取页面元素后，就可以使用 jQuery 提供的各种方法进行操作了。在开发中使用最多的操作分别为：事件绑定、样式操作、属性操作和 AJAX 操作。下面分别进行阐述。
（1）事件绑定。
①bind 和 unbind 方法：两个方法用于实现为元素进行特定事件的绑定和解绑定。
bind 方法的语法为：bind（事件名称，[事件传递数据]，事件处理函数）。
第 1 个参数表示绑定的事件名称，类型为字符串，若同时绑定多个事件，则事件名称之间使用空格分隔；第 2 个参数为可选项，表示向事件对象 event.data 额外传递的数据（自定义）；第 3 个参数即事件触发执行的函数。
例：$("#myDiv").bind("click",function(){// 事件处理函数});
unbind 方法的语法是：unbind（事件名称，[事件处理函数]）。

第 1 个参数为要解除绑定的事件名称,当为多个时使用空格分隔;第 2 个参数为要解除绑定的事件处理函数。

例:$("#myDiv").unbind("click") 为解绑定 ID 为 myDiv 元素的单击事件。

②click 方法:为指定元素绑定单击事件,相当于 bind("click",处理函数)的简写形式。使用语法为:click([传递数据],处理函数)。

例:$("#btnSubmit").click(function(){});

与 click 方法具有相同参数和使用方法的其他事件还有:hover——鼠标悬停事件、dblclick——鼠标双击事件、blur——失去焦点事件、focus——获得焦点事件、submit——表单提交事件。同时还有多个以 mouse 开头的事件(mousedown、mousemove、mouseleave、mouseover、mouseout)、以 key 开头的事件(keypress、keydown、keyup)。

(2)样式操作和属性操作。

①prop(属性名[,值]):获取或设置指定元素特定的属性值。

例:$("input[type='checkbox']").prop("checked",true) 实现选中所有复选框;
　　$("#isAgree").prop("checked") 用于获取 ID 为 isAgree 元素的选中状态。

②removeProp(属性名):删除元素的属性。

③addClass(类样式名):为指定元素添加应用类样式。

例:$("li:even").addClass("on") 实现为所有奇数行的 li 元素应用类样式.on。相反操作为 removeClass(类样式名),用于移除元素指定的类样式。

④css(样式属性名,值):设置元素的样式属性。

例:$("#myDiv").css("color","black") 实现设置 ID 为 myDiv 元素的字体颜色为黑色。

若需要批量设置元素的样式属性,可写为 css({样式属性名:值,样式属性名:值})。

例:$("#myDiv").css({"color":"black","background":"gray"});

⑤height() | width():获取元素当前的高度和宽度值,单位为 px。

(3)AJAX。

jQuery 对 AJAX 操作进行了大幅简化,具体包括:

① $.get(url,[data],[callback],[type]):向指定 URL 地址发送 GET 请求,当请求处理成功后调用指定的回调函数。其中第 1 个参数为请求的地址,第 2 个参数为发送的数据(格式为键-值对),第 3 个参数为请求正确处理后回调函数;第 4 个参数为指定请求返回的数据格式。

例:$.get("sum.jsp",{a:1,b:2},function(result){
　　　　alert(result);
　　});

上述代码中向 sum.jsp 发送 GET 请求,同时发送两个参数,分别为 a 和 b,值分别为 1 和 2,当请求处理成功后执行匿名函数,且在函数主体中弹出消息框显示结果。

② $.post(url,[data],[callback],[type]):向指定 URL 地址发送 POST 请求,使用方法与 $.get 相同。

③ $.getJSON(url,[data],[callback]):向指定 URL 地址发送 GET 请求,并获取返回的 JSON 数据。

项目三

主题与母版

● 项目任务

目前大多数 Web 站点在整个应用程序的大多数页面中都有一些公共元素,在 ASP.NET 中可以将这些公共元素封装到 Master 模板页面中去,让它作为应用程序内容页面的基础,使应用程序更易于管理。同时,在创建 Web 应用程序时,通常所有的页面都具有类似的外观和操作方式,包括页面的字体、颜色和服务器控件的样式。本项目通过对 Master 页面、主题及外观的实例学习,掌握如何在 ASP.NET 中创建和使用 Master 页面、如何创建并使用主题和外观。

● 学习目标

☆ 掌握 Master 页面的创建与使用;
☆ 掌握 Master 页面的事件触发顺序;
☆ 理解主题和 Skin 的概念;
☆ 掌握主题的创建与使用;
☆ 掌握 Skin 的创建与使用。

任务一 主题和外观文件的创建与使用

任务要点

(1) 创建正确的目录结构;
(2) 创建 Skin;
(3) 在主题中包含 CSS 文件;
(4) 在主题中包含图像。

导学实践,跟我学

【案例 3-1】 根据所给素材,创建网站的主题。具体运行效果如图 3-1 所示。

为了给应用程序创建自己的主题,首先需要在应用程序中创建正确的文件夹结构,然后在文件夹中创建主题元素。

项目三 主题与母版

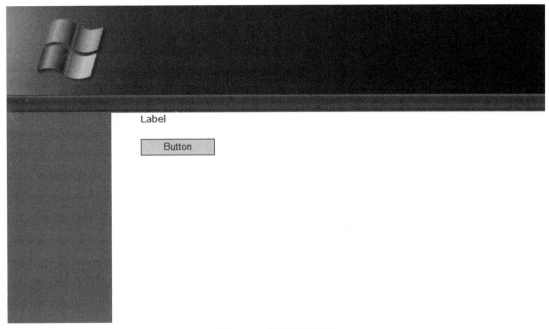

图 3-1 程序运行效果

具体步骤如下：

（1）用鼠标右键单击"项目"→"添加 ASP.NET 文件夹"→"主题"，如图 3-2 所示。

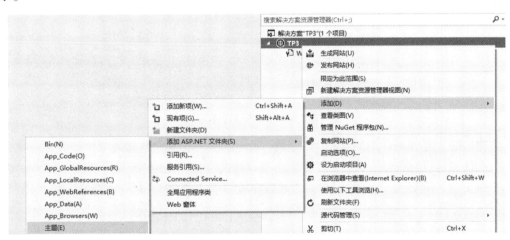

图 3-2 创建主题文件夹

此时在应用程序的目录下创建了一个"App_Themes"文件夹，如图 3-3 所示。"App_Themes"文件夹不使用通常文件夹的图标，而使用包含一个画笔的文件夹图标。

（2）在"App_Themes"文件夹中，为应用程序中使用的每个主题创建一个 Theme 文件夹，例如，本应用程序有两个主题，WinXP_Blue 和 WinXP_Silver，就创建两个有相应名称的文件夹，如图 3-4 所示。

- 59 -

图 3-3 "App_Themes" 文件夹　　　　图 3-4 创建 Theme 文件夹

在每个 Theme 文件夹下，都必须包含主题的元素：
①一个 skin 文件；
②CSS 文件；
③图像。

（3）创建 skin 文件。skin 是在 ASP.NET 页面上应用于服务器控件的样式定义。要创建用于 ASP.NET 应用程序的主题，可以在 Theme 文件夹下创建一个 skin 文件，文件名称可以任意，但是文件的扩展名必须为 ".skin"。用鼠标右键单击 "WinXP_Blue" → "添加新项"，如图 3-5 所示。

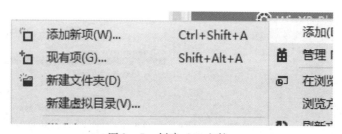

图 3-5 创建 skin 文件

在弹出的 "添加新项" 对话框中，选择 "外观文件"，在名称输入框内输入 skin 文件的名称，文件名可以自行修改，但是扩展名不可以修改，如图 3-6 所示。

将 skin 文件命名为 "default.skin"，然后完成如程序清单 3-1 所示的 skin 文件。

```
<asp:Button runat = "server" ForeColor = "blue" BorderStyle = "solid" BorderWidth = "1px"/>
<asp:Label runat = "server" ForeColor = "blue"/>
```

程序清单 3-1　skin 文件

（4）使用主题。将 skin 文件保存后，新创建一个页面 "Default.aspx"，此页面将应用已设置的主题。首先选择页面的 Document 属性中的 "StyleSheetTheme" 选项，将此选项设置为 "WinXP_Blue"，如图 3-7 所示。

图3-6 创建skin文件

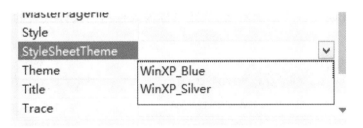

图3-7 设置"StyleSheetTheme"选项

也可直接编辑页面的@Page指令，如程序清单3-2所示。

```
<%@Page Language="C#" AutoEventWireup="true" CodeFile="TestTheme.aspx.cs"Inherits="TestTheme"StylesheetTheme="WinXP_Blue"%>
```

程序清单3-2 设置主题

如果将主题应用于整个应用程序，此时可以在"web.config"文件中进行定义，如程序清单3-3所示，此时在ASP.NET页面中就不需要利用@Page指令定义它了。

```
<configuration>
  <system.web>
    <pagestheme="WinXP_Blue"/>
  </system.web>
</configuration>
```

程序清单3-3 在"web.config"文件中配置应用程序主题

> **小 提 示**　　　　　　**StyleSheetTheme 属性与 Theme 属性的区别**
>
> StyleSheetTheme 属性与 Theme 属性的工作方式相同，都可以将主题应用于页面，其主要区别在于当对页面上某个控件设置本地属性时，如果使用的是 Theme 属性，此时控件的本地属性将被覆盖，如果使用的是 StyleSheetTheme 属性，控件的本地属性将不会发生变化。

将应用程序主题设置完成后，在页面中拖入一个 ASP.NET Button 控件和一个 Label 控件，此时运行时将显示图 3-8 所示的效果。

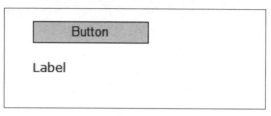

图 3-8　运行效果

（5）在主题中使用 CSS 文件。除了在 skin 文件中创建服务器控件定义之外，还可以使用 CSS 进行进一步的定义，使 HTML 服务器控件、HTML 和原始文本都根据主题来改变。首先选择"WinXP_Blue"→"添加新项"，在名称输入框内输入样式表的名称，如图 3-9 所示。

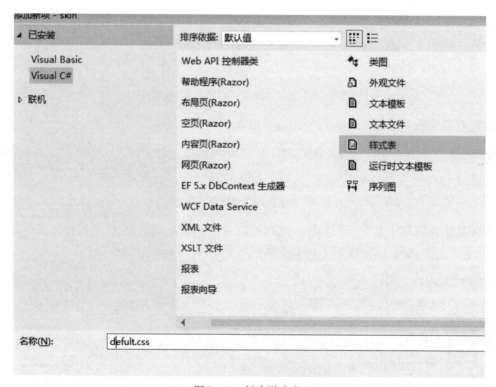

图 3-9　创建样式表

小提示 在主题中使用CSS，不需要使用<link>标签来引入CSS文件，直接将之包含在主题文件夹下即可。

在创建的"default.css"样式表中，添加下面的三种CSS样式的定义，如程序清单3-4所示。

```
.btn
{
    font-family:Arial;
    background-color:#FFFF00;
    border-style:dotted;
    border-color:#008000;
}
.btnSubmit
{
    background-color:#008080;
    color:#FFFFFF;
    border-style:outset;
}
```

程序清单3-4 CSS样式定义

在"Default.aspx"页面中添加一个HTML Button按钮控件和一个HTML Submit按钮控件，在属性对话框中的class属性中作相应的设置，将Button控件的class属性设置为btn，将submit按钮的class属性设置为btnSubmit，如图3-10所示。

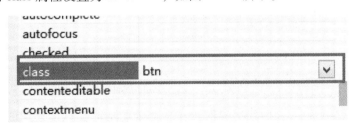

图3-10 设置class属性

运行此程序，将显示图3-11所示的效果。

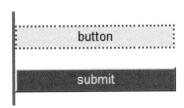

图3-11 运行效果

如果对 ASP.NET 服务器控件也使用相同的 CSS 样式,可以在 skin 文件中对 ASP.NET Button 控件的属性进行配置,如程序清单 3-5 所示。

```
<asp:Button runat = "server"CssClass = "btn"/>
```

程序清单 3-5　ASP.NET 服务器控件使用 CSS

运行程序后,ASP.NET 服务器控件的样式将和 HTML 服务器控件显示的样式一样。

(6) 在主题中使用图像。许多控件都使用图像创建更好的可视化外观,要把图像统一到使用主题的服务器控件中,首先在"WinXP_Blue"的 Themes 文件夹下创建一个"Images"文件夹,如图 3-12 所示。

图 3-12　创建"Images"文件夹

使用这个文件夹下面的图像可以有两种方法。

第一种方法是直接在 skin 文件中使用图像,即在 skin 文件中添加程序清单 3-6 所示的代码。

```
<asp:image runat = "server"Imageurl = "Images/logo.jpg"skinid = "logo"/>
```

程序清单 3-6　在 skin 文件中使用图像

在"Default.aspx"页面添加一个 Image 控件,设置此控件的 SkinId 属性为 logo,如图 3-13 所示。

图 3-13　设置 SkinId 属性

第二种方法是在 CSS 文件中使用图像,其与直接在 skin 文件中使用图像一样,将图像放在 Images 目录下,在 skin 文件中设置 ASP.NET 服务器控件的 class 属性。在"default.css"文件中添加表格的 CSS 代码,如程序清单 3-7 所示。

```
table.header{background - color:#2A48CE;
    filter:
progid:DXImageTransform.Microsoft.gradient(GradientType = 1,start-
Colorstr = #3359EC,endColorstr = darkblue);
}
td.logo{text - align:left;width:184px;}
```

```
td.title{text-align:center;font-family:verdana;color:#FFFFFF;}
td.headerbar{background-image:url(Images/bar.jpg);
    text-align:right;
    height:24px;
}
td.menu{background-color:#6487DC;width:184px;height:500px;vertical-align:top;}
td.footer{margin-left:30;font-family:Verdana;
    font-weight:normal;
    color:#6487DC;
    text-align:right;
}
```

程序清单 3-7　在 CSS 文件中使用图像

运行后显示效果如图 3-14 所示。

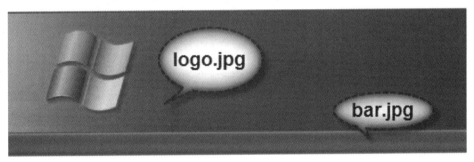

图 3-14　在主题中使用图像

> **小提示**　在应用程序中如果不希望所有相同类型的服务器控件具有相同的可视化外观，可以在 skin 文件中使用 SkinId 属性区分不同的定义。SkinId 属性可以任意设定。

任务小结

------你掌握了吗？

（1）在 ASP. NET 中创建主题；
（2）在主题中使用 CSS 样式表和图像。

任务二　母版页的创建与使用

任务要点

（1）掌握 Master 页面的创建；

(2) 掌握 Master 页面的布局；

(3) 掌握 Content 内容页面的创建。

导学实践，跟我学

【案例 3-2】 创建某企业网站，网站主要模块包括"公司简介""公司新闻""产品介绍""联系我们"等。运行效果如图 3-15 所示。

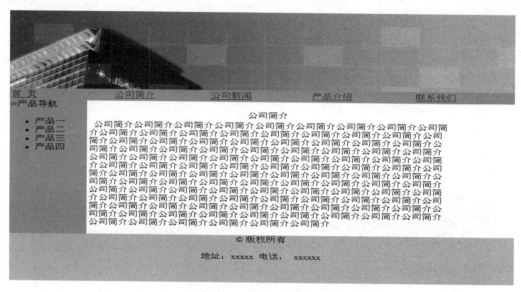

图 3-15 网站运行效果

具体步骤如下：

(1) 创建 Master 页面。创建一个新网站，然后用鼠标右键单击网站，在弹出的菜单中选择"添加新项"，在弹出的对话框中选择"母版页"，如图 3-16 所示。

图 3-16 创建 Master 页面

在名称输入框内输入母版页面的名称,母版的名称可以改,但是扩展名".master"不可以改。单击"添加"按钮后,界面中出现一个 ContentPlaceHolder 矩形框,如图 3-17 所示。

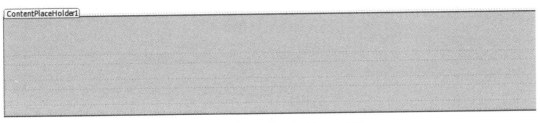

图 3-17 ContentPlaceHolder 矩形框

这个 ContentPlaceHolder 是用来配置内容页面的,可以先对网页进行布局,再将它放到合适的地方。

(2)布局 Master 页面。选择"表"菜单下面的"插入表"命令,弹出"插入表格"对话框,如图 3-18 所示。

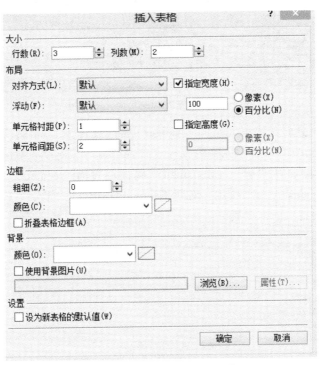

图 3-18 "插入表格"对话框

在"插入表格"对话框中设置 3 行、2 列,第 1 行是网站的头部,第 2 行左边是产品导航,右边是内容页面,第 3 行是公司的地址和联系方式。将 ContentPlaceHolder 拖入中间右边的单元格内,并将单元格的"valign"属性设置为"top",如图 3-19 所示。

(3)填充 Master 页面元素。首先布局页面的头部,将头部单元格的背景设置为"top.jpg",并将单元格的高度设置为"190px",将单元格的"valign"属性设置为"bottom",在单元格内添加一个 1 行 5 列的表格,用来放置页面导航链接,并将此表格的"bgcolor"属性设置为"#35b7ff",在 5 个单元格内分别放入对应的链接,效果如图 3-20 所示。

图 3-19　Master 页面布局

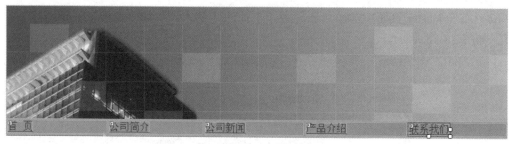

图 3-20　填充 Master 页面元素（1）

其次，将 Master 页面左边单元格的"valign"属性设置为"top"，将单元格的"bgcolor"属性设置为"#35b7ff"，在单元格内放入"产品导航"。最后将 Master 页面的底部单元格的"valign"属性设置为"top"，将"align"属性设置为"center"，输入相应的版权信息、地址和电话等，如图 3-21 所示。对于 ContentPlaceHolder 部分，不需要在 Master 页面中设置，具体的在内容页面中设置。

图 3-21　填充 Master 页面元素（2）

（4）使用 Master 页面。用鼠标右键单击网站，在弹出的菜单中选择"添加新项"，在弹出的对话框中选择"Web 窗体"，选中"选择母版页"选项，如图 3-22 所示。

在弹出的"选择母版页"对话框中选择刚创建的母版页面，如图 3-23 所示。

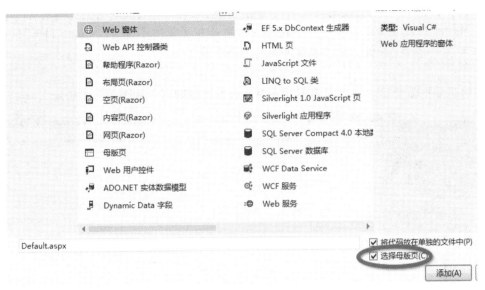

图 3-22 使用 Master 页面

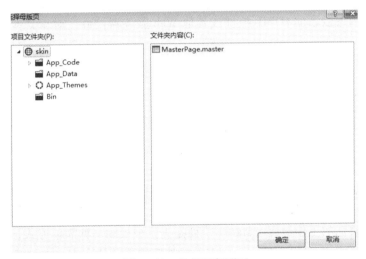

图 3-23 选择母版页面

此时界面中只显示了一个 ContentPlaceHolder 区域，所有的模板项都是灰色的，不可编辑，内容页面是一个简单的".aspx"页面，文件中只包含一行代码，如程序清单 3-8 所示。

```
<%@ Page Language = "C#" MasterPageFile = " ~ /pageMaster.master" AutoEventWireup = "true" CodeFile = "Default.aspx.cs" Inherits = "_Default" Title = "Untitled Page"% >
```

程序清单 3-8　内容页面

小提示　　　　内容页面与一般".aspx"页面的区别

对于内容页面，它与一般的".aspx"页面相比，一个较大的区别是在@Page指令中包含 MasterPageFile 属性，这个属性表示当前页面继承于另外一个页面，其值就是应用程序中 Master 页面的位置。另外一个较大的区别是在页面中不包含" < form id = " form1 " runat = " server " > "标签，也不包含开闭的 HTML 标签。

此时只要把需要显示的页面内容放入内容面板区域即可，如图 3 – 24 所示。

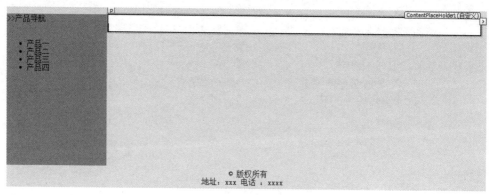

图 3 – 24　创建内容页面

在内容区域内可以添加 HTML 控件或其他 Web 服务器控件，对于其他的母版区域是无法编辑的。

背景知识

（1）使用 Master 页面的原因。在 Web 程序中大多数页面都有一些公共元素，在没有 Master 页面以前，必须把这些元素放到每个页面上去，在多数情况下，这种做法比较困难。通常一些开发人员简单地把这些公共区段的代码复制并粘贴到需要的页面上去，当然这种方法是可行的，但是相当麻烦，并且如果对一个区段中的代码进行修改，就必须在每个页面上重复这个修改，这导致开发效率非常低。

（2）Master 页面的工作过程。Master 页面是提供模板的一种简单方式，并可以由应用程序中的任意多个 ASP. NET 页面使用，只需要把共享的内容放在 Master 页面中即可。在程序运行时，ASP. NET 引擎会把 Master 页面元素和内容页面元素合并到一个页面上，显示给终端用户，具体工作过程如图 3 – 25 所示。

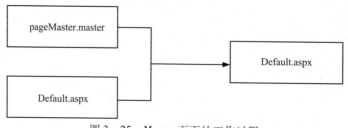

图 3 – 25　Master 页面的工作过程

（3）编程使用 Master 页面。在任何内容页面上，都可以轻松地编程指定 Master 页面，使用 Page. MasterPageFile 属性就可以把 Master 页面赋予内容页面，无论是否在@ page 指令中指定另外一个 Master 页面，都可以使用该属性。

在设置 Page. MasterPageFile 属性时，必须在 Page_PreInit 事件中使用，Page_PreInit 事件是访问 Page 生存期时最早触发的事件，也是在将 Master 页面和内容页面合并到一个实例之前能够同时影响两个页面的唯一地方。具体使用如程序清单3-9所示。

```
protected void Page_PreInit (object sender, EventArgs e)
    {
        Page.MasterPageFile = " ~ /pageMster.master";
    }
```

程序清单3-9　编程使用 Master 页面

（4）Master 页面的时间触发顺序。在处理 Master 页面和内容页面时，将两个页面类合并为一个页面类时，需要知道哪些事件先触发，哪些事件后触发。其具体顺序如下：

①Master 页面子控件初始化；
②内容页面子控件初始化；
③Master 页面初始化；
④内容页面初始化；
⑤内容页面加载；
⑥Master 页面加载；
⑦Master 页面子控件加载；
⑧内容页面子控件加载。

※ 能力大比拼，看谁做得又好又快 ※

根据所学知识，创建一留言本母版页，具体效果如图3-26所示。

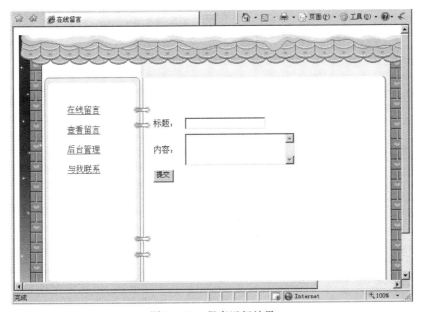

图3-26　程序运行效果

任务小结

------你掌握了吗？

（1）在ASP.NET中创建母版页；

（2）在内容页面中使用母版页。

任务三 内容页访问母版页

任务要点

（1）掌握内容页与母版页中的控件相互访问；

（2）掌握内容页与母版页之间的传值。

导学实践，跟我学

【案例3-3】 实现内容页与母版页中控件的相互访问。效果如图3-27所示。

图3-27 内容页与母版页交互

具体步骤如下：

（1）新建网站，向网站中添加母版页，保存为默认名称"MasterPage.master"。完成后布局如图3-28所示。母版页顶部文本框ID名称为"txtSearch"，搜索按钮ID名称为"btnSearch"。

（2）向网站中添加Web窗体，保存为"Default.aspx"。修改"Default.aspx"应用母版页进行布局，并根据图3-27所示效果，向内容区域中添加Label控件，并将之命名为"lblKeyWords"。

（3）修改"Default.aspx"页面，添加如下代码：

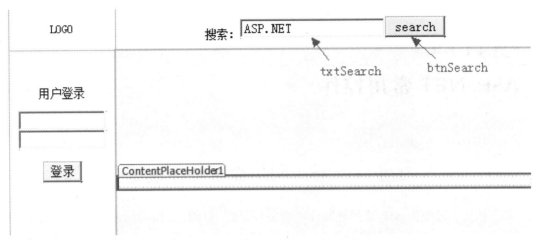

图 3-28 内容页与母版页交互页面设计

```
this.lblKeyWords.Text = ((TextBox)Master.FindControl("txtSearch")).
Text;
```

(4) 打开母版页，双击"搜索"按钮，在其单击事件处理程序中添加如下代码：

```
((Label)this.ContentPlaceHolder1.FindControl("lblKeyWords")).
Text = this.txtSearch.Text;
```

背景知识

在部分场景中，存在内容页访问母版页中控件或母版页获取内容页中控件属性值的情况。在创建此两种页面时为先创建母版页，再创建内容页。在用户访问内容页时，在页面加载时为先加载内容页，触发内容页的 Page_Load 事件，再加载母版页，触发母版页的 Page_Load 事件。

内容页访问母版页中控件的常用方法为调用 Master.FindControl 方法，此方法在内容页中调用，用于根据母版页中控件的 ID 属性值获取控件。如本案例中代码"Master.FindControl("txtSearch")"的作用即获取母版页中的"搜索"文本框。

母版页获取内容页中控件属性值也采用相同的方法，只不过其在调用时应使用内容区域的 FindControl 方法，例如代码"ContentPlaceHolder1.FindControl("lblKeyWords")"即在名称为 ContentPlaceHolder1 的内容区域中查找 ID 属性为 lblKeyWords 的控件。

项目四

ASP.NET 常用控件

任务一 ASP.NET 常用控件概述

如前所述，传统的 ASP 使用解释性语言完成最终 HTML 文档的构建，之后把它发送到浏览器上，而 ASP.NET 使用编译语言完成这个任务。下面主要介绍如何在 ASP.NET 页面中使用一种特定类型的对象，即服务器控件，以及如何充分利用这个控件，并讨论一种特殊类型的服务器控件：HTML 服务器控件。

1) ASP.NET 服务器控件

过去，使用传统 ASP 的一个难点是，必须根据所编写的服务器端代码对浏览器输出的所有 HTML 结果负全责。网页浏览请求可能来自同一个浏览器的许多不同版本，所以开发人员常常为用于浏览站点的最低版本开发应用程序。基本上，每个人都把最低版本作为目标。如果应用程序总是为最低版本开发，开发人员就不能利用新浏览器版本所提供的高级功能。

ASP.NET 服务器控件克服了这些障碍。在收到一个请求时，ASP.NET 会检查这个请求，确定发出该请求的浏览器类型，以及浏览器的版本，然后输出适合该浏览器的 HTML 输出。这个过程通过用户代理从 HTTP 请求的标题中确定要发送给浏览器的内容来完成。也就是说，可以为最好的浏览器建立应用程序，而不必担心功能是否会在发出请求给应用程序的浏览器上发挥作用。有了前面描述的功能，这些控件就可以称为智能控件。

2) 服务器控件的类型

ASP.NET 提供了两种不同类型的服务器控件：HTML 服务器控件和 Web 服务器控件。这两种类型的控件大不相同，在使用 ASP.NET 时，就会看出重点是 Web 服务器控件。那么，哪种控件比较好？答案完全取决于要获得的结果。

在决定是使用 HTML 服务器控件还是 Web 服务器控件时，并没有什么硬性规则。可能一种控件类型使用得比较多，另一种控件类型使用得比较少，但一种控件类型提供的某些功能在另一种控件类型中没有。如果要完成特定的任务，而当前使用的控件类型没有解决方法，就可以看看另一种控件类型，因为通过它很可能找到解决方法。还要注意，可以混合和匹配这些控件类型。在同一个页面或应用程序中完全可以同时使用 HTML 服务器控件和 Web 服务器控件。

3) 用服务器控件建立页面

使用服务器控件构建 ASP.NET 页面有两种方式。可以使用专门为处理 ASP.NET 而设计的工具，该工具允许可视化地把控件拖放到设计界面上，操纵该控件的行为。也可以直接通过输入代码来处理服务器控件，本书仅讲解在设计界面上使用服务器控件。

Visual Studio 2015 允许可视化地把控件拖放到设计界面上，可视化地创建 ASP.NET 页面。要获得这个可视化的设计选项，可以在查看 ASP. NET 页面时，在这个窗口中修改属性，这会改变突出显示的控件的外观或行为。所有的控件都继承了一个特定的基类（WebControl），所以还可以同时突出显示多个控件，一次改变这些控件的基本属性。在选择控件时，需要按住 Ctrl 键。

4) 处理服务器控件的事件

ASP. NET 不是使用解释性的代码，而是为页面编写基于事件的结构。目前 ASP. NET 使用事件驱动的模型。项目编码任务只在特定事件发生时执行。ASP. NET 编程模型中的常见事件是 Page_Load，它不但可以处理整个页面，在页面事件的特定时刻处理它的属性和方法，还可以通过特定的控件事件处理页面上包含的服务器控件。例如，窗体上按钮的一个常见事件是 Button_Click。如何触发服务器控件的这些事件？有两种方式。第一种方式是在"设计"视图中打开 ASP. NET 页面，双击要创建服务器端事件的控件。例如，双击"设计"视图中的 Button 服务器控件，无论代码是在后台编码文件中，还是内置代码，都会在服务器端代码中创建 Button1_Click 事件的结构。这会为该服务器控件最常用的事件创建一个处理程序框架。有了事件的结构后，就可以编写触发事件时希望发生的特定操作了。

5) HTML 服务器控件

ASP. NET 允许提取 HTML 元素，通过少量的工作，把它们转换为服务器端控件。之后，就可以使用它们控制在 ASP. NET 页面中实现的元素的行为和操作了。

首先，Button 元素转换为 HTML 服务器控件后，会出现一个绿色的三角形，如图 4 – 1 所示。

图 4 – 1 绿色的三角形

在"源"视图中，只需添加"runat = "server""，就可把 HTML 元素转换为服务器控件：

```
< input id = "Button1" type = "button" value = "button" runat = "server" />
```

将 HTML 元素转换为服务器控件之后，就可以像处理任何 Web 服务器控件那样处理它们。

任务二 服务器控件与 HTML 控件的区分

在进行 ASP. NET 开发时，页面上使用到的控件主要分为三种：传统 HTML 控件、HTML 服务器控件和 ASP. NET 服务器控件。传统 HTML 控件运行在客户端，由浏览器负责处理。后两种服务器控件运行在服务器端，两种控件都必须设置 ID 属性，可在代码中通过 ID 获取并进行操作。

HTML 服务器控件与 ASP. NET 服务器控件的区分如以下代码所示：

ASP.NET程序设计项目教程（第2版）

```
< input type = "button"runat = "server"id = "btn1" />
< asp:button runat = "server"id = "btn2" />
```

第1行为HTML服务器控件，其对应System.Web.UI.HtmlControls.HtmlInputButton类；第2行为ASP.NET服务器控件，其对应System.Web.UI.WebControls.Button类。在代码中若设置两个按钮的文本属性，代码分别为："btn1.Value = "Close""和"btn2.Text = "Close""。

任务三 常用控件

1. 文本类

文本类控件包括以下2类。

（1）Label控件，又称标签控件，主要用于显示文本。它的常用属性见表4-1。

表4-1 Label控件的常用属性

属性	说明
ID	控件的ID名称，Label控件的唯一标志
Text	控件显示的文本
Width	控件的宽度
Height	控件的高度
Visible	控件是否可见
Font	控件是否可用

（2）TextBox控件，又称文本框控件，用于输入或显示文本。TextBox控件通常用于可编辑文本，但也可以通过设置属性来设置其成为只读控件。它的常用属性见表4-2。

表4-2 TextBox控件的常用属性

属性	说明
ID	控件的ID名称
Text	控件显示的文本
AutoPostBack	值为True或False，表示是否回传服务器并刷新页面
TextMode	主要有三个值：Single表示只能在一行中输入信息；MultiLine允许用户输入多行文本并执行换行，并可设置Rows来限制行数；Password表示将用户的输入密码化（用黑点表示）

【案例4-1】 设计简单的注册界面。

在文本类控件中应主要掌握Label和TextBox两个控件。按钮类控件主要有Button、

项目四 ASP.NET常用控件

LinkButton、ImageButton 和 HyperLink，本案例主要介绍 Label、TextBox 和 Button 三个控件。

具体步骤如下：

（1）打开 Visual Studio 2015 后，添加一个 Web 窗体并将之命名为"register. aspx"。

（2）单击"布局"→"插入表"，在弹出的"插入表格"对话框中，插入 4 行 3 列的表格，如图 4-2 所示。

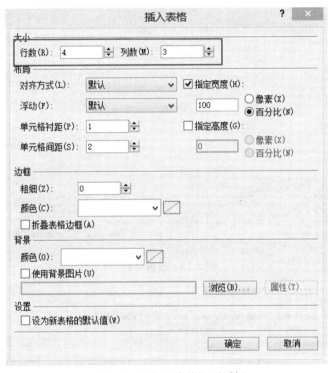

图 4-2　"插入表格"对话框

（3）在表格中拖入 2 个标签、3 个文本框，它们的属性见表 4-3，设置分别如图 4-3、图 4-4、图 4-5 所示。

表 4-3　控件的属性

名称（类型）	ID	TextMode
Label1	lblName	—
Label2	lblPwd	—
TextBox1	txtName	SingleLine
TextBox2	txtPwd	Password
TextBox3	txtDemo	MultiLine

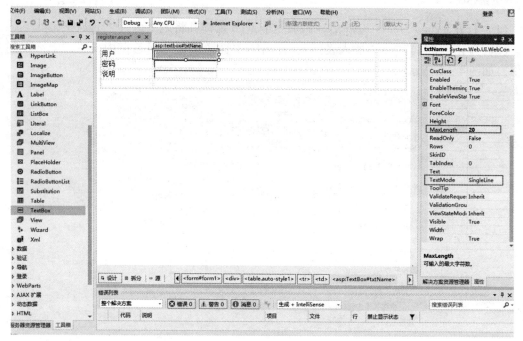

图4-3 设置（1）

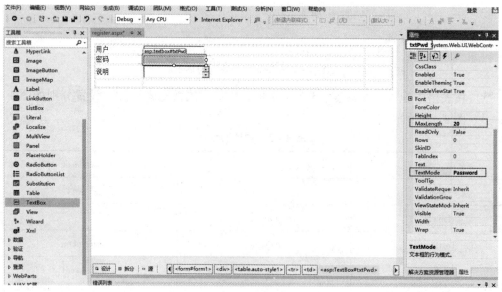

图4-4 设置（2）

项目四　ASP.NET常用控件

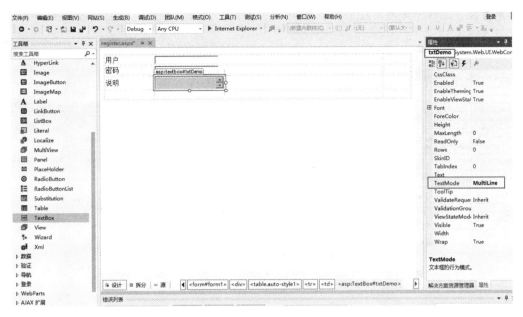

图4-5　设置（3）

> **小提示**　文本框是最为常用的控件，TextMode是文本框的一个重要属性，主要有三种取值：SingleLine、Password、MultiLine。其分别表示单行、密码行、多行文本。

（4）将按钮拖入，并将ID设置为"btnReset"，将Text设置为"重置"，双击按钮后输入图4-6所示的代码。

```
public partial class Register : System.Web.UI.Page
{
    protected void Page_Load(object sender, EventArgs e)
    {

    }
    protected void btnReset_Click(object sender, EventArgs e)
    {
        this.txtName.Text = "";
        this.txtPwd.Text = "";
        this.txtDemo.Text = "";
    }
}
```

图4-6　输入代码

代码为：

```
this.txtName.Text = "";
this.txtPwd.Text = "";
this.txtDemo.Text = "";
```

- 79 -

小提示 三行代码表示在单击"重置"按钮时,用户、密码、备注将全部置空,以便于重新输入。

(5)选择"调试"→"开始执行",结果如图 4-7 所示。

图 4-7 运行结果

2. 按 钮 类

按钮类控件包括以下 4 类。

1)Button 控件

Button 控件可以分为提交按钮和命令按钮控件。提交按钮控件只是将 Web 页面回送到服务器,默认情况下,Button 控件为提交按钮控件;命令按钮控件一般是与控件相关联的命令,用于处理控件命令事件。

Button 控件的常用属性见表 4-4。

表 4-4 Button 控件的常用属性

属性	说明
ID	控件的 ID 名称
Text	控件显示的文本
CausesValidation	主要用来确定该控件是否导致激发验证
OnClientClick	获取或设置在引发某个 Button 控件的 Click 事件时所执行的客户端脚本
PostBackUrl	单击 Button 控件时从当前页跳转到的网页 URL

Button 控件的常用事件是 Click 事件。

2)LinkButton 控件

LinkButton 控件又称为超链接控件,该控件在功能上与 Button 控件相似,但它以超链接的形式显示。

LinkButton 控件的常用属性见表 4-5。

表 4-5 **LinkButton 控件的常用属性**

属性	说明
ID	控件的 ID 名称
Text	控件显示的文本
CausesValidation	主要用来确定该控件是否导致激发验证
PostBackUrl	单击 Button 控件时从当前页跳转到的网页 URL

LinkButton 控件的常用事件是 Click 事件。

3）ImageButton

ImageButton 控件为图像按钮控件，可用于显示具体的图像，它在功能上和 Button 控件相同。

lmageButton 控件的常用属性见表 4-6。

表 4-6 **lmage 控件的常用属性**

属性	说明
ID	控件的 ID 名称
AlternateText	控件上的图像无法显示时代替显示的文本
CausesValidation	主要用来确定该控件是否导致激发验证
PostBackUrl	单击 Button 控件时从当前页跳转到的网页 URL
ImageUrl	在 ImageButton 控件中可显示的图像的位置，可以使用相对路径，也可以使用绝对路径

ImageButton 控件的常用事件是 Click 事件。

> **小提示** 3 个按钮类控件的功能是类似的，它们的区别可从它们的名称上看出来：Button 按钮是一般的按钮，LinkButton 按钮是文字超链接按钮，ImageButton 按钮是图像超链接按钮。

4）HyperLink 控件

HyperLink 控件又称超链接控件，该控件只实现导航功能，没有事件功能，只有属性能进行设置以实现导航链接。

HyperLink 控件的常用属性见表 4-7。

表 4-7 HyperLink 控件的常用属性

属性	说明
ID	控件的 ID 名称
Text	设置 HyperLink 控件的文本标题
ImageUrl	设置 HyperLink 控件的图像路径
NavigateUrl	设置 HyperLink 控件时链接到的 URL
Target	主要有 3 个值：_blank 表示在新的窗口中打开见面；_parent 表示在框架集中的父级窗口或页面中显示网页；_self 表示在当前网页中显示网页

3. 图形显示类

图形显示类型控件包括以下 2 类。

1）Image 控件

Image 控件用于在页面上显示图像，在使用 Image 控件时，可以在设计时或运行时设置其属性，主要是指定图像文件的位置。

Image 控件的常用属性见表 4-8。

表 4-8 Image 控件的常用属性

属性	说明
ID	控件的 ID 名称
AlternateText	控件上的图像无法显示时代替显示的文本
ImageUrl	Image 控件中图像所在的位置
Enabled	控件是否可用
ImageAlign	Image 控件相对于页面上其他元素的对齐方式

2）ImageMap 控件

ImageMap 控件允许在图片中确定热点区域。当用户单击这些热点区域时，将会引发超链接或者单击事件。当需要对图片进行局部交互时，可使用 ImageMap 控件。

Image Map 的常用属性见表 4-9。

表 4-9 ImageMap 控件的常用属性

属性	说明
ID	控件的 ID 名称
AlternateText	控件上的图像无法显示时代替显示的文本
HotSpotMode	单击热点对象时，ImageMap 控件的热点对象的默认行为，主要有 4 个值
HotSpots	热点对象的集合，表示 ImageMap 控件中图像的作用点区域

续表

属性	说明
ImageAlign	Image 控件相对于页面上其他元素的对齐方式
ImageUrl	Image 控件中图像所在的位置
Target	主要有 3 个值：_blank 表示在新的窗口中打开页面；_parent 表示在框架集中的父级窗口或页面中显示网页；_self 表示在当前网页中显示网页

4. 选择类

选择类控件包括以下 4 类。

1）ListBox 控件

ListBox 控件用于显示一组列表项，用户可以从中选择一项或多项。它会自动增加上、下滚动条。

ListBox 控件的常用属性见表 4-10。

表 4-10 ListBox 控件的常用属性

属性	说明
ID	控件的 ID 名称
Items	获取列表控件项的集合
SelectionMode	设置 ListBox 控件的选择格式
SelectedIndex	设置 ListBox 控件的最低序号索引
SelectedItem	获取 ListBox 控件中索引最小的选中的项
SelectedValue	获取 ListBox 控件中选定项的值
Rows	设置 ListBox 控件中显示的行数
DataSource	设置数据源

ListBox 控件的常用方法是 DataBind() 方法，当 ListBox 控件使用 DataSource 属性附加数据源时，要使用 DataBind() 将数据源绑定到 ListBox 控件上。

2）DropDownList 控件

DropDownList 控件与 ListBox 控件的使用类似，但 DropDownList 控件只允许用户每次从列表中选择一项，而且在框中仅显示选定项。

DropDownList 控件的常用属性见表 4-11。

表4-11 DropDownList 控件的常用属性

属性	说明
ID	控件的 ID 名称
Items	获取列表控件项的集合
SelectionMode	设置 ListBox 控件的选择格式
SelectedIndex	设置 ListBox 控件的最低序号索引
SelectedItem	获取 ListBox 控件中索引最小的选中的项
SelectedValue	获取 ListBox 控件中选定项的值
AutoPostBack	值为 True 或 False，表示是否回传服务器并刷新页面
DataSource	设置数据源

DropDownList 控件的常用方法是 DataBind( ) 方法，当 DropDownList 控件使用 DataSource 属性附加数据源时，要使用 DataBind( ) 将数据源绑定到 DropDownList 控件上。

DropDownList 控件的常用事件是 SeclectedIndexChanged，当 DropDownList 控件中的值发生改变时，将会触发 SeclectedIndexChanged 事件。

3）RadioButton 控件

RadioButton 控件是一种单选按钮，用户可以在页面中添加一组 RadioButton 控件，通过为所有的单选按钮分配一个相同的 GroupName，实现从一个组里仅能选择一个选项的功能。

RadioButton 控件的常用属性见表4-12。

表4-12 RadioButton 控件的常用属性

属性	说明
ID	控件的 ID 名称
AutoPostBack	值为 True 或 False，表示是否回传服务器并刷新页面
Checked	值为 True 或 False，表示是否被选中
GroupName	设置多个单选按钮的一个组名
Enabled	控件是否可用
CausesValidation	主要用来确定该控件是否导致激发验证

RadioButton 控件的主要事件是 CheckedChanged，当 RadioButton 控件的选中状态发生改变时引发该事件。

4）CheckBox 控件

CheckBox 控件为某个问题提供多种选项并可以作多种选择。

CheckBox 控件的常用属性见表4-13。

项目四 ASP.NET常用控件

表4-13 CheckBox控件的常用属性

属性	说明
ID	控件的ID名称
AutoPostBack	值为True或False，表示是否回传服务器并刷新页面
Checked	值为True或False，表示是否被选中
GroupName	设置多个单选按钮的一个组名
Enabled	确定控件是否可用
CausesValidation	主要用来确定该控件是否导致激发验证

CheckBox控件的主要事件也是CheckedChanged，当CheckBox控件的选中状态发生改变时引发该事件。

【案例4-2】 利用DropDownList控件选择花朵并在图片框中显示。

本案例通过DropDownList和Image两个控件的联合使用，使读者掌握选择类和图形显示类控件的使用，需要掌握的属性"小提示"里会涉及。

具体步骤如下：

（1）新建一网站并将之命名为"ddlimage"，从工具箱里把DropDownList和Image两个控件拖到"Default.aspx"的视图下，分别命名为"ddlImg"和"imgFlower"，此时要注意的是也要把ddlImg的AutoPostBack的属性设置为True，如图4-8、图4-9所示。

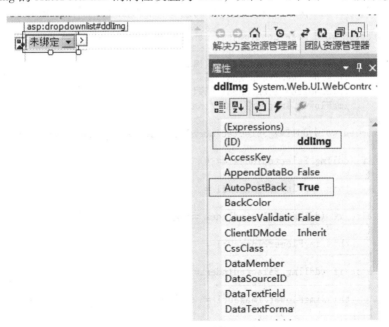

图4-8 设置属性（1）

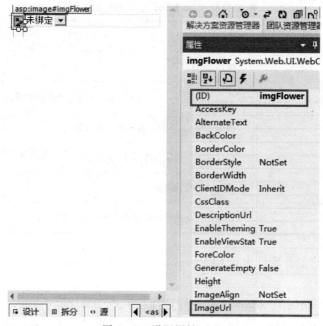

图 4-9 设置属性（2）

> **小提示** 若把 AutoPostBack 的属性设定为 True，并且设定好 Selected IndexChanged 事件，当 ddlImg 中的内容有所改变时，将自动传回控件现在的内容并触发 Page_Load 事件及 SelectedIndexChanged 内所设定的事件。

（2）双击"Default.aspx"页面的空白部分，并输入图 4-10 所示的代码。

```csharp
protected void Page_Load(object sender, EventArgs e)
{
    this.ddlImg.Items.Add("玫瑰花");
    this.ddlImg.Items.Add("梅花");
    this.ddlImg.Items.Add("鸡冠花");
    imgFlower.ImageUrl = "~/images/meigui.jpg";
}
protected void ddlImg_SelectedIndexChanged(object sender, EventArgs e)
{
    if (ddlImg.SelectedIndex == 0)
    {
        this.imgFlower.ImageUrl = "~/images/meigui.jpg";
    }
    else if (ddlImg.SelectedIndex == 1)
    {
        this.imgFlower.ImageUrl = "~/images/meihua.jpg";
    }
    else if (ddlImg.SelectedIndex == 2)
    {
        this.imgFlower.ImageUrl = "~/images/jiguan.jpg";
    }
}
```

图 4-10 输入代码

代码如下:

```
protected void Page_Load(object sender,EventArgs e)
    {
        this.ddlImg.Items.Add("玫瑰花");
        this.ddlImg.Items.Add("梅花");
        this.ddlImg.Items.Add("鸡冠花");
        imgFlower.ImageUrl = " ~ /images/meigui.jpg";
        //给图形控件赋初始值


    }
    protected void ddlImg _SelectedIndexChanged ( object sender, EventArgs e)
    {

      if (ddlImg.SelectedIndex ==0)  //索引值是从0开始的
        {imgFlower.ImageUrl = " ~ /images/meigui.jpg";}
      elseif (ddlImg.SelectedIndex ==1)
        {imgFlower.ImageUrl = " ~ /images/meihua.jpg";}
      elseif (ddlImg.SelectedIndex ==2)
        {imgFlower.ImageUrl = " ~ /images/jiguan.jpg";}
    }
```

小提示 Page_Load 是页面载入事件,每次载入都会执行相应的代码。一般来讲,页面的初始值的设置可以放在本事件中。SelectedIndexChanged 是指每次 DropDownList 控件里的值发生改变时触发的事件,并且它会再次引起 Page_Load 事件。imgFlower 的 ImageUrl 属性指向的图片的路径,其可以是绝对路径也可以是相对路径。DropDownList 控件的 SelectedIndex(索引值)是从 0 开始的。

(3)单击"调试"→"开始执行",结果如图 4-11 所示,但改变 DropDownList 控件的值时,可发现 DropDownList 的值每改变 1 次,就会增加 3 个值,如图 4-12 所示。

图 4-11 执行结果

图 4-12 增加 3 个值

> **小提示** SelectedIndexChanged 事件每次执行时会再次触发执行 Page_Load，因此每次改变值时会再增加3个同样的值。如何避免 Page_Load 再次执行呢？使用页面的 IsPostBack 是可以避免的。
> 　　IsPostBack 用来检查目前网页是否为第一次加载，当使用者第一次浏览这个网页时 Page.IsPostBack 会传回 False，不是第一次浏览这个网页时就传回 True，所以在 Page_Load 事件中就可以使用这个属性来避免一些重复的动作。

（4）在页面中的代码修改如图4-13所示。

```
protected void Page_Load(object sender, EventArgs e)
{
    if (!Page.IsPostBack) //当第二次页面载入时,将不执行以下代码
    {
        this.ddlImg.Items.Add("玫瑰花");
        this.ddlImg.Items.Add("梅花");
        this.ddlImg.Items.Add("鸡冠花");
        imgFlower.ImageUrl = "~/images/meigui.jpg";
    }
}
protected void ddlImg_SelectedIndexChanged(object sender, EventArgs e)
{
    if (ddlImg.SelectedIndex == 0)
    {
        this.imgFlower.ImageUrl = "~/images/meigui.jpg";
    }
    else if (ddlImg.SelectedIndex == 1)
    {
        this.imgFlower.ImageUrl = "~/images/meihua.jpg";
    }
    else if (ddlImg.SelectedIndex == 2)
    {
        this.imgFlower.ImageUrl = "~/images/jiguan.jpg";
    }
}
```

图4-13　修改代码

代码如下：

```
protected void Page_Load(object sender,EventArgs e)
{
    if(!Page.IsPostBack)//当第二次页面载入时,将不执行以下代码
    {
        this.ddlImg.Items.Add("玫瑰花");
        this.ddlImg.Items.Add("梅花");
        this.ddlImg.Items.Add("鸡冠花");
        imgFlower.ImageUrl = " ~/images/meigui.jpg";
        //给图形控件赋初始值
    }
}
```

```
        }
         protectedvoid ddlImg_SelectedIndexChanged (object sender,
EventArgs e)
        {
         if (ddlImg.SelectedIndex ==0)   //索引值是从0开始的
          {imgFlower.ImageUrl = " ~ /images/meigui.jpg";}
          else if (ddlImg.SelectedIndex ==1)
          {imgFlower.ImageUrl = " ~ /images/meihua.jpg";}
          else if (ddlImg.SelectedIndex ==2)
          {imgFlower.ImageUrl = " ~ /images/jiguan.jpg";}
        }
```

(5) 单击"调试"→"开始执行",不断改变值,结果如图4-14所示。

图4-14 查看结果

小提示 当! Page.IsPostBack 为真时,表示页面在第二次载入时将不执行代码,即只有第一次页面载入时才执行代码。本案例的技能还可以用在头像选择的注册界面,在随后的"能力大比拼"中就要实现头像选择功能。

5. 上传控件

FileUpload 控件的主要功能是向指定控件包括一个文本框和一个浏览按钮。FileUpload 控件不会自动上传文件,需要作进一步的设置,主要设置相关的事件处理程序。

FileUpload 控件的常用属性见表4-14。

FileUpload 控件的常用方法是 SaveAs(String filename),参数 filename 是指被保存在服务器上上传文件的绝对路径。通常在调用此方法前,应首先判断 HasFile 属性值以确认上传的

ASP.NET 程序设计项目教程（第2版）

文件是否存在，若其值为 True 则调用该方法可实现文件上传。这在案例 4-3 中有所体现。

表 4-14　FileUpload 控件的常用属性

属性	说明
ID	控件的 ID 名称
FileBytes	获取上传文件的字节数组
FileContent	获取指向上传文件的 Stream 对象
FileName	获取上传文件在客户端的文件名称
HasFile	值为 True 或 False，表示 FileUpload 控件是否已经包含上传的文件
PostedFile	获取一个与上传文件相关的 HttpPostedFile 对象，使用该对象可以获取上传文件的相关属性

【案例 4-3】　利用 FileUpload 控件上传图片。

本案例通过 FileUpload 和 Image 两个控件的联合使用，使读者掌握上传控件的使用，需要掌握的属性在"小提示"里会涉及。

具体步骤如下：

（1）新建一网站并将之命名为"upload"，从工具箱里把 FileUpload、Image、Label、Button 四个控件拖到"Default.aspx"的视图下，分别命名为 FileUpload1、imgDisplay、Label1、btnupload。

（2）双击"Default.aspx"页面的空白部分，并输入图 4-15 所示的代码。

```
public partial class _Default : System.Web.UI.Page
{
    protected void Page_Load(object sender, EventArgs e)
    {
        this.Label1.Text = "";
        this.btnupload.Text = "图片上传";
        imgDisplay.ImageUrl = "~/images/IMG_1850.JPG";//本图片已经在根目录下的images
    }
    protected void btnupload_Click(object sender, EventArgs e)
    {
        bool fileIsValid = false;
        //如果确认了上传文件，则判断文件类型是否符合要求
        if (this.FileUpload1.HasFile)
        {
            //获取上传文件的后缀
            String fileExtension = System.IO.Path.GetExtension(this.FileUpload1.FileName).ToLower();
            String[] restrictExtension ={ ".gif", ".jpg", ".bmp", ".png" };//限制文件上传的类型
            //判断文件类型是否符合要求
            for (int i = 0; i < restrictExtension.Length; i++)
            {
                if (fileExtension == restrictExtension[i])
                {
                    fileIsValid = true;
                }
            }
            //如果文件类型符合要求，调用SaveAs方法实现上传，并显示相关信息
            if (fileIsValid == true)
            {
                try
                {
                    this.imgDisplay.ImageUrl = "~/images/" + FileUpload1.FileName;//图形控件的图形路径
                    this.FileUpload1.SaveAs(Server.MapPath("~/images/") + FileUpload1.FileName);//图片保存在根目录下的"images"文件夹下
                    //使对 SaveAs 的调用有效，ASP.NET 应用程序必须拥有服务器上相应目录的写访问权限。应用程序可以通过两种方式获得写访问权限。
                    //您可以将要保存上载文件的目录的写访问权限显式授予运行应用程序所使用的帐户。您也可以提高为 ASP.NET 应用程序授予的信任级别。
                    this.Label1.Text = "文件上传成功";
                    this.Label1.Text += "<Br/>";
```

图 4-15　输入代码

代码如下:

```csharp
protected void Page_Load (object sender, EventArgs e)
{
    this.Label1.Text = "";
    this.btnupload.Text = "图片上传";
    imgDisplay.ImageUrl = "~/images/IMG_1850.JPG";
    //本图片已经在根目录下的 images
}
protected void btnupload_Click (object sender, EventArgs e)
{
    bool fileIsValid = false;
    //如果确认了上传文件,则判断文件类型是否符合要求
    if (this.FileUpload1.HasFile) //判断上传的文件是否存在
    {
        //获取上传文件的后缀
        String fileExtension = System.IO.Path.GetExtension(this.FileUpload1.FileName).ToLower();
        String[] restrictExtension = {".gif",".jpg",".bmp",".png"}; //限制文件上传的类型
        //判断文件类型是否符合要求
        for (int i = 0; i < restrictExtension.Length; i++)
        {
            if (fileExtension == restrictExtension[i])
            {
                fileIsValid = true;
            }
        }
        //如果文件类型符合要求,调用 SaveAs 方法实现上传,并显示相关信息
        if (fileIsValid == true)
        {
            try
            {
                this.imgDisplay.ImageUrl = "~/images/" + FileUpload1.FileName; //图形控件的图形路径
                this.FileUpload1.SaveAs(Server.MapPath("~/images/") + FileUpload1.FileName);
```

```
            //图片保存在根目录下的"images"文件夹下
                        this.Label1.Text = "文件上传成功";
                        this.Label1.Text + = " <Br/>";
                        this.Label1.Text + = " <li>" + "原文件路径:" +
this.FileUpload1.PostedFile.FileName;
                        this.Label1.Text + = " <Br/>";
                        this.Label1.Text + = " <li>" + "文件大小:" +
this.FileUpload1.PostedFile.ContentLength + "字节";
                        this.Label1.Text + = " <Br/>";
                        this.Label1.Text + = " <li>" + "文件类型:" +
this.FileUpload1.PostedFile.ContentType;
            //可以通过PostedFile属性来访问已经上传的文件来获取相关的信息,比如文件名,
大小及类型等


                    }
                    catch
                    {    this.Label1.Text = "文件上传不成功!";       }
                    finally
                    {                }
                }
                else
                {
                    this.Label1.Text = "只能够上传后缀为 .gif,.jpg,.bmp,.png
的文件夹";

                }
            }
        }
```

> **小提示**　在调用SaveAs()方法之前,应该使用HasFile属性来验证FileUpload控件是否包含要上载的文件。若HasFile返回True,则调用SaveAs()方法。为使对SaveAs()的调用有效,ASP.NET应用程序必须拥有服务器上相应目录的写访问权限:应用程序可以通过两种方式获得写访问权限:可以将要保存下载文件的目录的写访问权限显式授予运行应用程序的账户,也可以提高ASP.NET应用程序所授予的信任级别。

6. 表格控件

Table控件的主要用途是允许开发者使用编程的方式动态创建表格,并设置表格中单元

格的数据。

向页面中拖入 Table 控件，在源代码中即生成如下代码：

```
<asp:Table ID = "Table1" runat = "server" >
</asp:Table>
```

导学实践，跟我学

【案例 4 - 4】 动态创建表格。

实现效果如图 4 - 16 所示。

图 4 - 16 动态创建表格

具体步骤如下：

（1）创建页面"table. aspx"，向页面中拖入表格控件 ⊞ Table 。

（2）转至页面源码视图，加入以下代码：

```
protected void Page_Load (object sender, EventArgs e)
{
    TableRow row = new TableRow();
    Label label1 = new Label();
    label1.Text = "表格第一列";
    TableCell cell1 = new TableCell();
    cell1.Font.Size = FontUnit.Large;
    cell1.Controls.Add (label1);
    row.Cells.Add (cell1);
    TableCell cell2 = new TableCell();
    cell2.Font.Size = FontUnit.Large;
    cell2.ForeColor = System.Drawing.Color.Blue;
    cell2.Text = "表格第二列";
    row.Cells.Add (cell2);
    Table1.Rows.Add (row);
}
```

ASP.NET程序设计项目教程（第2版）

示例说明

在上述代码中，使用编程形式动态向表格中添加了1行2列的数据。TableRow 表示数据行，TableCell 表示单元格，Table1 为加入的表格控件。

Table 控件和 TableRow、TableCell 都可理解为容器，因此其内部都可以继续添加其他控件对象。上述代码中创建了 Label 控件对象加入至第一个单元格中。

TableCell 对象的 Font 属性用于设置单元格中文本的字体，ForeColor 属性用于设置字体颜色。

任务四　验 证 控 件

对于开发人员来说，验证是确定用户在 Web 表单中的输入是否有效的重要措施。因为在网上提供信息时，用户的行为是无法预测的，因此必须采取额外的预防措施，尽量保证用户提供的数据是正确的，或强迫用户输入数据，例如信用卡号和身份证号输入的有效和无效的问题。

在 ASP.NET 中，这些有效性验证很容易实现，本任务将介绍 ASP.NET 中的有效性验证控件和各种验证用户输入有效性的方法。

导学实践，跟我学

【案例4-5】　制作提交内容必填的注册页面。

若用户没有在文本框中输入学号或没有通过下拉列表框选择专业，则显示出错提示，即图4-17所示的 Web 页面，程序正常运行时显示图4-18所示的页面。

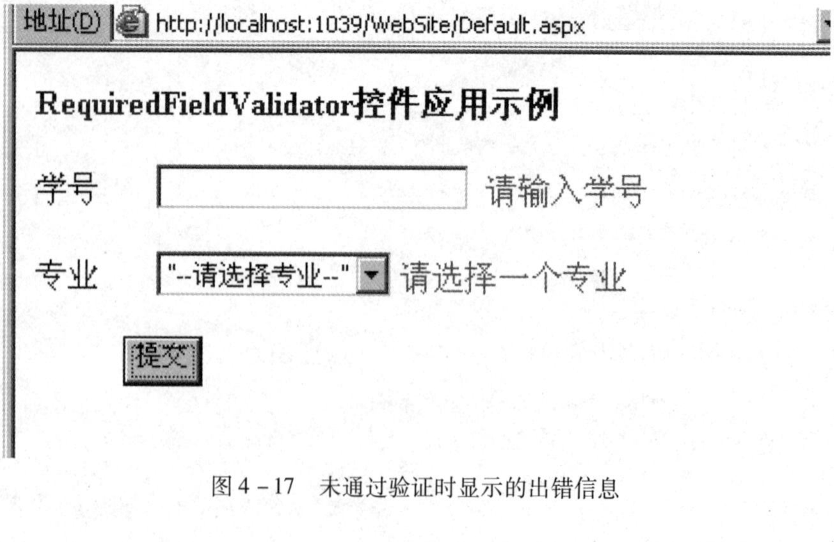

图4-17　未通过验证时显示的出错信息

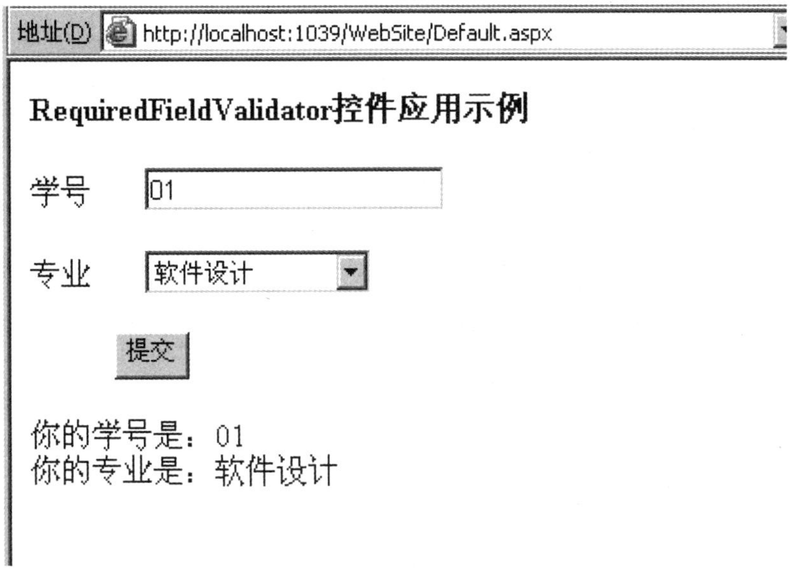

项目四 ASP.NET常用控件

图4-18　正常运行结果

具体步骤如下：

（1）设计 Web 页面。

新建一个 ASP.NET 网站，向页面中添加必要的控件说明文字，添加 1 个按钮控件 Button1，1 个文本框控件 TextBox1，1 个下拉列表框控件 DropDownList1 和两个必须项验证控件 RequiredFieldValidator1、RequiredFieldValidator2。注意将验证控件放置在被验证控件的右侧。

（2）设置对象属性。

Web 页面中各控件的初始属性设置见表 4-15。

表 4-15　各控件的初始属性设置

控件	属性	值	说明
Button1	ID	btnOK	按钮控件在程序中使用的名称
	Text	提交	显示在按钮上的文本
TextBox1	ID	txtNum	文本框控件在程序中使用的名称
DropDownList1	ID	dropSpec	下拉列表框控件在程序中使用的名称
Label1	ID	lblResult	标签控件在程序中的名称
	Text	空	初始状态下标签中不显示任何内容
RequiredFieldValidator1	ID	valrNum	RequiredFieldValidator1 在程序中的名称
	ControlToValidate	txtNum	指定验证控件的验证对象
	Text	"请输入学号"	验证失败时显示的信息

-95-

续表

控件	属性	值	说明
RequiredFieldValidator2	ID	valrSpeciality	RequiredFieldValidator2 在程序中的名称
	ControlToValidate	dropSpec	指定验证控件的验证对象
	Text	"请选择一个专业"	验证失败时显示的信息
	InitialValue	"—请选择专业—"	验证控件的初始值

设置 RequiredFieldValidator 控件的 ControlToValidate 属性时，可在选中控件后单击 ControlToValidate 属性栏右侧的 按钮，在弹出的列表中显示有当前页面中所有控件的名称，选择希望的一个即可。

(3) 编写事件代码。

Web 页面加载时执行的事件过程代码如下：

```
protected void Page_Load (object sender, EventArgs e)
{
    dropSpec.Items.Add ("--请选择专业--");  //填充专业下拉列表框中的选项
    dropSpec.Items.Add ("网络技术");
    dropSpec.Items.Add ("软件工程");
    dropSpec.Items.Add ("多媒体应用");
    dropSpec.Items.Add ("计算机维修");
    this.Title = "必须项验证控件应用示例";  //设置页面标题
}
```

"提交"按钮被单击时执行的事件过程代码如下：

```
protected void btnOK_Click (object sender, EventArgs e)
{
    //将用户的选择显示到标签控件中
    lblResult.Text = "你的学号是:" + txtNum.Text + " <br> " + "你的专业是:" + dropSpec.Text;
}
```

示例说明

如果要求用户一定要在某个输入控件中输入数据而不可以保持空白，使用 RequiredFieldValidator 控件，通过设置 ControlToValidate 属性指定要验证的输入控件。

RequiredFieldValidator 控件经常和其他验证控件搭配使用。因为除了 RequiredFieldValidator 控件，其他所有的验证控件都会将空白视为正确的，即会通过验证。也就是说，如果使用 RangeValidator 控件要求某个 TextBox 控件必须输入在指定范围内的数据，则用户输入了指定范围内的数据或者不输入任何数据，都可以通过验证。如果要求输入数据不可以为空，则必须另外再使用一个 RequiredFieldValidator 控件。

项目四 ASP.NET常用控件

导学实践，跟我学

【**案例 4-6**】 利用比较验证控件来制作注册页面。

设计一个模拟的用户注册页面，要求使用比较验证控件（CompareValidator）对用户输入密码和密码的一致性、日期数据格式的正确性进行比较验证，使用必须项验证控件（RequiredFieldValidator）设置用户名及密码为必填字段。程序运行结果如图 4-19 和图 4-20 所示。

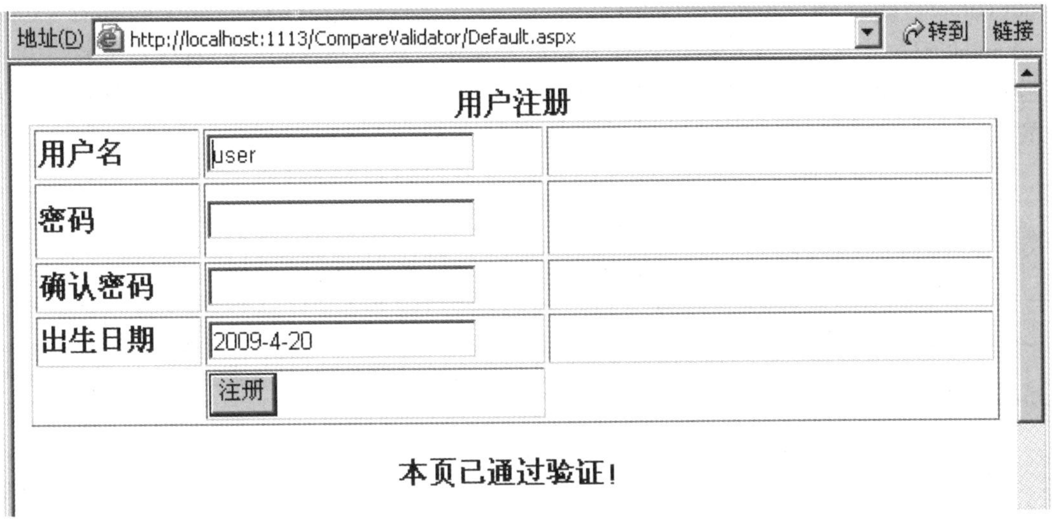

图 4-19 通过验证

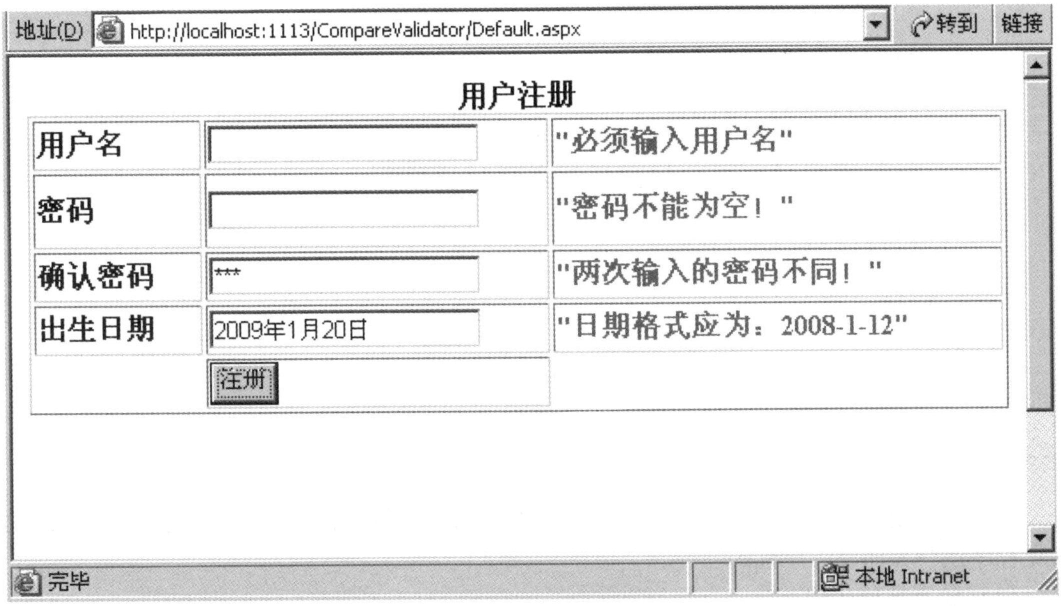

图 4-20 出错提示

具体步骤如下：

（1）设计 Web 页面。

新建一个 ASP.NET 网站，切换到设计视图。向由系统自动创建的"Default.aspx"页面中添加一个用于布局的 HTML 表格，适当调整表格的行、列数；向表格中添加必要的控件说明文字；添加 4 个用于接收用户输入数据的文本框 TextBox1～TextBox4、2 个按钮控件 Button1～Button2、1 个用于显示通过验证信息的标签控件 Label1；添加 2 个必须项验证控件 RequiredFieldValidator1～RequiredFieldValidator2、2 个比较验证控件 CompareValidator1～CompareValidator2，注意将必须项验证控件分别放置在用户名栏和密码栏的右侧单元格，将比较验证控件分别放置在确认密码和出生日期栏的右侧单元格；适当调整各控件的大小及位置。

（2）设置对象属性。

各控件的初始属性设置见表 4-16。

表 4-16　各验证控件的初始属性设置

控　件	属　性	值	说　明
RequiredFieldValidator1	ControlToValidate	txtUsername	指定验证控件的验证对象
	Text	"必须输入用户名"	验证失败时显示的信息
RequiredFieldValidator2	ControlToValidate	txtPassword	指定验证控件的验证对象为密码输入文本框
	Text	"密码不能为空！"	验证失败时显示的信息
CompareValidator1	ControlToCompare	txtPassword	指定要与之比较的控件
	ControlToValidate	txtRepassword	指定要控制的控件
	Text	"两次输入的密码不同！"	验证失败时显示的信息
CompareValidator2	ControlToValidate	txtBirthday	指定要控制的控件
	Operator	DataTypeCheck	指定操作方式为数据类型比较
	Text	"日期格式应为：2008-1-12"	验证失败时显示的信息
	Type	Date	指定数据类型为日期型

用于输入用户数据的文本框和用于显示输出信息的标签控件的 ID 属性及某些初始属性参见程序运行界面及程序代码。

（3）编写事件代码。

```
protected void Page_Load (object sender, EventArgs e)
{
    this.Title = "CompareValidator控件应用示例";
    txtUsername.Focus();   //页面加载时，用户名文本框得到焦点
    lblPass.Text = "";     //清除通过验证标签中的文本
}
protected void btnOK_Click (object sender, EventArgs e)
{
    lblPass.Text = "本页已通过验证!";   //通过验证后在标签中显示的信息
}
```

示例说明

CompareValidator 控件将用户输入到一个输入控件（如 TextBox 控件）中的值同输入到另一个输入控件中的值比较，或将该值与某个常数值比较。还可以使用 Compare-Validator 控件确定输入到输入控件中的值是否可以转换为 Type 属性所指定的数据类型。

通过设置 ControlToValidate 属性指定要验证的输入控件。如果希望将特定的输入控件与另一个输入控件比较，请使用要比较的控件的名称设置 ControlToCompare 属性。

可以将一个输入控件的值同某个常数值比较，而不是比较两个输入控件的值。通过设置 ValueToCompare 属性指定要比较的常数值。

Operator 属性允许用户指定要执行的比较类型，如大于、等于等。如果将 Operator 属性设置为 ValidationCompareOperator. DataTypeCheck，CompareValidator 控件将同时忽略 ControlToCompare 属性和 ValueToCompare 属性，而仅指示输入到输入控件中的值是否可以转换为 Type 属性所指定的数据类型。

小提示　如果输入控件为空，则不调用任何验证函数并且验证成功。可以使用 RequireFieldValidator 控件防止用户跳过某个输入控件。

导学实践，跟我学

【**案例 4 - 7**】利用范围验证控件制作数值录入页面。

使用 RangeValidator 控件验证用户输入学生成绩的数值范围，用户输入数据被验证通过时页面中显示图 4 - 21 所示的结果。若用户没有输入学号或输入了不合逻辑的成绩值，显示图 4 - 22 所示的出错提示信息。

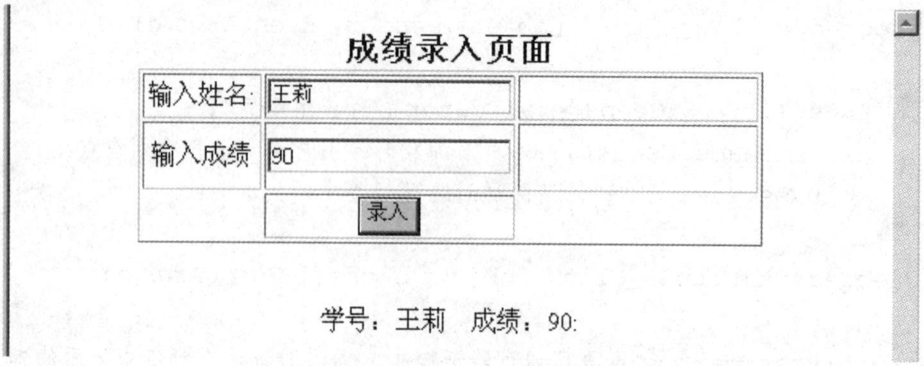

图 4-21 通过验证后显示的输出信息

图 4-22 未通过验证时显示的出错提示

具体步骤如下：

（1）设计 Web 页面。

新建一个 ASP.NET 网站，如图 4-23 所示，向页面中添加必要的控件说明文字，添加 2 个文本框控件 TextBox1~TextBox2、1 个按钮控件 Button1。在用于输入学生学号的文本框后面添加 1 个必须项验证控件 RequiredFieldValidator1，在用于输入学生成绩的文本框后面添加一个范围验证控件 RangeValidator1。

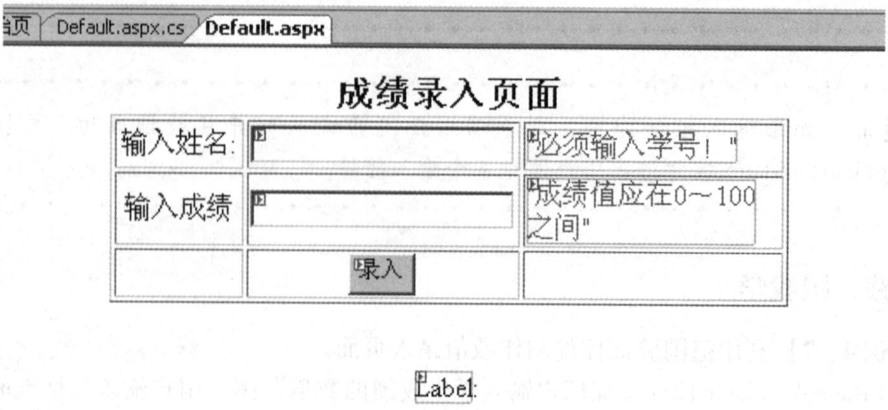

图 4-23 设计 Web 页面

（2）设置对象属性。

各控件的初始属性设置见表 4-17。

表 4-17　各验证控件的初始属性设置

控件	属性	值	说明
TextBox1	ID	txtNum	"学号"文本框在程序中使用的名称
TextBox2	ID	txtScore	"成绩"文本框在程序中使用的名称
RequiredFieldValidator1	ControlToValidate	txtNum	指定验证控件的验证对象
	Text	"必须输入学号!"	验证失败时显示的信息
RangeValidator1	ControlToValidate	txtScore	指定要控制的控件
	Text	"成绩值应在 0~100 之间"	验证失败时显示的信息
	MaxmumValue	100	设置范围的上限
	MinimumValue	0	设置范围的下限
	Type	Integer	指定数据类型为整型
Button1	ID	btnOK	"提交"按钮在程序中使用的名称
Label1	ID	lblMsg	用于显示输出信息的标签在程序中使用的名称

页面中控件的其他初始属性在页面装入事件过程中通过代码进行设置。

（3）编写事件代码。

页面装入时执行的事件过程代码如下：

```
protected void Page_Load(object sender,EventArgs e)
{
    this.Title = "范围验证控件应用示例";
    txtNum.Focus();
    lblMsg.Text = "";
}
```

"提交"按钮被单击时执行的事件代码如下：

```
protected void btnOK_Click (object sender, EventArgs e)
{
    lblMsg.Text = "学号:" + txtNum.Text + "       "
+ "成绩:" + txtScore.Text;
}
```

示例说明

RangeValidator 控件可以检查用户的输入是否在指定的上限与下限之间，可以检查数字对、字母对和日期对限定的范围。

使用 ControlToValidate 属性指定要验证的输入控件。MinimumValue 和 MaximumValue

属性分别指定有效范围的最小值和最大值。

　　Type 属性用于指定要比较的值的数据类型。在执行任何比较之前，先将要比较的值转换为该数据类型。

小提示　　如果输入控件为空，则不调用任何验证函数并且验证成功。可使用前面介绍的 RequiredFieldValidator 控件防止用户跳过某个输入控件。

　　同样，如果输入控件的值无法转换为 Type 属性指定的数据类型，验证也会成功。强烈推荐使用一个附加的 CompareValidator 控件，将其 Operator 属性设置为 Validation-CompareOperator.DataTypeCheck，以此来检验输入值的数据类型。如果由 MaximumValue 或 MinimumValue 属性指定的值无法转换为由 Type 属性指定的数据类型，则 RangeValidator 控件将引发异常。

导学实践，跟我学

　　【案例 4-8】　　制作用户名不能含有汉字、密码为 6~12 位及对邮箱格式进行验证的注册页面。

　　设计一个用户注册数据提交页面，要求程序能使用验证控件限制用户名不能为空、用户名中不能含有汉字、密码长度为 6~12 位及邮箱地址格式正确。通过验证或验证失败时显示的页面如图 4-24、图 4-25 所示。

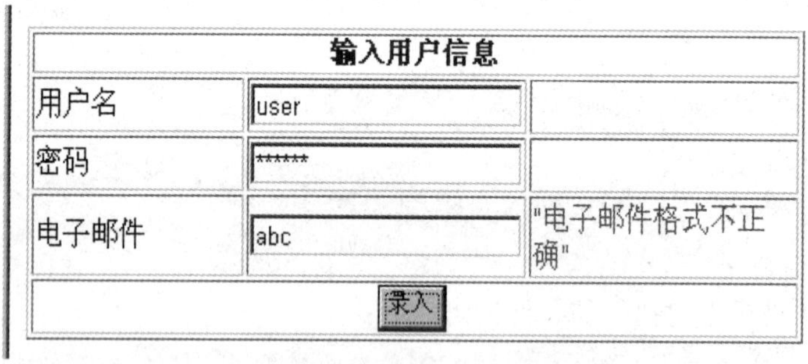

图 4-24　邮件格式不正确时的提示信息

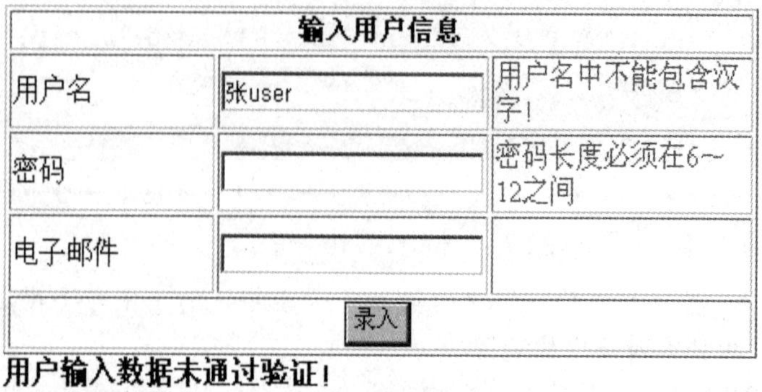

图 4-25　用户名、密码格式不正确时的提示信息

具体步骤如下:

(1) 设计 Web 页面。

新建一个 ASP.NET 网站,向由系统自动产生的缺省页面中添加一个 HTML 表格,适当调整 HTML 表格的行列数及行高、列宽。向 HTML 表格中添加需要的控件说明文字,向页面中添加 3 个文本框控件 TextBox1~TextBox3;添加 1 个按钮控件 Button1 和 1 个用于输出验证是否通过信息的标签控件 Label1;分别在"用户名"文本框和"密码"文本框的右侧各添加 1 个自定义验证控件 CustomValidator1、CustomValidator2;在"电子邮件"文本框右侧添加 1 个正则表达式验证控件 RegularExpressionValidator1;适当调整各控件的大小和位置,如图 4-26 所示。

图 4-26 设计 Web 页面

(2) 设置对象属性。

各控件的初始属性设置见表 4-18。

表 4-18 各控件的初始属性设置

控件	属性	值	说明
TextBox1~TextBox3	ID	txtUsername、txtPassword、txtEmail	文本框控件在程序中使用的名称
Button1	ID	btnOK	"提交"按钮在程序中使用的名称
	Text	提交	按钮控件上显示的文本
Label1	ID	lblMsg	用于显示输出信息的标签在程序中使用的名称
CustomValidator1	ID	valxUsername	验证用户名的自定义验证控件在程序中的名称

续表

控件	属性	值	说明
CustomValidator2	ID	valxPassword	验证密码的自定义验证控件在程序中的名称
RegularExpressionValidator1	ControlToValidate	txtEmail	正则表达式验证控件要验证的输入控件
	Text	"电子邮件格式不正确"	电子邮件格式验证失败时显示的出错信息

正则表达式验证控件的 ValidationExpression 属性，可通过正则表达式编辑器进行设置。页面中其他控件的初始属性在页面装入事件过程中通过代码进行设置。

（3）编写事件代码。

页面装入时执行的事件过程代码如下：

```
protected void Page_Load(object sender,EventArgs e)
{
    this.Title = "自定义验证控件使用示例";
    txtUsername.Focus();
}
```

"用户名"自定义验证控件的 ServerValidate 事件过程代码如下：

```
protected void valxUsername_ServerValidate(object source,ServerValidateEventArgs args)
{
    string strName = txtUsername.Text.Trim();
    int n = strName.Length;    //得到用户输入用户名的长度(字符数)
    args.IsValid = true;        //将控件置于验证通过状态
    if(txtUsername.Text == "")  //若用户没有输入用户名
    {
        valxUsername.Text = "用户名不能为空!";  //自定义验证控件中显示出错信息
        args.IsValid = false;   //将控件置于验证未通过状态
        return;                 //退出事件过程,不再执行后续代码
    }
    for(int i=0;i<n;i++)        //通过循环逐一测试用户名中每个字符的ASCII值
    {
        string midstr = strName.Substring(i,1);
```

```
            char str = Convert.ToChar(midstr);
            if((int)str > 255)//若字符的 ASCII 值大于 255,表示包含有非
ASCII 字符
            {
                valxUsername.Text = "用户名中不能包含汉字!";
                args.IsValid = false;
                break;
            }
        }
    }
```

"密码"自定义验证控件的 ServerValidate 事件过程代码如下:

```
   protected void valxPassword _ ServerValidate ( object source,
ServerValidateEventArgs args)
   {
       string strPassword = txtPassword.Text.Trim();
       args.IsValid = true;
       //若用户输入的密码长度小于6个字符或大于12个字符
       if (strPassword.Length < 6 || strPassword.Length > 12)
       {
           valxPassword.Text = "密码长度必须在6~12之间";
           args.IsValid = false;
       }
   }
```

"提交"按钮被单击时执行的事件过程代码如下:

```
   protectedvoid btnOK_Click(object sender,EventArgs e)
   {
       if(Page.IsValid)      //若 Page.IsValid 属性为 true,表示页面中所有
验证控件均通过了验证
       {
           lblMsg.Text = "<b>用户输入数据通过验证!</b>";
       }
       else
       {
           lblMsg.Text = "<b>用户输入数据未通过验证!</b>";
       }
   }
```

ASP.NET程序设计项目教程（第2版）

示例说明

RegularExpressionValidator 控件用于确定输入控件的值是否与某个正则表达式（Regular Expression）所定义的模式匹配。该验证类型允许检查可预知的字符序列，如电子邮件地址、电话号码、邮政编码等中的字符序列。

RegularExpressionValidator 使用两个属性执行验证。ControlToValidate 包含要验证的值。ValidationExpression 包含要匹配的正则表达式。

小提示　如果输入控件为空，则不调用任何验证函数并且验证成功。可使用前面介绍的 RequiredFieldValidator 控件防止用户跳过某个输入控件。

使用 ValidationExpression 属性指定用于验证输入控件的正则表达式。关于正则表达式的语法请参见 VS.NET 的帮助文件。就"电子邮件地址"来说，以下所定义的正则表达式字符串".{1,}@.{3,}"，表示@字符前至少含有1个字符，@字符之后至少含有3个字符。

背景知识

这里介绍数据验证机制。

数据验证服务器控件可以提供易用但功能强大的方法检查输入窗体中的错误，并在必要时向用户显示消息。

验证控件像其他服务器控件一样添加到 Web 窗体页。有不同的控件用于特定的验证类型，如范围检查或模式匹配，以及确保用户不跳过输入字段的 RequiredFieldValidator 等。可以将多个验证控件附加到一个输入控件。例如，可以既指定需要输入，又指定输入必须包含特定范围的值。

表 4-19 列出了所有的验证控件。接下来分别详细介绍这些控件的使用方法。

表 4-19　验证控件的类型

控件名称	说　　明
RequiredFieldValidator	确保用户不跳过输入
CompareValidator	使用比较运算符（小于、等于、大于等）将用户的输入与另一控件的常数值或属性值进行比较
RangeValidator	检查用户的输入是否在指定的上、下边界之间，可以检查数字、字母或日期对内的范围，可以将边界表示为常数

控件名称	说明
RegularExpressionValidator	检查输入是否与正则表达式定义的模式匹配。该验证类型允许检查可预知的字符序列，如电子邮件地址、电话号码、邮政编码等中的字符序列
CustomValidator	使用用户自己编写的验证逻辑检查用户的输入，该验证类型允许检查运行时导出的值
ValidationSummary	以摘要的形式显示页面上所有验证程序的验证错误

在处理用户的输入时（如提交窗体时），Web 窗体页框架将用户的输入传递给关联的验证控件。验证控件测试用户的输入，并设置属性以指示输入是否通过了验证测试。处理完所有的验证控件后，将设置页面上的 IsValid 属性。如果有任何控件显示验证检查失败，则整页设置为无效。

如果验证控件有错误，错误信息可由该验证控件显示在页面中，或者显示在页面上其他地方的 ValidationSummary 控件中。当页面的 IsValid 属性为 False 时，显示 ValidationSummary 控件。它轮询页面上的每个验证控件，并聚合每个控件公开的文本消息。可以验证的 Web 服务器控件见表 4-20。

表 4-20 可以验证的 Web 服务器控件

控件	验证属性
TextBox	Text
ListBox	SelectedItem.Value
DropDownList	SelectedItem.Value
RadioButtonList	SelectedItem.Value

如果用户的浏览器是 IE4.0 或更新的版本，即支持 DHTML，则验证控件可以使用客户端的脚本进行验证。由于控件能够立即响应（不需要一个到服务器的往返），网页的执行效率会提高。

在大部分情况下，不需要因为使用客户端验证而对网页或验证控件作任何变动。控件会自动检测浏览器是否支持 DHTML。在客户端执行验证后，网页框架仍然会在服务器中再次进行验证，因此，可以在服务器端的事件处理程序中测试有效性。此外，在服务器中再次进行验证可以防止用户通过停用或变更客户端脚本略过客户端验证。

任务五 用户自定义控件

在进行 Web 开发时，通常会遇到很多重复布局的情况，例如显示新闻列表、显示评分等，在传统开发时这些功能代码通常是重复的，这给后期维护带来了难度。ASP.NET 技术允许用户开发自定义控件，将页面中一些功能相同且布局重复的代码封装起来，形成自定义控件,当再次使用时直接拖入自定义控件即可。

自定义控件在开发时实际上为继承自 UserControl 的类,开发人员可在控件布局上将 HTML、CSS、JavaScript 混合起来,然后编写代码实现相应功能。

导学实践,跟我学

【案例 4 – 9】 开发"显示当前日期"自定义控件。实现效果如图 4 – 27 所示。

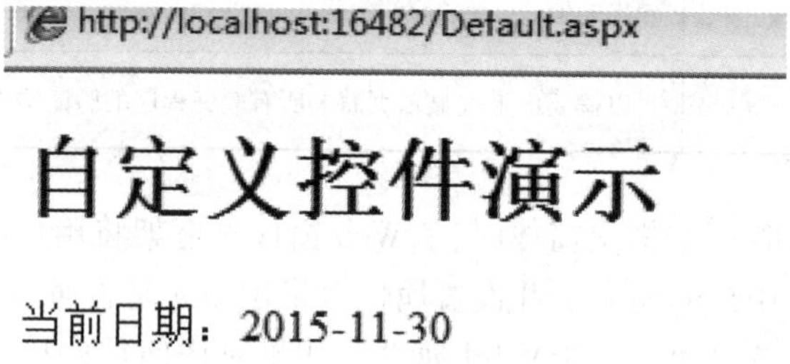

自定义控件演示

当前日期:2015-11-30

图 4 – 27 实现效果

具体实现步骤如下:

(1) 新建 ASP. NET 空网站,名称为"UserControl"。

(2) 选择"网站"→"添加新项"或使用快捷键"Ctrl + Shift + A",向项目中添加自定义控件,名称为"MyDateControl. ascx",如图 4 – 28 所示。

图 4 – 28 添加自定义控件

(3) 打开自定义控件"MyDateControl. ascx",转至设计视图,完成 UI 布局。向页面中加入 1 个 Label 控件,如图 4 – 29 所示。

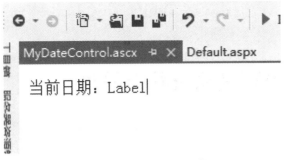

图 4-29 加入 Label 控件

（4）转至"MyDateControl.ascx"代码视图，添加 string_format 属性，实现用户自定义日期格式，并添加 getter/setter，在 Page_Load 事件中根据格式输出当前日期，代码如下：

```
public partial class MyDataControl:System.Web.UI.UserControl
{
    private string _format = "yyyy年MM月dd日";
    protected void Page_Load(object sender,EventArgs e)
    {
        this.Label1.Text = DateTime.Now.ToString(format);
    }
    public string format
    {
        get{return this._format;}
        set{_format = value;}
    }
}
```

（5）添加"Default.aspx"文件，转至代码视图。使用<%@Register%>指令注册（引用）自定义控件。代码如下：

```
<%@ Register Src = "~/MyDateControl.ascx" TagName = "MyDate" TagPrefix = "me"%>
```

其中 Src 属性用于指定自定义控件文件的相对路径，TagName 属性指定控件的标签名称，TagPrefix 属性指定自定义控件标签引用时的前缀。

（6）在"Default.aspx"页面中使用自定义标签，代码如下：

```
<h1>自定义控件演示</h1>
<me:MyDate id = "myDate" runat = "server" format = "yyyy-MM-dd"></me:MyDate>
```

上述代码中<me：MyDate>标签即在<%@Register%>指令中指定的标签前缀与标签名称。Format 属性即自定义控件源文件代码中定义的属性。

项目五

ASP.NET 内置对象及状态管理

任务一 ASP.NET 内置对象概述

ASP.NET 内置对象是在动态网页开发中非常重要的一个分支,也是使用最为频繁的知识点之一。通过使用内置对象,在开发时可以处理诸如请求、响应、会话等功能。内置对象在运行时由框架自动生成提供,开发人员在代码中直接使用即可。

ASP.NET 内置对象包括 Page 对象、Cookie 对象、Request 对象、Response 对象、Session 对象、Application 对象。

任务二 Page 和 Cookie 对象

1. Page 对象

在 ASP 中每个页面都派生自 Page 类,并继承这个类公开的所有方法和属性。Page 类与扩展名为 ".aspx" 的文件相关联,这些文件在运行时被编译为 Page 对象,并被缓存在服务器内存中。

Page 类常用的属性如下:

(1) IsPostBack,该属性可以检查 ".aspx" 页面是否为传递回服务器的页面,常用于判断页面是否为首次加载。

(2) IsValid,该属性用于判断页面中的所有输入的内容是否已经通过验证,它是一个布尔值的属性。当需要使用服务器端验证时,可以使用该属性。

(3) IsCrossPagePostBack,该属性判断页面是否使用跨页提交,它是一个布尔值的属性。

Page 类常用的事件如下:

(1) Page_Init,初始化页面时触发该事件;

(2) Page_Load,加载页面时触发该事件;

(3) Validate,验证操作时触发该事件;

(4) Form_Event_Handler,处理事件时触发该事件;

(5) Page_PreRender,页面显示之前触发该事件;

(6) Page_Unload,卸载页面时触发该事件。

2. Cookie 对象

Cookie 是一小段文本信息,提供了一种存储用户特定信息的方法,伴随着用户请求和页面在 Web 服务器和浏览器之间传递。当访问某站点时，浏览器在获得页面的同时也获得了 Cookie，并将它存储在用户硬盘上的某个文件夹中。Cookie 能够帮助网站存储有关访问者的信息。Cookie 可以是临时的（具有特定的过期时间和日期），也可以是永久的。

Cookie 保存在客户端设备上，当浏览器请求某页面时，客户端会将 Cookie 中的信息连同请求信息一起发送。服务器可以读取 Cookie 并提取它的值，其常见的用途是存储标记（可能已加密），以指示该用户已经在应用程序中进行了身份验证。

使用 Cookie 的优点如下：

（1）可以在浏览器会话结束时到期，或者可以在客户端计算机上无限期存在，这取决于客户端的到期规则。

（2）不需要任何服务器资源，Cookie 存储在客户端并在发送后由服务器读取。

（3）简单性 Cookie 是一种基于文本的轻量结构，包含简单的键值对。

（4）虽然客户端计算机上 Cookie 的持续时间取决于客户端上的 Cookie 过期处理和用户干预，但 Cookie 通常是客户端上持续时间最长的数据保留形式。

使用 Cookie 的缺点如下：

（5）大多数浏览器对 Cookie 的大小有 4 096 字节的限制。

（6）有些用户禁用了浏览器或客户端设备接收 Cookie 的能力，因此限制了这一功能。

Cookie 用于保存客户浏览器请求服务器页面的请求信息，程序员也可以用它存放非敏感性的用户信息，信息保存的时间可以根据需要设置。如果没有设置 Cookie 失效日期，它们仅保存到关闭浏览器程序为止。如果将 Cookie 对象的 Expires 属性设置为 Minvalue，则表示 Cookie 永远不会过期。由于并非所有的浏览器都支持 Cookie，并且数据信息是以明文文本的形式保存在客户端的计算机中的，因此最好不要保存敏感的、未加密的数据，否则会影响网站的安全性。

导学实践，跟我学

【案例 5 - 1】 记录某台机器访问页面的次数，将访问的次数存入客户端的 Cookie 中，如图 5 - 1 所示。

图 5 - 1 实现效果

具体步骤如下：

（1）创建页面 "cookie. aspx"。

(2) 设计"cookie.aspx"的界面：

①在"属性"窗口里，把 DOCUMENT 的 title 属性改为"访问计数器"。

②添加一个 Label 控件，放置在页面中的适当位置，并把 Label 控件的 ID 属性设置为 message，将 Text 属性设置为空。

③打开"cookie.aspx.cs"的代码编辑窗口，为 Page_Load() 添加如下代码：

```csharp
private void Page_Load(object sender, System.EventArgs e)
    {
     int ivs;
    if(Request.Cookies["vnumber"] == null)
      {
      ivs = 1;
     Response.Cookies["vnumber"].Value = ivs.ToString();
     Response.Cookies["vnumber"].Expires = DateTime.Now.AddYears(2);
     Response.Cookies["flag"].Value = "ok";
     Response.Cookies["flag"].Expires = DateTime.Now.AddMinutes(10);
     }
    else
      {
       if(Request.Cookies["flag"] == null)
        {
        ivs = int.Parse(Request.Cookies["vnumber"].Value) + 1;
         Response.Cookies["vnumber"].Value = ivs.ToString();
         Response.Cookies["vnumber"].Expires = DateTime.Now.AddYears(2);
         Response.Cookies["flag"].Value = "ok";
         Response.Cookies["flag"]
             .Expires = DateTime.Now.AddMinutes(10);
        }
        else
         {
          ivs = int.Parse(Request.Cookies["vnumber"].Value);
         }
      }
      this.message.Text = "<h3>你是第" + ivs.ToString() + "次访问本页面</h3>";
    }
```

(3) 按 F5 键，可看到程序执行结果。

项目五 ASP.NET内置对象及状态管理

示例说明

本案例首先定义一个变量 ivs 用来存放新的访问次数，判断计数 Cookie 是否存在，如果计数 Cookie 不存在，则认为是第一次访问，并设置计数 Cookie 的访问次数，设置其有效期为两年并设置标签 Cookie["flag"] 用来判断用户在过去的 10 分钟内是否已经访问过。如果计数 Cookie 存在，则进一步判断用户是否在过去的 10 分钟内访问过，如果用户在过去 10 分钟内没有访问过，则计数加 1，同时设置标记 Cookie，说明已经访问过。如果标记 Cookie 存在，则表示过去 10 分钟内计数已加 1，所以不再加 1。

Cookie 为 Web 应用程序保存用户相关信息提供了一种有用的方法。当用户访问某站点时，可以利用 Cookie 保存用户首选项或其他信息，这样，当用户下次再访问该站点时，应用程序就可以检索以前保存的信息。

小提示 Cookie 用于保存客户浏览器请求服务器页面的请求信息，其有效期可以人为设置，而且其存储的数据量很受限制，因此不要保存数据集及其他大量数据。Cookie 以明文本的方式将数据信息保存在客户端的计算机中，因此最好不要保存敏感的、未加密的数据。

任务三　Request 和 Response 对象

1. Request 对象

Request 对象称为请求对象，此对象为 HttpRequest 类型。当用户打开浏览器，输入地址并按回车键后，浏览器即向服务端发送了一个请求；当用户点击了页面中的某个超链接时，浏览器跳转至另一个页面，此时浏览器也向服务端发送了一个请求。从以上可以看出请求是客户端浏览器向服务端发送的，所以使用 Request 对象可获取请求时的地址、参数数据、客户端信息等，当请求被服务端处理后，服务端将结果响应给客户端浏览器。

Request 对象的常用属性包括：

（1）Browser 属性：获取客户端浏览器信息。

例：

```
protected void Page_Load(object sender,EventArgs e)
{
    Response.Write("浏览器平台:"+Request.Browser.Platform+",浏览器类型:"+Request.Browser.Type+",浏览器版本:"+Request.Browser.Version);
}
```

上述代码向客户端浏览器输出浏览器运行平台、类型和版本号。

（2）QueryString 属性：用于获取 HTTP 请求中的参数值。

例："Request.QueryString［"name"］" 获取请求中参数 name 的值。

查询字符串的方式是将要传递的值连接在 URL 后面，然后通过 Response.Redirect( ) 方法实现客户端的重定向，这种方式可以实现在两个页面之间的信息传递。

①使用查询字符串的优点。
- 不需要任何服务器资源查询字符串包含在对特定 URL 的 HTTP 请求中。
- 广泛的支持，几乎所有的浏览器和客户端设备均支持使用查询字符串传递值。
- 实现简单，ASP.NET 完全支持查询字符串方法，其中包含了使用 HttpRequest 对象的 Params 属性读取查询字符串的方法。

②使用查询字符串的缺点。
- 有潜在的安全性风险，用户可以通过浏览器用户界面直接看到查询字符串中的信息。
- 容量有限，有些浏览器和客户端设备对 URL 有长度限制。

Request 对象的常用方法包括：

（1）MapPath( ) 方法：用于接收一个字符串参数，返回当前文件所在磁盘的实际路径。

例：Request.MapPath("login.aspx") 返回路径可能为 "D:\asp.net\web\login.aspx"。

（2）SaveAs( ) 方法：将请求保存在磁盘上。

2. Response 对象

Response 对象即响应对象，其作用是将数据从服务端发送至浏览器。例如用户登录后，服务端需将登录结果返回至客户端，登录成功后可使用 Respose 对象实现客户端浏览器自动跳转。

Response 对象的常用属性如下：

（1）BufferOutput 属性：获取或设置页面是否缓冲输出，并在完成处理整个页面后将其发送。取值为 True 或 False。

（2）Cookies 属性：获取当前请求的 Cookies 集合。

（3）Expires 属性：获取或设置页面在客户端浏览器上的过期时间（分钟）。

Response 对象的常用方法包括：

（1）Redirect( ) 方法：实现页面重定向。

例："Response.Redirect("login.aspx");" 实现客户端浏览器跳转到"login.aspx"页面。

（2）Write( ) 方法：向客户端输出字符串。

例："Response.Write（"Hello，World"）" 代码运行后客户端浏览器上将显示"Hello，World"文本。

任务四　Application 和 Session 对象

1. Application 对象

Application 对象是 HttpApplicationState 类的一个实例，Application 状态是整个应用程序全局的。Application 对象在服务器内存中存储数量较少又独立于用户请求的数据。由于它的访问速度非常快而且只要应用程序不停止，数据一直存在，人们通常在 Application_ Start 中初始化一些数据，以便在以后的访问中可以迅速访问和检索。

　　Application 对象在实际网络开发中的用途就是记录整个网络的信息，如上线人数、在线名单、意见调查和网上选举等，以及在给定的应用程序的多位用户之间共享信息，并在服务器运行期间持久地保存数据。Application 对象还有控制访问应用层数据的方法和可在应用程序启动和停止时触发过程的事件。

导学实践，跟我学

　　【案例 5-2】　使用 Application 统计网站的访问情况：①页面单击数：页面被单击一次访问量加 1，不管是否是同一个用户多次单击页面；②用户访问数：来了一个用户访问量加 1，一个用户打开多个页面不会影响这个数字。

具体步骤如下：

　　（1）用鼠标右键单击网站，选择"添加新项"命令，如图 5-2 所示，选择全局应用程序类。

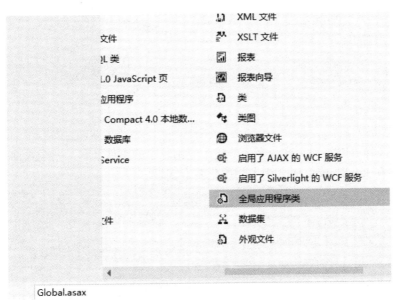

图 5-2　添加一个"Global.asax"

　　（2）"Global.asax"是一个用来处理应用程序全局的事件。打开文件，系统已经定义了一些事件的处理方法。

```
<script runat="server">
    void Application_Start(object sender,EventArgs e)
    {
        //在应用程序启动时运行的代码
    }
```

```
void Application_End(object sender,EventArgs e)
{
    // 在应用程序关闭时运行的代码
}
void Application_Error(object sender,EventArgs e)
{
    //在出现未处理的错误时运行的代码
}
void Session_Start(object sender,EventArgs e)
{
    //在新会话启动时运行的代码
}
void Session_End(object sender,EventArgs e)
{
    //在会话结束时运行的代码
    //注意：只有将 Web.config 文件中的 sessionstate 模式设置为 InProc 时,才会引发 Session_End 事件
    //如果会话模式设置为 StateServer 或 SQLServer,则不会引发该事件
}
</script>
```

通过这些注释可以看到，这些事件是整个应用程序的事件，和某一个页面没有关系。

（3）需要在 Application_Start 中去初始化两个变量。

```
void Application_Start(object sender,EventArgs e)
{
    //在应用程序启动时运行的代码
    Application["PageClick"]=0;
    Application["UserVisit"]=0;
}
```

（4）用户访问数根据 Session 来判断，因此可以在 Session_Start 中增加这个变量：

```
void Session_Start(object sender,EventArgs e)
{
    Application.Lock();
    Application["UserVisit"]=(int)Application["UserVisit"]+1;
    Application.UnLock();
}
```

> **小提示** Application 的作用范围是整个应用程序，可能有很多用户在同一个时间访问 Application 造成并发混乱，因此在修改 Application 的时候需要先锁定 Application，修改完成后再解锁。
> Lock() 用于防止用户更改 Application 对象的属性。
> Unlock() 用于释放对应用程序变量的锁定。

（5）页面单击数在页面的 Page_Load 中修改。

```
protected void Page_Load(object sender,EventArgs e)
{
this.Title = "Application 统计网站访问";
if(!IsPostBack)
        {
        Application.Lock();
        Application["PageClick"] = (int)Application["PageClick"] +1;
        Application.UnLock();
Response.Write(string.Format("页面单击数:",Application["PageClick"]));
Response.Write(string.Format("用户访问数:",Application["UserVisit"]));
        }
}
```

示例说明

由于在应用程序开始的时候已经为两个变量初始化了，所以在这里可以直接使用。首次执行效果如图 5-3 所示。

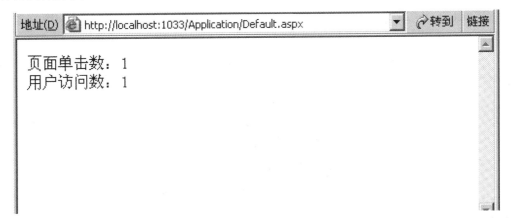

图 5-3 首次执行效果

连续刷新页面几次,效果如图5-4所示。

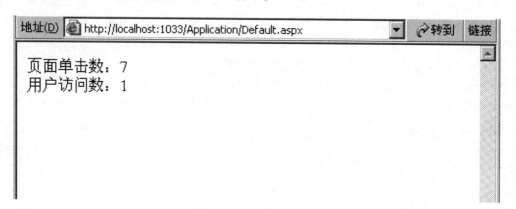

图5-4 连续刷新的效果

使用"Ctrl+N"组合键打开几个页面,可以发现用户访问数还是没有变化。关闭页面,再重新打开。由于前一个用户的Session还没有超时,所以这次用户访问数增加了1,如图5-5所示。

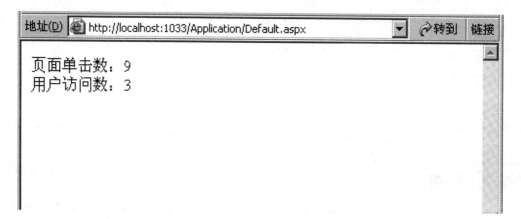

图5-5 用户访问数增加

Visual Studio 2005有一个内置的服务器(不依赖IIS),因此,不能通过IIS来重新启动应用程序。

单击"停止"选项,如图5-6所示,然后重新打开页面,如图5-7所示,可以看到两个变量都重新初始化了。

图5-6 停止IDE内置的Web服务器

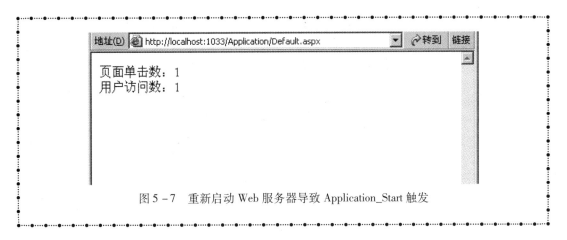

图 5-7 重新启动 Web 服务器导致 Application_Start 触发

2. Session 对象

Session 用于保存每个用户的专用信息。Session 中的信息保存在 Web 服务器内容中，保存的数据量可大可小。当 Session 超时或被关闭时它将自动释放保存的数据信息。

Session 是 Web 系统中最常用的状态，用于维护和当前浏览器实例相关的一些信息。举个例子来说，可以把已登录用户的用户名放在 Session 中，这样就能通过判断 Session 中的某个 Key 来判断用户是否登录，如果用户已经登录还可知道其用户名是什么。

Session 对于每一个客户端（或者说浏览器实例）是"人手一份"，用户首次与 Web 服务器建立连接的时候，服务器会给用户分发一个 SessionID 作为标识。SessionID 是一个由 24 个字符组成的随机字符串。用户每次提交页面时，浏览器都会把这个 SessionID 包含在 HTTP 头中提交给 Web 服务器，这样 Web 服务器就能区分当前请求页面的是哪一个客户端。SessionID存储在客户端（可以是 Cookie 或者 URL），其他都存储在服务器端（可以是 IIS 进程、独立的 Windows 服务进程或者 SQL Server 数据库）。

对于小量的数据，使用 Session 对象保存是一个不错的选择。

导学实践，跟我学

【案例 5-3】　在用户登录时，将用户名等登录信息存储在 Session 变量中，应用程序的其他页面可以访问该变量，如图 5-8、图 5-9 所示。

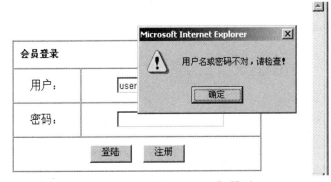

图 5-8　"Session VariableNew. aspx"界面

图 5-9 "Session Variable Welcome.aspx" 界面

具体步骤如下：

(1) 创建 "SessionVariableNew.aspx" 页面，添加表 5-1 中的控件。

表 5-1 需要添加的控件

控件类型	属性	属性值
TextBox	ID	txtName
	MaxLength	5
TextBox	ID	txtPwd
	TextMode	Password
Button	ID	btnLogin
	Text	登录

(2) 在 "Session VariableNew.aspx.CS" 文件的 btnLogin_Click 中填写如下代码：

```
private void btnLogin_Click(object sender,System.EventArgs e)
{
    if(this.txtName.Text.Trim()!=""||this.txtPwd.Text.Trim()!="")
    {
        if(this.txtName.Text == "user"&& this.txtPwd.Text == "123456")
        {
            Session["UserName"] = this.txtName.Text.Trim();
            Response.Redirect("SessionVariableWelcome.aspx? pwd = "
+ this.txtPwd.Text);
        }
        else
        {
            Session["UserName"] = "";
            RegisterStartupScript("Check"," < Script language =
'JavaScript'>alert('用户名或密码不对,请检查!');</Script>");
        }
    }
    else
    {
        Session["UserName"] = "";
    }
}
```

项目五　ASP.NET内置对象及状态管理

（3）创建"Session Variable Welcome.aspx"，并在后置代码页码的 Page_Load 事件处理程序中添加如下代码：

```
private void Page_Load(object sender,System.EventArgs e)
{
    if(Session["UserName"].ToString().Trim()!="")
    {
        Response.Write("<Script language=JavaScript>alert('欢迎"+Session["UserName"]+"光临,你的密码是:"+Request["pwd"].ToString()+")'</Script>");
    }
    else
    {
        Response.Redirect("SessionVariableNew.aspx");
    }
}
```

示例说明

Session 经常被翻译为"会话"，简单来说就是服务器给客户端的一个编号。当一台 WWW 服务器运行时，可能有若干个用户浏览运行在这台服务器上的网站。当每个用户首次与这台 WWW 服务器建立连接时，就与这个服务器建立了一个 Session，同时服务器会自动为其分配一个 SessionID，用来标识这个用户的唯一身份。

在"Session VariableNew.aspx"页面上可以使用用户名"user"、密码"123456"进行登录，可使用"Session["UserName"]"记录下登录的用户名，以便在不同的页面之间进行数据的传递。

在计算机上建立两个网站，同时都使用 Session["UserName"] 来保存登录的用户名，一个网站的用户登录后，另一个网站直接访问 Session["UserName"] 是取不到任何值的。那么，Session 是否可以跨用户呢？答案是不可以。Session 通过 SessionID 来区分用户，一般来说 SessionID 是不可能出现重复的，也就是说 Session 一般是不会"串号"的。既然页面每次提交的时候都会附加上当前用户的 SessionID，那么 Session 应该是可以跨页面的，也就是说一个网站中所有的页面都使用同一份 Session。

- 121 -

小提示 Session 是在用户第一次访问网站的时候创建的，那么 Session 是什么时候被销毁的呢？Session 使用一种超时的技术来控制何时被销毁。在默认情况下，Session 的超时时间（Timeout）是 20 分钟，用户保持连续 20 分钟不访问网站，则 Session 被收回，如果在这 20 分钟内用户又访问了一次页面，那么 20 分钟就重新计时了，也就是说，这个超时是连续不访问的超时时间，而不是第一次访问后 20 分钟必过时。这个超时时间也可以通过调整"Web.config"文件进行修改：

```
<sessionState timeout = "30" > </sessionState>
```

当然也可以在程序中进行设置：

```
Session.Timeout = "30";
```

一旦 Session 超时，Session 中的数据将被回收，如果再使用 Session，系统将分配一个新的 SessionID。

项目六

使用 ADO.NET 访问数据库

●项目任务

本项目主要通过使用 Visual Studio 2015 开发环境完成一些实例的操作以使读者了解和掌握 ADO.NET 的全局体系结构,介绍如何通过使用数据提供者(data provider)来使用 ADO.NET 访问不同的数据源,从数据库中读取数据,向数据库中添加数据,修改已经存储在数据库中的数据,并将数据显示在应用程序的 Web 页面上,了解数据集的含义,以及如何使用数据集。

本项目还通过 DataList、GridView 控件来实现程序开发中的一些经典应用。通过这些应用,读者可学习使用数据控件显示数据库中的数据,对数据进行编辑、更新或删除操作。

●学习目标

☆ 了解 ADO.NET 的相关概念,以及 ADO.NET 数据库驱动程序;
☆ 掌握使用 Connection 对象连接数据库;
☆ 掌握使用 Command 对象执行数据库命令;
☆ 掌握使用 DataReader 对象从数据库中读取数据;
☆ 掌握使用 DataAdapter 对象读写数据库中的数据;
☆ 掌握使用 DataSet 对象操作内存中的数据;
☆ 掌握使用 DataList 控件显示、更新、删除数据;
☆ 掌握使用 GridView 控件显示、更新、删除数据。

任务一 ADO.NET 概述

现介绍相关命名空间的引用。

1. System.Data 命名空间

在程序中,要使用 ADO.NET 对象模型中的类时,必须首先引用 System.Data 这个命名空间,因为 System.Data 这个命名空间中包括大部分组成 ADO.NET 架构的基础对象类别,例如 DataSet 对象、DataTable 对象、DataColumn 对象、DataRelation 对象。

2. System.Data.OleDb 命名空间

当要使用 OLE DB 数据提供者存取数据时,必须引用 System.Data.OleDb 这个命名空间。System.Data.OleDb 这个命名空间定义了 OLE DB 数据操作组件的对象类别,例如 OleDbConnection 类、OleDbCommand 类、OleDbDataAdapter 类及 OleDbDataReader 类。

3. System. Data. SqlClient 命名空间

当要使用 SQL Server 数据提供者存取数据时，必须引用 System. Data. SqlClient 这个命名空间。System. Data. SqlClient 这个命名空间定义了 SQL 数据操作组件的对象类别，例如 SqlConnection类、SqlCommand 类、SqlDataAdapter 类及 SqlDataReader 类。

表 6-1 简要列举了. Net 框架中与 ADO. NET 相关的几个命名空间。

表 6-1 与 ADO. NET 相关的命名空间

命名空间	说　　明
System. Data	包含了组成 ADO. NET 体系结构的一些基本类
System. Data. OleDb	包含了运用 OleDb 类型的数据提供者对象的类
System. Data. SqlClient	包含了运用 SQL Server 类型的数据提供者对象的类
System. Data. Odbc	用于 ODBC 的. NET Framework 数据提供者
System. Data. . OracleClient	用于 Oracle 的. NET Framework 数据提供者
System. Data. SqlTypes	包含了代表 SQL Server 中的数据类型的类
System. Data. Common	包含了被所有的数据提供者对象所共享的类
System. Xml	包含一系列用来处理 XML 文档和文档片段的类

任务二　Connection 对象

任务要点

操作数据库的第一步是先建立与数据库的连接。Connection 对象肩负着这样的重任。该对象提供了很多属性和方法以便用户顺利进行连接操作。接下来通过案例学习 Connection 对象及其使用。

导学实践，跟我学

在互联网上，大家如果想使用电子邮箱或者论坛都必须要先进行注册。注册完成后使用用户名和密码才能登录使用，下面我们就来学习简单注册页面的制作。

【案例 6-1】　测试与 SQL Server 数据库建立连接。

现在通过新建一个 Web 窗体来测试与数据库的连接。在页面中能显示与数据库连接的状态。运行效果如图 6-1 所示。

图 6-1 测试连接页面

具体步骤如下：

（1）打开 Visual Studio 2015，新建网站 EShoptest，位置选择文件系统，指定站点文件夹。
（2）添加 Web 窗体，并将之命名为"ConnectionTest"。
（3）从工具箱中拖一个 Label 控件到窗体中，并命名该控件为"lblMessage"。
（4）转到窗体的代码视图，在代码中添加引用"System. Data. SqlClient"。
（5）双击新建窗体的空白处，在窗体的 Page_Load 事件中添加如下代码：

```
protected void Page_Load(object sender,EventArgs e)
    {
        SqlConnection conn = new SqlConnection();
        conn.ConnectionString = "server = (local);uid = sa;pwd = sa;database = EShop";
        conn.Open();
        lblMessage.Text = conn.State.ToString();
        conn.Close();
    }
```

示例说明

上面的程序简单演示了如何使用 Connection 对象连接到 SQL Server 数据库。读者在练习时要注意引入命名空间，同时要正确使用驱动程序的类名。本案例和之后的案例添加的引用都为"System. Data. SqlClient"。

在 Page_Load 事件中新建一个数据库连接实例："SqlConnection conn = new SqlConnection();"，实例名称为"conn"。接着设置了 conn 的连接字符串属性：

"conn.ConnectionString = "server = (local);uid = sa;pwd = sa;database = EShop";"。

注意：本代码提供的连接字符串显示的仅是一个模型，读者应修改数据库连接字符串的信息。

为了验证是否连接成功，案例中使用 State 属性来获取当前连接状态："conn.State.ToString( );"。最后关闭连接："conn.Close( );"。

小提示　C#语言区分大、小写，请在书写代码的时候注意大、小写问题。

背景知识

　　Connection 对象主要用于建立与指定数据源的连接，处理访问数据源时所需要的安全设置。如果没有利用 Connection 对象将数据库打开，是无法从数据库中获取数据的。
　　下面介绍 Connection 对象的常用方法和属性。

1. Connection 对象的常用方法

Connection 对象有以下常用方法。
（1）Open( )：利用 ConnectionString 所指定的属性设置打开一个数据库连接。
（2）Close( )：关闭与数据库的连接。
（3）CreateCommand( )：创建并返回一个与 Connection 相关的 Command 对象。

2. Connection 对象的常用属性

Connection 对象有以下常用属性：
（1）ConnectionString：获取或者设置用于打开数据库的连接字符串。
（2）ConnectionTimeout：在试图建立连接的过程中，获取在终止操作并产生错误之前等待的时间，也就是超时时间。
（3）DataBase：取得在数据库服务器上要打开的数据库名。
（4）DataSource：取得要连接的 SQL Server 实例的名称。
（5）State：取得目前的连接状态。

3. Connection 对象的构造函数与 Connection 对象的创建

　　Connection 对象的创建是由其对应的构造函数完成的，但是，不同的数据提供者用不同的类及构造函数完成 Connection 对象的创建，SQL Server 数据提供者用类 SqlConnection 的构造函数创建 Connection 对象，而 OLE DB 数据提供者用类 OleDbConnection 的构造函数创建 Connection 对象。
　　表 6-2 分别列出了 SQL Server 数据提供者中 SqlConnection 类的两个构造函数的原形及其功能。
　　表 6-3 分别列出了 OLE DB 数据提供者中 OleDbConnection 类的两个构造函数的原型及其功能。

表6-2 SqlConnection 类的两个构造函数及其功能

函数定义	函数功能
SqlConnection( )	创建一个 SqlConnection 对象,并将该对象的 ConnectionString、DataBase、DataSource 属性的值都初始化为空字符串,将 ConnectionTimeout 属性的值初始化为15秒
SqlConnection（string connectionString）	利用参数 connectionString 所指定的连接字符串创建一个 SqlConnection 对象,并将该对象的 ConnectionString 属性的值初始化为参数 connectionString 所表示的连接字符串,其他参数的初始值同前

表6-3 OleDbConnection 类的两个构造函数及其功能

函数定义	函数功能
OleDbConnection( )	创建一个 OleDbConnection 对象,并将该对象的 ConnectionString、DataBase、DataSource 属性的值都初始化为空字符串,将 ConnectionTimeout 属性的值初始化为15秒
OleDbConnection（string connectionString）	利用参数 connectionString 所指定的连接字符串创建一个 OleDbConnection 对象,并将该对象的 ConnectionString 属性的值初始化为参数 connectionString 所表示的连接字符串,其他参数的初始值同前

从表6-2和表6-3可以看出,虽然 SqlConnection 类和 OleDbConnection 类的构造函数的名称不同,但其使用方法是一样的。

下面以 SQL Server 数据提供者为例来说明创建 Connection 对象的方法。

(1) 第一种方法：

利用 SqlConnection 类的构造函数 SqlConnection( ) 创建一个未初始化的 SqlConnection 对象,再用一个连接字符串初始化该对象：

```
SqlConnection conn = new SqlConnection();
```

在使用 conn 之前必须设置 ConnectionString 属性的值。

```
Conn.ConnectionString = "server = localhost;database = pubs;uid = sa;pwd = ;";
```

(2) 第二种方法：

利用 SqlConnection 类的构造函数 SqlConnection（string connectionString）创建一个 SqlConnection 对象,并为该构造函数的参数指定一个连接字符串：

```
SqlConnection conn = new SqlConnection("server = localhost;database = pubs;uid = sa;pwd = ;");
```

4. 连接字符串

1) 连接到 SQL Server 数据库的连接字符串

要连接一个数据库,需要指明要连接的数据库的种类、数据库服务器名称、数据库名称、登录用户名称以及密码等信息,这些信息就是连接字符串。连接字符串可以在Connection 对象的 ConnectionString 属性里指定。

连接字符串是由";"分隔的若干个参数及其对应的值所组成的,参数名和对应的值用"="连接。在案例 6-1 中连接字符串为""server = (local);uid = sa;pwd = sa;database = EShop";"。在该连接字符串中,需要指定若干个属性的值,现分别说明如下:

(1) Provider 参数。

该参数标识所要连接数据源的种类。在案例 6-1 中,连接字符串中并没有指定 Provider 参数,这是因为在案例 6-1 中使用的是 SQL Server Data Provider,如果通过 OleDB Data Provider连接数据库,就必须指定正确的 Provider 参数,表 6-4 指明了要连接的数据源及 Provider 参数值的对应关系。

表 6-4 Provider 参数支持的数据源

Provider 参数值	连接的数据源
SQLODEDB	Microsoft OLEDB Provider for SQL Server
MSDASQL	Microsoft OLEDB Provider for ODBC
MSDAORA	Microsoft OLEDB Provider for Oracle
Microsoft.Jet.OLEDB.4.0	Microsoft Jet 引擎 4.0,OLEDB Provider for Access
MSIDXS	Microsoft Index Server
ADSDSOObject	Microsoft Active Directory Services

(2) Server 参数(也可以写成 Data Source、Address、Addr)。

该参数指定数据库服务器中所要连接的 SQL Server 实例和它所在的机器。"Server = (local)"指明执行 ADO.NET 代码的主机和数据库的主机是同一台机器,即使用的是本地数据库,并隐式地标识了默认的 SQL Server 实例。"Server = (local)"也可以写成"Server = localhost"。如果使用的是本地数据库且定义了实例名,则可以写为"Server = (local)\实例名;",如果是远程服务器,则将 Server 参数值替换为远程服务器的名称或 IP 地址,如"Server = Huang 或 Server = 202.204.125.19"。

(3) Database 参数(也可以写成 Initial Catalog)。

该参数指定数据库服务器中所要连接的数据库名称。如"Database = pubs"可以写成"Initial Catalog = pubs",指明使用的数据源为 pubs 数据库。

(4) Uid 参数(也可以写成 UserID)。

该参数指定登录数据源的使用者账号。"Uid = sa"可以写成"User ID = sa",即将连接数据库的验证用户名指定为"sa"。

(5) Pwd 参数(也可以写成 Password)。

该参数指定登录数据源的使用者密码。"Pwd = "标识数据库连接的验证密码为空,其等价于"Password=""。出于安全考虑,建议密码不能为空。

(6) Connect Timeout 参数(也可以写成 Connection Timeout)。

该参数确定打开数据库将要等待的最长时间,以秒为单位,默认值为 15 秒。"Connect Timeout=5"表明数据库连接超时时间为 5 秒。另外,还有其他一些比较常用的连接字符串参数。Integrated Security(亦称为 Trusted_Connection)决定是否启用 SQL Server 集成安全验证(亦称为"信任连接"),默认为 False(等效于 No),其表明使用连接字符串中的用户名和密码对用户进行验证。如果值为 True(等效于 SSPI 或 Yes),表示 SQL Server 使用 Windows 验证模式。如果 SQL Server 设置为 Windows 验证模式,那么就不需要使用 Uid 或 Pwd 这样的方式来登录,而需要使用"Integratged Sceurity=SSPI"来登录。这样连接字符串可以修改为:

```
SqlConnection conn = new SqlConnection();
conn.ConnectionString = "Server = (local);Database = Northwind;Integrated Security = SSPI;";
```

采用 SQL Server 集成安全验证是连接到 SQL Server 数据库的更可靠的方法,因为它不会在连接字符串中暴露用户名和密码。在默认情况下,ASP.NET 用户是执行 ASP.NET 进程的账号。如果 SQL Server 使用集成验证,则需要将 ASP.NET 用户添加到 SQL Server 的登录账号中,并设置相应的权限。

Pooling 参数确定是否启用连接池,默认为 True。Min Pool Size 和 Max Pool Size 设定了连接池的大小,默认值分别为 0 和 100。若将最小池设置为大于 0 的某个值,会使连接池预先加载指定数目的连接,并帮助负载较重的应用程序快速启动。

2) 连接到 Access 2000 数据库的连接字符串

连接 Access 数据库的机制与连接 SQL Server 的机制没太大的区别,只是要使用 OLE DB 数据提供者中的 OleDbConnection 类来定义 Connection 对象,且需要对连接字符串中的不同参数指定不同的值,如:

```
using System.Data;
using System.Data.OleDb;
OleDbConnection conn = new OleDbConnection(@"Provider = Microsoft.Jet.OleDB.4.0;Data Source = C:\Pubs.mdb;");
```

连接 Access 数据库需要引用命名空间 System.Data.OleDb,而不是引用连接 SQL Server 的命名空间 System.Data.SqlClient。另外,应使用 OleDbConnection 类定义连接对象,而不能使用 SqlConnection 类定义。

"Provider=Microsoft.Jet.OleDb.4.0"是指数据提供者,这里使用的是 Microsoft Jet 引擎,也就是 Access 中的数据引擎,ASP.NET 就是凭借它和 Access 数据库连接的。"Data Source=C:\pubs.mdb"指明数据源的位置,连接字符串使用的"@"符号表示文字字符串常量,防止将后面的路径字符串中的"\"解析为转义字符。如果要连接的数据库文件和当前应用程序文件在同一目录下,还可以使用如下方法连接:

```
OleDbConnection conn = new OleDbConnection(@"Provider = sqloledb;Server = (local);DataBase = pubs;Uid = sa;Pwd = ;");
```

需要注意三点：

（1）连接字符串中各参数的出现次序不受限制。

（2）连接字符串中参数的大、小写不受限制。

（3）每个参数的后面用分号";"分隔，最后一个参数的末尾可以用，也可以不用";"，建议使用。

在连接字符串被赋值时，SqlConnection 或 OleDbConnection 验证它的格式，如果连接字符串参数错误，会引发异常，如将"Server"写成"Ser"。而连接字符串的参数值直到打开连接时才会被验证，所以如果服务器名、数据库名等参数值无效，在连接字符串赋值时就不会引发异常。

5. Connection 对象的打开和关闭

创建一个 Connection 对象并指定一个连接字符串并没有打开一个指向数据库的物理连接，需要调用对象的 Open() 方法来打开连接。Close() 方法用来关闭 Connection 对象。不关闭打开的连接会影响系统性能和对应用程序的操作，所以最好关闭连接。SqlConnection 和 OleDbConnection 类提供 Open() 和 Close() 方法。

任务三　Command 对象

【案例 6-2】　实现用户注册页面的功能

在项目四的"能力大比拼"中，已经完成了一个名为"Register.aspx"页面的制作，在设计模式下的界面如图 6-2 所示。

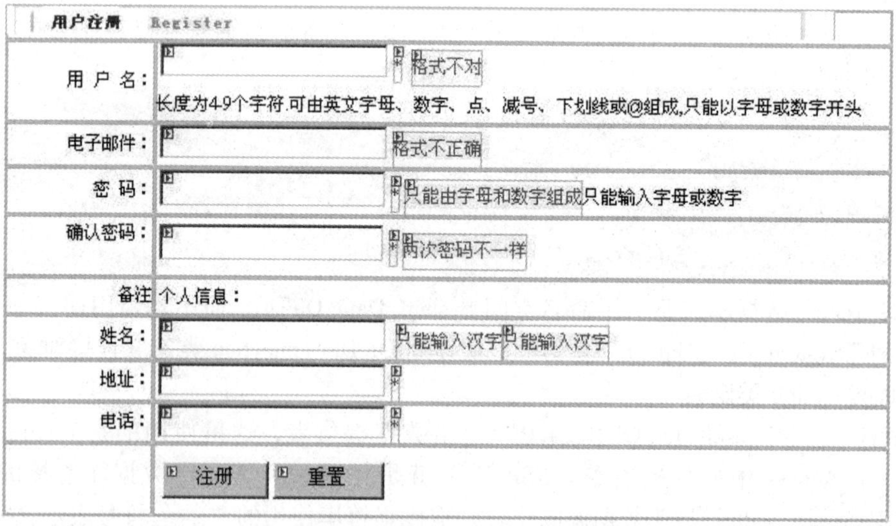

图 6-2　用户注册窗体设计视图

本窗体用于接收用户输入的数据，但是，这样的窗体在将数据保存起来之前，是没有多少用处的，接下来就是本案例将要完成的任务，当点击"注册"按钮的时候执行代码，将数据保存到数据库中。本项目实例程序使用的数据库为 Eshop 的 SQL Server 数据库。

EshopTest程序中所使用到的表的结构见表6-5～表6-8。

表6-5 UserInfo（用户信息表）

列名	数据类型	长度	允许空
id	int	4	
uid	nvarchar	100	√
pwd	nvarchar	100	√
email	nvarchar	100	√
uname	nvarchar	100	√
uaddress	nvarchar	200	√
uphone	varchar	50	√
uregtime	datetime	8	√
account	money	8	√

表6-6 Category（商品目录表）

列名	数据类型	长度	允许空
id	int	4	
Category	nvarchar	100	√

表6-7 Product（商品信息表）

列名	数据类型	长度	允许空
ProId	int	4	
ProName	nvarchar	100	
Content	text	16	
IsHot	bit	1	√
IsSale	bit	1	√
IsFaience	bit	1	√
ProPic	nvarchar	100	√
MemberPrice	nvarchar	100	√
MarketPrice	nvarchar	100	√
Category	int	4	√
ProDate	datetime	8	√
ProNum	int	4	√

表 6-8 Administrator（管理员信息表）

列名	数据类型	长度	允许空
id	int	4	
uid	nvarchar	50	√
username	nvarchar	80	√
password	nvarchar	80	√

本案例运行结果如图 6-3 所示。

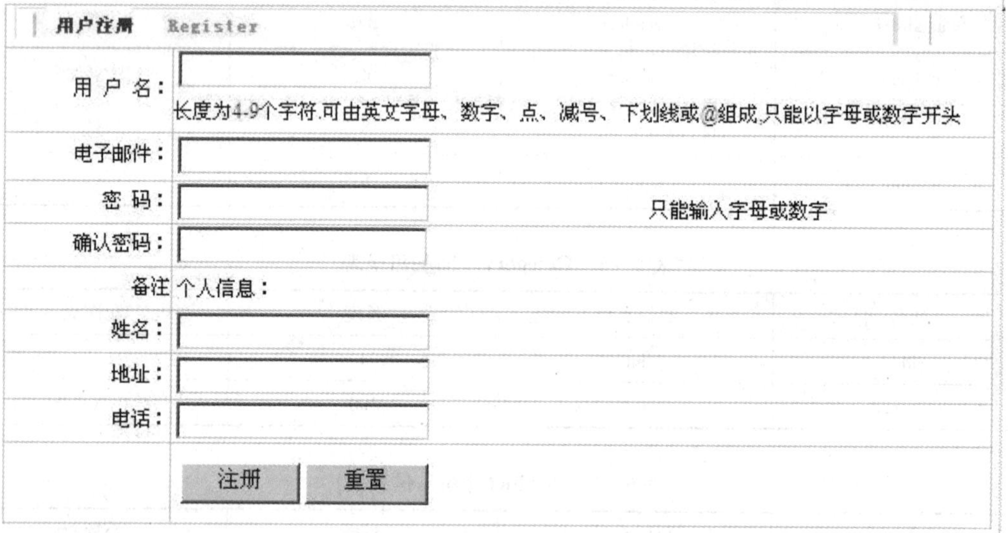

图 6-3 用户注册页面

具体步骤如下：

（1）在 EShopTest 应用程序中打开"Register. aspx"页面。

（2）在后台编码文件的顶部添加下列导入语句，因为将用到这些命名空间中的类：
using System. Data. SqlClient；

（3）为"注册"按钮添加事件处理程序，以前该控件只是为了测试用于验证的不同文本框的内容。现在，该按钮将负责构建和执行 SQL INSERT 语句（该语句将一条新用户记录添加到数据库中）。代码如下：

```
protected void btnReg_Click(object sender,EventArgs e)
    {
        string uid = tbUid.Text;
        string umail = tbEmail.Text;
        string upwd = tbPwd.Text;
```

```csharp
            string uname = tbName.Text;
            string uadd = tbAdd.Text;
            string uphone = tbPhone.Text;
            //SQL 语句
            string sql = "insert into UserInfo values('"+uid +"','"+upwd +"'
,'"+umail +"','"+uname +"','"+uadd +"','"+uphone +"','"+DateTime.Now.ToString
("yyyy-MM-dd HH:mm:ss") + "',0)";
            //建立连接
            SqlConnection conn = new SqlConnection();
             conn.ConnectionString = "server=(local);uid=sa;pwd=sa;
database=EShop";
            conn.Open();    //打开连接

            SqlCommand cmd = new SqlCommand(sql,conn);

            bool doredirect = true;
            try
            {
                cmd.ExecuteNonQuery();
            }
            catch
            {
                doredirect = false;
            }
            finally
            {
                //关闭连接,释放资源
                cmd.Dispose();
                conn.Close();
                conn.Dispose();
            }
            if(doredirect)
            {
                Response.Redirect("Login.aspx");
            }
        }
```

将"Register.aspx"设为启动页面,保存和运行该项目。如果执行成功则向数据库中插入了一条新记录。

示例说明

首先添加了 System.Data.SqlClient 命名空间的引用。这是因为当要使用 SQL Server 数据提供者存取数据时,必须引用 System.Data.SqlClient 这个命名空间。

接着创建了 Connection 对象,并设置了该对象的连接字符串,然后执行了打开操作:

```
SqlConnection conn = new SqlConnection();
conn.ConnectionString = "server = (local);uid = sa;pwd = sa;database = EShop";
conn.Open();
```

以上 3 句代码也可以这样写:

```
SqlConnection conn = new SqlConnection("server = (local);uid = sa;pwd = sa;database = EShop");
conn.Open();
```

这样就是不单独设置 conn 的 ConnectionString 的值,在 Connection 创建时把 ConnectionString 当作参数给出。

创建 Connection 对象需要指定许多信息,这些信息的准确性是由数据存储来决定的,关于该主题在"背景知识"里会详细讲解。

接着,使用 Connection 对象和 SQL 查询字符串创建一个新的 Command 对象:

```
SqlCommand cmd = new SqlCommand(sql,conn);
```

针对打开的数据库所执行的任何代码应该(至少是)总是位于 try…finally 代码块中,这在执行意想不到的中断之前提供了一个关闭连接的机会。

在代码块中,使用的是 Command 对象的 ExecuteNonQuery() 方法,因为 Insert 语句并不返回结果(可以选择查看受影响的行数,但是这里暂且把它忽略)。根据命令的执行结果——成功或失败(由 doredirect 变量进行跟踪)——把用户定向到指定页面:

```
bool doredirect = true;//定义一个 bool 型变量,并付值
    try
    {
        cmd.ExecuteNonQuery();//执行 SqlCommand,此内容在之后的项目中会讲解
    }
    catch
    {
        doredirect = false;
    }
```

```
        finally
        {
            cmd.Dispose();      //释放 Command 对象占用的资源
            conn.Close();       //关闭 Connection 对象
            conn.Dispose();     //释放 Connection 对象占用的资源
        }
        if(doredirect)
        {
            Response.Redirect("Default.aspx");//重定向链接
        }
```

背景知识

现介绍 Command 对象及使用。

Command 对象提供对数据源执行 SQL 命令的接口,可以用来对数据库发出一些指令。利用 Command 对象可调用 SQL 命令来返回数据、修改数据、运行存储过程,以及发送或者检索参数信息。这个对象架构在 Connection 对象上,即 Command 对象是通过连接到数据源的 Connection 对象来下达命令的。所以 Connection 连接到哪个数据库,Command 对象的命令就下达到哪里。

1. Command 对象的常用属性

当将 Command 对象建立好之后,就可以设定 Command 对象的属性了。Command 对象的常用属性如下:

(1) Connection:该属性获取或设定 Command 对象对数据源的操作要通过哪个 Connection 对象,例如,若想通过 cn 这个 Connection 对象对数据源进行数据操作,则可以将其 Connection 属性的值设置为 cn,即 "cmd.Connection = cn"(cmd 为 Command 对象的一个实例)。

(2) CommandType:获取或设置 CommandText 属性中的内容是 SQL 语句、数据表名称还是存储过程的名称。CommandType 可以设置为以上三个值之一。

① "CommandType.Text"(默认值):当把 CommandType 属性的值设为 "CommandType.Text" 或不指定任何值时,CommandText 属性的值为一个 SQL 字符串(既可以是一个简单的查询,又可以是插入、删除、更新数据的语句)。

② "CommandType.TableDirect":当把 CommandType 属性的值设为 "CommandType.TableDirect" 时,应该把 CommandText 属性的值设为要访问的表的名称。

③ "CommandType.StoredProcedure":当把 CommandType 属性的值设为 "CommandType.StoredProcedure" 时,应该把 CommandText 属性的值设为存储过程的名称。

(3) CommandText：获取或设置在数据源中执行的 SQL 语句或存储过程。

(4) CommandTimeout：获取或设置超时时间。

2. Command 对象的常用方法

Command 对象有以下常用方法。

(1) ExecuteNonQuery()：可以执行诸如 Transact_SQL 的 Insert、Delete、Update 命令以及 Set 命令，并返回受命令影响的行数。

(2) ExecuteReader()：执行返回行的命令。

(3) ExecuteScalar()：从数据库中检索单个值。

(4) ExecuteXmlReader()：把 CommandText 发送给连接，构建一个 XmlReader 对象。

(5) Cancel()：取消了 Command 命令的执行。

3. Command 对象的创建

Command 对象的创建是由其对应的构造函数完成的，但是，不同的数据提供者用不同的类及其构造函数完成 Command 对象的构建，在 SQL Server 数据提供者中用类 SqlCommand 的构造函数创建 Command 对象，而在 OLE DB 数据提供者中用类 OleDbCommand 的构造函数创建 Command 对象。表 6-9 列出了这两个类的 4 种构造函数的原型。

表 6-9 SqlCommand 类与 OleDbCommand 类的 4 种构造函数

SqlCommand 类的构造函数	OleDbCommand 类的构造函数
SqlCommand( )	OleDbCommand( )
SqlCommand（string cmdText）	OleDbCommand（string cmdText）
SqlCommand（string cmdText，SqlConnection connection）	OleDbCommand（string cmdText，OleDbConnection connection）
SqlCommand（string cmdText，SqlConnection connection，SqlTransaction transaction）	OleDbCommand（string cmdText，OleDbConnection connection，OleDbTransaction transaction）

说明：

(1) 参数 cmdText 表示以字符串表示的 SQL 语句；参数 connection 表示已创建的连接到数据源（SQL Server 数据源或 OLE DB 数据源）的 Connection 对象；参数 transaction 表示已创建的事务对象。

(2) 第 1 种构造函数创建一个 Command 对象，该对象的 CommandText 属性的值初始化为空字符串，CommandTimeout 属性的值初始化为 30 秒，CommandType 属性的值初始化为 "CommandType.Text"，Connection 属性的值初始化为空。

第 2 种构造函数创建 Command 对象，并将该对象的 CommandText 属性的值初始化为参数 cmdText 的值。

第 3 种构造函数创建 Command 对象，并将该对象的 CommandText 属性的值初始化为参数 cmdText 的值，将 Connection 属性的值初始化为参数 connection 的值。

第 4 种构造函数创建 Command 对象，并将该对象的 CommandText 属性的值初始化为参数 cmdText 值，将 Connection 属性的值初始化为参数 connection 的值，将 Transaction 属性的值初始化为参数 transaction 的值。

（3）在以上四种构造函数中，第三种构造函数是常用的构造 Command 对象的方法。在实际编程过程中，用户可根据需要选择不同的构造函数创建 Command 对象。

4. ExecuteNonQuery( ) 方法

Command 对象的 ExecuteNonQuery( ) 方法用来执行 Insert、Update、Delete 和其他没有返回值的 SQL 命令。当使用 Insert、Update、Delete 等 SQL 命令时，ExecuteNonQuery( ) 方法返回被命令影响的行数，对其他 SQL 命令执行的操作，ExecuteNonQuery( ) 方法返回 -1。当 Update 和 Delete 命令执行的目标记录不存在时，ExecuteNonQuery( ) 方法只是返回 0，而不构成错误。

5. ExecuteScalar( ) 方法

Command 对象的 ExecuteScalar( ) 方法执行一个 SQL 命令并返回结果集的第 1 行的第 1 列，如果结果集多于 1 行 1 列，它将忽略其余部分。需要注意的是，ExecuteScalar( ) 方法的返回值是 Object 类型，所以在使用返回值之前需要进行必要的强制类型转换。如果对象类型不匹配，系统将生成运行错误，提示类型转换无效。

6. ExecuteReader( ) 方法

Command 对象的 ExecuteReader( ) 方法通过 DataReader 对象返回与 SQL 查询匹配的行。只要创建一个 Connection 对象，并为 Command 对象指定一个 SQL 查询，就可以调用 Command 对象的 ExecuteReader( ) 方法，从数据源中检索数据。

Command 对象的 ExecuteReader( ) 方法有两种原型，二者都可以返回一个 DataReader 对象：

（1）ExecuteReader( )；

（2）ExecuteReader（CommandBehavior behavior）。

任务四　DataReader 对象

导学实践，跟我学

【案例 6-3】　制作显示商品分类列表的页面。

制作一个 Web 窗体，在窗体中显示所有商品分类的名称。该页面显示数据使用 Command 对象的 DataReader( ) 方法。实例运行结果如图 6-4 所示。

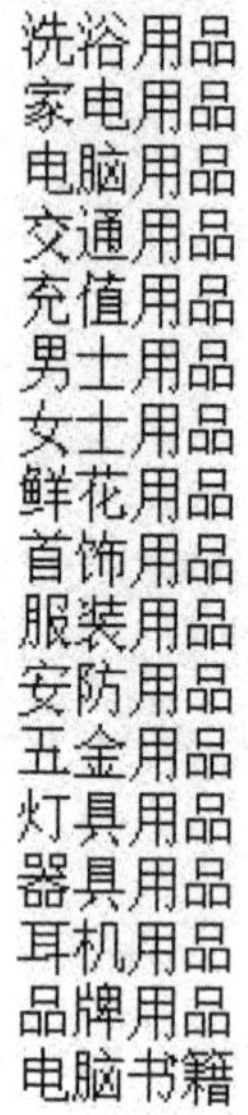

洗浴用品
家电用品
电脑用品
交通用品
充值用品
男士用品
女士用品
鲜花用品
首饰用品
服装用品
安防用品
五金用品
灯具用品
器具用品
耳机用品
品牌用品
电脑书籍

图 6-4 显示商品分类的名称

具体步骤如下：

（1）在 EshopTest 应用程序中添加 Web 窗体，并将之命名为"Command_DataReader.aspx"。

（2）转到窗体的代码视图，添加引用"using System.Data.SqlClient"。

（3）在窗体的设计视图下双击页面空白处进入 Page_Load 事件，在该事件中添加如下代码：

```
public partial class Command_DataReaderTest:System.Web.UI.Page
{
    protectedvoid Page_Load(object sender,EventArgs e)
    {
        SqlConnection conn = new SqlConnection();
        conn.ConnectionString = "server=(local);uid=sa;pwd=sa;database=EShop";
        conn.Open();
        string sqlStr = "select Category from Category";
        SqlCommand cmd = new SqlCommand(sqlStr,conn);
        SqlDataReader dr = cmd.ExecuteReader();
        while (dr.Read())
        {
            Response.Write(dr.GetString(0));
            Response.Write("<br>");
        }
```

项目六 使用ADO.NET访问数据库

```
        dr.Close();
        dr.Dispose();
        cmd.Dispose();
        conn.Close();
        conn.Dispose();
    }
}
```

示 例 说 明

上面的程序简单演示了使用 Command 对象的 ExecuteReader( ) 方法查询 SQL Server 数据库。

代码 "SqlCommand cmd = new SqlCommand（sqlStr，conn）;" 使用构造函数定义了 Command 对象实例，也可以使用如下方式书写：

```
SqlCommand cmd;
cmd = new SqlCommand(sqlStr,conn);
```

在代码中，"SqlDataReader dr = cmd.ExecuteReader( );"语句表示定义一个 DataReader 对象的实例，然后把 Command 对象执行的命令结果返回给对象变量 dr。接着使用循环语句将查询到的数据输出显示到 Web 窗体上，最后释放资源关闭连接。

背景知识

现介绍 DataReader 对象及其使用。

DataReader 对象提供了基于连接的数据存储访问方式，以只向前移动的、只读的格式访问数据源中的数据。很多时候，用户只是希望简单地浏览数据，而不需要以随机的方式（即前、后移动或根据索引访问）来访问数据，也不需要更改数据，ADO.NET 的 DataReader 对象是专门为此设计的。DataReader 只执行读操作，而且每次只在内存中存储一行数据，所以利用 DataReader 比利用 DataSet 的速度要快，其增强了应用程序的性能，减少了系统的开销。如果要检索大量的数据，并不需要写数据和随机访问功能，DataReader 是一个很好的选择。

1. DataReader 对象的常用方法

DataReader 对象有以下常用方法：

（1）Read( )。该方法使记录指针前进到结果集中的下一个记录中。这个方法必须在读取数据之前调用，以便把记录指针指向第一行。记录指针指向哪条记录，哪条记录即当前记录。

当 Command 对象的 ExecuteReader( ) 方法返回 DataReader 对象时，当前记录指针指向

第一条记录的前面，必须调用 Read( ) 方法把记录指针移动到第一条记录，然后第一条记录变成当前记录。要想移动到下一条记录，需要再次调用 Read( ) 方法。当移动到最后一条记录时，Read( ) 方法将返回值 False。只要 Read( ) 方法的返回值是 True，就可以访问当前记录中包含的字段。

（2）GetValue( )。该方法根据指定列的索引来返回当前记录行的指定字段的值，如 GetValue（0）。返回值的类型为 Object。

（3）GetValues( )。该方法把当前记录行中的数据保存一个数组中。可以通过 DataReader 的 FieldCount 属性获得字段的数量，从而定义数组的大小。

（4）GetString( )、GetInt32( )、GetChar( ) 等。这些方法根据指定列的索引，返回当前记录行中指定字段的值，返回值的类型由所调用的方法决定。例如，GetChar( ) 返回字符型数据。如果把返回值赋予错误类型变量，将会引发 InvalidCastException 异常。

（5）NextResult( )。该方法把记录指针移动到下一个结果集，即移动到下一结果集中的第一行之前的位置，如果要选择第一行，仍然必须调用 Read( ) 方法。在使用 Command 对象生成 DataReader 对象时，Command 对象的 CommandText 属性可以指定为用";"（分号）隔开的多个 Select 语句，这样就可以为 DataReader 生成多个结果集。

（6）GetDataTypeName( )。该方法通过列序号取得指定字段的数据类型，列序号从 0 开始。

（7）GetName( )。该方法通过序号取得指定列的字段名称，列序号从 0 开始。

（8）IsDBNull( )。该方法用来判断字段值是否为空。

（9）Close( )。该方法关闭 DataReader 对象。

2. DataReader 对象的常用属性

DataReader 对象有以下常用属性：
（1）FieldCount：读取当前行中的列数。
（2）HasRows：只读，表示 DataReader 对象是否包含一行或多行数据。
（3）IsClosed：读取 DataReader 对象是否关闭。

3. DataReader 对象的创建与关闭

1）DataReader 对象的创建

DataReader 对象可由其构造函数创建，亦可由 Command 对象（SqlCommand 或 OleDbCommand 类）的 ExecuteReader( ) 方法创建。若 Command 对象属于 SqlCommand 类，则该方法返回的是 SqlDataReader 对象；若 Command 对象属于 OleDbCommand 类，则该方法返回的是 OleDbDataReader 对象。

在 ADO.NET 中，一个单一的连接（即一个 Connection 对象）每次只能打开一个 DataReader 对象。如果想在相同的数据存储区上同时打开两个 DataReader 对象，就必须显式地创建两个连接，每个 DataReader 对象各占用一个连接。

2）DataReader 对象的关闭

DataReader 对象基于连接的数据存储访问方式，即在访问数据的时候，DataReader 对象要求连接一直处于打开状态。如果数据访问的操作可能花费较长的时间，则 DataReader 对象必须长时间处于打开状态。因此，底层的连接也必须长时间地保持打开状态。因为

DataReader 对象使用底层的连接,在 DataReader 对象打开的状态下,不能使用该连接执行其他的任务,即当 DataReader 对象打开以后,DataReader 对象就会以独占的方式使用 Connection 对象,在关闭 DataReader 对象以前,将无法对 Connection 对象执行任何命令。所以,当阅读完数据时或不再使用 DataReader 对象时,要记住关闭 DataReader 对象。此外,要访问相关 Command 对象的任何输出参数或返回值时,也必须在关闭 DataReader 对象后才可行。

【案例6-4】 制作简单的用户登录页面。

前面已经介绍了如何将新用户添加到数据库中,接下来介绍如何检索信息。在 EshopTest 应用程序中,需要在登录页面上完成下述功能——有人来到站点并输入用户名和密码,人们想发现该用户是否已经存在,以及他们提供的密码是否正确。

在项目五中,构建了一个名为"Login. aspx"的 Web 窗体,如图 6-5 所示。

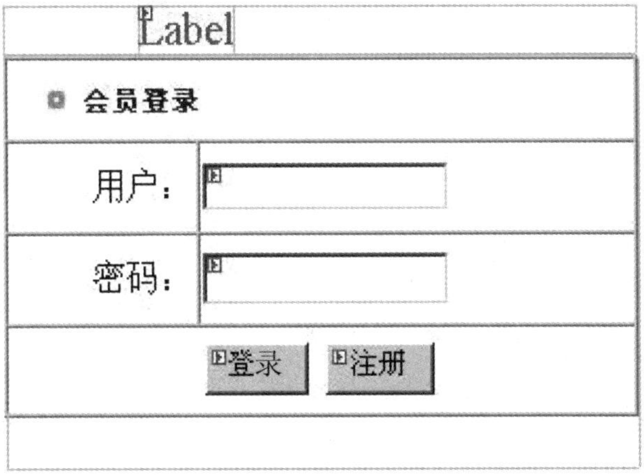

图 6-5 会员登录窗体

当提交登录页面的时候,会收到用户名和密码,需要检查这些值是否能够匹配数据库中的现有用户。需要从数据库中得到符合传入信息的用户 ID。使用这个 ID 值来为当前用户检索不同的信息事项。一旦得到了有效的用户 ID,就需要告知 ASP. NET,用户已通过验证,可以让他们看到最初请求的页面。

在本案例中,把刚才讨论的内容运用到代码中,在"登录"按钮的处理程序中,使用 ExecuteScalar( ) 方法来检索给定登录名和密码的用户 ID 值。

运行后的效果如图 6-6 所示。

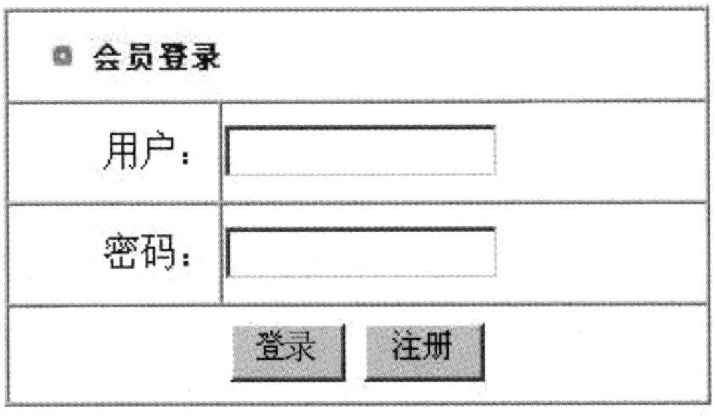

图 6-6 会员登录页面

具体步骤如下：

（1）打开"Login.aspx"页面，双击"登录"按钮转向后台编码页面。
（2）在页面的顶部位置添加命名空间的引用"using System.Data.SqlClient"。
（3）在后台编码页中，按照如下代码进行更改：

```csharp
protected void btLogin_Click(object sender,EventArgs e)
    {
        string uid = userId.Text;
        string upwd = password.Text;
        //SQL 语句
        string sql = "select uid,pwd from UserInfo where uid ='" + uid +"' and pwd ='"+ upwd +"'";
        //建立连接
        SqlConnection conn = new SqlConnection("server =(local);uid = sa;pwd = sa;database = EShop");
        //查询字符串和连接,创建 SqlCommand 对象
        SqlCommand cmd = new SqlCommand(sql,conn);
        conn.Open();//打开连接
        string id;
        try
        {
            //使用 cmd 对象的 ExecuteScalar()方法检索单个值
            id = (string)cmd.ExecuteScalar();
        }
        finally
        {
            //关闭连接,释放资源
            cmd.Dispose();
            conn.Close();
            conn.Dispose();
        }
        if (id != null)
        {
            Session["user"] = uid;
            Response.Redirect("UserManage.aspx");
        }
        else
```

```
            }
            this.lblMessage.Visible = true;
            this.lblMessage.Text = "用户名或密码错误!";
        }
    }
```

示 例 说 明

将 "Login.aspx" 设为起始页，启动项目。输入用户名和密码后，单击 "登录" 按钮，将执行 btLogin_Click（object sender, EventArgs e）中的代码。执行的步骤如下：

（1）使用和上个案例中相同的连接字符串，创建一个新的 SqlConnection 对象。创建该对象以后，连接仍然保持关闭状态，直到在后面显式调用 Open() 方式以后才会打开：

```
SqlConnection conn = new SqlConnection("server=(local);uid=sa;pwd=sa;database=EShop");
```

（2）指定针对该数据库执行的 SQL 语句：

```
string sql = "select uid,pwd from UserInfo where uid ='" + uid + "' and pwd ='"+ upwd +"'";
```

（3）使用已经创建的查询字符串和连接，创建一个新的 SqlCommand 对象，并打开连接：

```
SqlCommand cmd = new SqlCommand(sql,conn);
conn.Open();
```

SqlCommand 对象也可以用以下语句创建：

```
    SqlCommand cmd = new SqlCommand();
    cmd.Connection = conn;
    cmd.CommandType = CommandType.Text;
    cmd.CommandText = sql;
```

这 4 句代码和 "SqlCommand cmd = new SqlCommand（sql，conn）;" 这句代码效果相同。

（4）在下一行代码中，使用 SqlCommand 对象的 ExecuteScalar() 方法来检索正在选择的单个值（如果 SQL 表达式返回了多个行或字段，该方法只会将第一行中的第一个字段传回代码）。因为构建的 SQL 语句用于返回用户的 ID，将返回值强制转换为字符串以后，就是需要得到的结果了：

```csharp
    try
    {
        id =(string)cmd.ExecuteScalar();//执行 Command 对象的 ExecuteScalar 方法
    }
    finally
    {
        cmd.Dispose();//释放 Command 对象占用的资源
        conn.Close();    //关闭 Connection 对象
        conn.Dispose();   //释放 Connection 对象占用的资源
    }
```

（5）接着，检查是否返回了一个有效的用户 ID 值，如果该值无效，那么用户名或密码必定是不正确的，因此显示一条错误信息。如果一切都是正确的，就使用 Response.Redirect("Default.aspx");转向登录后的页面。

```csharp
    if(id!=null)
    {
        Session["user"]=uid;//给 Session 变量赋值
        Response.Redirect("Default.aspx");
    }
    else
    {
        this.lblMessage.Visible=true;
        this.lblMessage.Text="用户名或密码错误!";
    }
```

一旦用户在这里完成了身份验证，就可以通过"Session["user"]"在任何后台编码页中访问其用户 ID。

小提示 Session 的作用就是在 Web 服务器上保持用户的状态信息，供用户在访问期间的任何时间从任何页面访问。

任务五　DataAdapter 对象

DataAdapter 对象主要是在 Connection 对象和 DataSet 对象之间执行数据传输的工作，这个对象架构在 Command 对象上。DataReader 对象通过 Command 对象对数据源执行 SQL 命令,将数据填充到 DataSet 对象,以及把 DataSet 对象中的数据更新返回到数据源中。

其实,DataSet 对象并不关心其数据的来源,它并不知道自己包含的信息来自哪种类型的数据源,DataSet 对象没有包含任何用于访问关系型数据源的功能。DataReader 对象不但负责把 DataSet 对象与关系型数据源联系起来,而且还能自动改变 DataSet 对象的数据结构,以反映正被查询的数据源的数据结构。

1. DataAdapter 对象的常用方法

DataAdapter 对象有以下常用方法:
(1) Update():根据保存在 DataSet 对象中的数据来更新数据源中的数据。
(2) Fill():利用数据源中的数据填充或刷新 DataSet(),其返回值是加载到 DataSet() 中的行数量。Fill() 方法使用 DataAdapter 对象的 SelectCommand 的结果来填充 DataSet()。具体是通过使用 DataReader 对象来隐式地返回在 DataSet 对象中创建的表的列名称及类型(表和列仅在不存在时创建,否则使用现有的 DataSet 架构),并填充 DataSet 对象中的表。

2. DataAdapter 对象的常用属性

DataAdapter 对象拥有 4 个重要的属性:
(1) SelectCommand:从数据源中检索数据。
(2) InsertCommand:向数据源中插入新的数据。
(3) DeleteCommand:从数据源中删除数据。
(4) UpdateCommand:更新数据源中的数据。

这 4 个属性实际上是 Command 对象,DataAdapter 类使用这组 Command 对象来管理数据。可以将 Command 对象分配给与 4 个主要数据操作相关的属性。

DataAdapter 对象在后端使用 DataReader 对象,它根据 SelectCommand 属性,用当前的数据集合填充数据集。如果不是通过 VS.NET 的可视化数据设计器新建 DataAdapter,就没有自动生成 SelectCommand、InsertCommand、UpdateCommand 和 DeleteCommand 这 4 个命令,那么就可能需要自己写 InsertCommand、UpdateCommand 和 DeleteCommand 命令。有一种情况就是当 SelectCommand 至少返回一个主键列或唯一的列时,可以通过 CommandBuilder 根据 SelectCommand 命令来自动生成另外 3 个命令,例如:

```
SqlConnection myConn = new SqlConnection(myConnection);
SqlDataAdapeter myDataAdapter = new SqlDataAdapter();
//下面建立 DataAdapter 的 SelectCommand 命令
myDataAdapter.SelectCommand = new SqlCommand("select * from employee",myConn);
//下面建立此 DataAdapter 的 CommandBuilder
SqlCommandBuilder mycb = new SqlCommandBuilder(myDataAdapter);
```

上面的代码建立 DataAdapter 的 CommandBuilder,这样系统就会给此 DataAdapter 自动生成 InsertCommand、UpdateCommand 和 DeleteCommand 这 3 个命令。否则,要用 DataAdapter.UpDate() 方法更新数据时,就要自己写 InsertCommand、UpdateCommand 和 DelectCommand 这3个命令。

3. DataAdapter 对象的构造函数与创建

DataAdapter 对象的创建是由其对应的构造函数完成的，但是，不同的数据提供者用不同的类及其构造函数完成 DataAdapter 对象的创建，在 SQL Server 数据提供者中用类 SqlDataAdapter 的构造函数创建 DataAdapter 对象，而在 OLE DB 数据提供者中用类 OleDb-DataAdapter 的构造函数创建 DataAdapter 对象。表6－10列出了这两个类的4种构造函数的原型。

表6－10　SqlDataAdapter 类与 OleDbDataAdapter 类的构造函数的原型

SqlDataAdapter 类的构造函数	OleDbDataAdapter 类的构造函数
SqlDataAdapter（）	OleDbDataAdapter（）
SqlDataAdapter（SqlCommand selectCommand）	OleDbDataAdapter（OleDbCommand selectCommand）
SqlDataAdapter（string selectCommandText, SqlConnection selectConnection）	OleDbDataAdapter（string selectCommandText, OleDbConnection selectConnection）
SqlDataAdapter（string selectCommandText, string selectConnectionString）	OleDbDataAdapter（string selectCommandText, string selectConnectionString）

说明：

（1）参数 selectCommand 表示一个 Command 对象；参数 selectCommandText 是以一个字符串表示的 Select 语句或存储过程；参数 selectConnection 表示 Connection 对象；参数 selectConnectionString 表示连接字符串。

（2）第1种构造函数创建一个新的 DataAdapter 对象。

第2种构造函数创建一个新的 DataAdapter 对象，并用参数 selectCommand 指定的 Command 对象作为 DataAdapter 对象的 SelectCommand 属性，初始化该 DataAdapter 对象。

第3种构造函数创建一个新的 DataAdapter 对象，并用参数 selectCommandText 指定的字符串作为 DataAdapter 对象的 SelectCommand 属性的值，以参数 selectConnection 所指定的 Connection 对象作为连接对象，初始化该 DataAdapter 对象。

第4种构造函数创建一个新的 DataAdapter 对象，并用参数 selectCommandText 指定的字符串作为 DataAdapter 对象的 SelectCommand 属性的值，以参数 selectConnectionString 所指定的字符串作为连接字符串，初始化该 DataAdapter 对象。

任务六　使用 DataSet 对象

（1）DataSet 对象的概念。

DataSet 对象可以视为一个暂存区（cache），它可以把从数据库中所查询到的数据保留起来，甚至可以将整个数据库暂存起来。

DataSet 是数据在内存中的表示形式。DataSet 中的数据以 XML 作为存储格式，无论它包含的数据来自什么数据源，它都会提供一致的关系模型。DataSet 对象架构在 DataAdapter 对象上，本身不具备和数据源沟通的能力，不管是读取数据还是操作数据，都要通过 DataAdapter 对象。.NET 数据提供者通过 DataAdapter 使用数据或架构信息（即关系结构）填充 DataSet，并将数据更新写回至数据源。DataAdapter 对象是 DataSet 对象以及数据源间传输数据的桥梁。

DataSet 对象基本上被设计成不和数据源一直保持联机的架构，也就是说它和数据源的联机发生得很短暂，在取得数据后就立即和数据源断开，等到数据修改完毕或要操作数据源内的数据时才会再建立连接。这意味着程序和数据源要管理的连接会变少，网络频宽不但可以得到舒缓，服务器的负载也会减轻。

因此，DataSet 对象允许在离线的本地高速缓存中存储和修改大量结构化关系数据以及绑定到不同的控件。

DataSet 对象包含一组 DataTable 对象和 DataRelation 对象。DataTable 对象中存储数据，由数据行（列）、主关键字、外关键字、约束等组成。DataRelation 对象中存储各 DataTable 之间的关系。这意味着 DataSet 架构内所有的成员都非常对象化，人们可以更有弹性地来操作这些对象。

（2）向 DataSet 中填充数据的方法有若干种，这些方法可以单独应用，也可以结合应用。主要方法有：

①在 DataSet 对象中以编程方式创建 DataTables、DataRelations、和 Constraints 对象，并使用数据填充这些对象。

②通过 DataAdapter 对象用现有关系数据源中的数据填充 DataSet。

③使用 XML 加载和保持 DataSet 的内容。

（3）DataSet 对象的常用方法与数据更新。

在 DataSet 中，当对数据行进行编辑时，原始值保存在内存中，行状态被标记为 charged，而在添加或删除数据行时，行状态被标记为 added 或 deleted。需要注意的是，所有这些变化都是在本地内存中的 DataSet 内的数据副本上发生的，数据源中的原始数据根本没有变化。如果想要根据 DataSet 上的变化真正更新数据源中的数据，则必须调用 DataAdapter 对象的 Update( ) 方法，根据行的被修改状态（改动、删除、添加）调用相应的命令。DataSet 对象提供了以下几个方法，用于获取内存中的数据变化和数据行的状态信息：

①HasChanges( )：指出自从填充 DataSet 或最后一次调用 AcceptChanges( ) 以后，DataSet 中的行是否发生变化，该方法返回一个 bool 值。

②GetChanges( )：该方法返回一个 DataSet 对象，实际上是创建了另一个 DataSet，该 DataSet 只包含对数据作出的更改或者具有可选状态的行。

③AcceptChanges( )：接受 DataSet 中的所有表的变化，即行的标记都将被设置为"未变化"。如果在调用 DataAdapter 的 Update( ) 方法之前调用 AcceptCharges( )，Update( ) 将不会发现任何标记为"被改动"的行，因此数据源将不会被更新。

④RejectCharges( )：拒绝自从填充 DataSet 或最后一次调用 AcceptChanges( ) 以后，DataSet 上的所有变化。实际上，这个方法是通过把已改变的行还原为初始值，从而回滚更

改操作。

（4）访问 DataSet 对象中的数据表。

按名称引用（访问）DataSet 中的表和关系是区分大、小写的。一个 DataSet 中可以存在两个或更多个名称相同但大、小写不同的表或关系。例如，可以有 Table1 和 table1。在这种情况下，对其中一个表的按名称引用必须精确匹配该表名称的大、小写，否则会引发异常。如果只存在一个具有特定名称的表或关系，则区分大、小写规则不适用。也就是说，如果 DataSet 中没有其他任何表或关系对象匹配该特定表或关系对象的名称，那么即使大、小写不同，仍可以按采用任何大、小写的名称来引用该对象，而不会引发异常，例如，如果 DataSet 只包含 Table1，则可以使用 ds.Tables["TABLE1"] 来引用它。

DataSet 提供了 CaseSensitive 属性，用于指定 DataTable 中的字符串比较是否区分大、小写，该属性会应用于 DataSet 中的数据，它将影响排序、搜索、筛选、约束强制等，但不会影响对 DataSet 中表或关系名称的引用。

（5）DataSet 对象与 DataAdapter 对象间的关系。

可以把 DataSet 对象看成暂时存放资料的地方，它本身并不具备和数据源联机以及操作数据源的能力。如果想将数据源的数据取回并存放在 DataSet 里面的 DataTable 中，则要通过数据操作组件才办得到。数据操作组件（Managed Provider）就是由 Connection、Command、DataAdapter 以及 DataReader 这 4 个对象组成的，其中 DataSet 对象和 DataAdapter 对象的关系最密切，因为 DataAdapter 对象是帮助 DataSet 对象和数据源沟通的桥梁。当 DataSet 对象通过 DataAdapter 对象来获取数据源的数据时，它会先依照数据在数据源中的架构产生一个 DataTable 对象，然后将数据源中的数据取回后填入 DataRow 对象，再将 DataRow 对象填加到 DataTable 的 Rows 集合，直到数据源中的数据取完为止。DataAdapter 对象将数据源中的数据取出，并将这些数据都填入自己产生的 DataTable 对象后，立即将这个 DataTable 对象加入 DataSet 对象的 DataTables 集合，并结束和数据源的联机。

扩展知识

DataTable 对象及其使用

DataTable 对象是 DataSet 的最重要的对象之一，表示内存中的一个关系数据表。DataSet 的 Tables 集合中的每一项都是一个 DataTable，每一个 DataTable 包含由 DataRow 对象所组成的 Rows 集合和由 DataColumn 对象所组成的 Columns 集合，它可以有关联、限制、延伸等属性。DataTable 在 DataSet 内可以表示为独立的表，DataRow 代表 DataTable 表中的一行数据，DataColumn 代表 DataRow 中的一列数据。

1. DataTable 对象的常用属性

DataTable 对象具有以下常用属性：

（1）TableName：获取或设置表的名称。

（2）DataSet：指出表属于哪一个 DataSet。

（3）Rows：DateRow 对象集合，即代表这个表的行的集合。

（4）Columns：DataColumn 对象集合，即代表这个表的列的集合。

2. DataTable 对象的常用方法

DataTable 对象具有以下常用方法:

(1) NewRow():根据当前表的架构创建一个新行,返回一个对新添加行的引用,以便更容易地获得和设置该新行的各字段的值,但这个方法不会自动把新创建的行添加到表的 Rows 集合中。

(2) Select():该方法返回一个由 DataRow 对象组成的数据,其中的 DataRow 对象都符合某一个标准。标准的指定方法与在 SQL 语句的 Where 子句中指定标准的方法相同,如 "age > 18"。该方法还有一个可选的参数,可以为返回的数组指定排序表达式。

(3) Clear():该方法清空表中的所有数据。

(4) Reset():该方法把表恢复到它的原始状态。

可以使用 DataTable 构造函数来创建 DataTable 对象,并为其指定名称 "Products":

```
DataTable dt = new DataTable("Products");
```

也可以通过 DataSet 的 Tables 属性的 Add() 方法来创建,以下代码在创建一个名为 "Products" 的 DataTable 的同时,将其添加到 DataSet 内:

```
DataSet ds = new DataSet();
DataTable dt = ds.Tables.Add("Products");
```

在最初创建 DataTable 对象时,它没有架构。要定义表的架构,必须创建 DataColumn 对象并将其添加到表的 Columns 集体里。在定义了架构之后,可通过将 DataRow 对象添加至表的 Rows 集合来将数据行添加至表。

3. DataTable 对象的 Rows 属性(行集合)

这个属性的数据类型是 DataRowCollection,它提供了以下方法:

(1) Add():把由 DataTable 的 AddRow() 方法创建的新行添加到集合的末尾。

(2) InsertAt():根据指定的索引号插入一个新的 DataRow 对象。

(3) Remove():从表中删除指定的 DataRow 对象。使用这个方法删除行时,并不是把行标记为 "被删除",而是物理上把行从表中删除掉。

(4) RemoveAt():根据指定的索引删除行。

4. DataRow 对象

DataTable 包括架构和数据行。DataRow 表示表中包含的实际数据,代表 DataTable 表中的一行数据。与 ADO 中数据行的概念不同,DataRow 支持版本的思想,即在一个表中,同一行可以有多个版本,这样便可以区分行的 "原始" 版本和 "已更新" 版本。此外,利用 DataRow 的 RowState 属性,获取行的当前状态,其属性值可以取以下任意一个值:Added、Deleted、Detached、Modified 或 Unchanged。

5. Columns 集合(列集合)与 DataColumn 对象

Column 集合由 DataColumn 对象组成,可以把 DataColumn 实例与 DataTable 内的单个列

模式联系起来,从而设置或得到模式属性,如 DataType、DefaultValue、AllowDBNull、ColumnName 等。

6. DataView 对象

DataView 是 DataTable 中数据的不同视图,提供了不同排序和筛选条件的单个数据集的动态数据视图,并不保存实际数据。它不同于 DataTable 的 Select() 方法,Select() 方法是按特定的筛选器或排序表达式返回 DataRow 数组,其成员关系和排序相对静态。DataView 提供了几项用于对 DataTable 中的数据进行排序和筛选的功能。

(1) Sort 属性:可以指定一个或多个列按照升序 Asc 或降序 Desc 进行排序。

(2) ApplyDefaultSort 属性:自动以升序创建基于表的一个或多个主键列的排序顺序。只有当主键存在或 Sort 属性为空引用或空字符串时,此属性才适用。

(3) RowFilter 属性:根据列值来筛选数据。

DataView 与数据库视图的不同之处在于 DataView 不能作为表来进行处理,并且不能对源表的列进行增加和删除操作,也不能实现联接表的视图。

DataView 对象的 Count 属性可以返回 DataView 中行的总数量,或者返回具有指定 RowState 值的行的总数量。此外,DataView 还具有 AddNew、Delete、Find 和 FindRow 等方法,可以添加或删除行、查找与指定关键字匹配的行索引或者 DataRowView 对象的数组。

7. DataTable 内数据的访问

(1) 通过 Item 索引器或指定列名称可以获得对单个 DataTable、DataRow 或 DataColumn 的引用。

①访问表。

在访问行和列之前,首先要访问包含这些行和列的表。DataSet 类的 Tables 属性能够返回当前 DataSet 中所有 DataTable 对象的集合。可以使用 Add() 方法向 Tables 集合中添加一个 DataTable 对象。方法如下:

```
DataSet ds = new DataSet();           //在此创建的 ds 下面直接引用
DataTable dt = new DataTable("TableName");
ds.Tables.Add(dt);
```

可以通过使用 DataTable 的名称来访问包含在 Tables 集合中的 DataTable:

```
DataSetName.Tables["TableName"];
```

也可使用 DataTable 的索引号:

DataSetName.Tables [tableN];(索引值 tableN 从 0 开始)。

也可以获得 DataSet 内的一个 DataTalbe,以便对表进行操作,方法如下:

```
DataTable dt = ds.Tables["TableName"];
```

②访问行。

DataTable 对象的 Rows 属性可以返回所有 DataRow 对象的集合。可以利用 DataRow 的索引来访问行，方法如下：

DataTableName. Rows［rowN］；（索引值 rowN 从 0 开始）。

如 "ds. Tables［"Categories"］. Rows［0］"，表示 Categories 表中的第一行数据。它等价于：

```
DataTable dt =ds.Tables["Categories"];
dt.Rows[0];
```

③访问列。

既然可以访问一个表中的一行数据，就可以访问给定行中具体列的值。可以通过指定列的任何一个名称来访问，方法如下：

```
DataTableName.Rows[rowN]["ColumnName"];
```

或通过列的索引（索引 ColumnN 从 0 开始）：

```
DataTableName.Rows[rowN][columnN];
```

如：ds. Tables［"Categories"］. Rows［0］［"CategoryName"］。

或者通过 Columns 集合来访问数据列，形式如下：

```
ds.Tables["TableName"].Columns["ColumnName"];
ds.Tables["TableName"].Columns["ColumnN"];
```

需要注意的是：

- 对于行集合 Rows，只能通过索引来访问。对于列集合 Columns，既可通过索引，也可以通过列的名称来访问。
- 采用 "Rows［rowN］［columnN］" 或 "Rows［rowN］［"ColumnName"］" 这两种方式，可获得某一行中的某一列的数据；采用 "Columns［columnN］" 或 "Columns［"ColumnName"］" 可获得一个 Columns 集合数据。

（2）通过 DataRow、DataColumn 对象访问 DataTable 内的数据：

DataTable dt = ds. Tables［"Categories"］；

最后，使用 Foreach 循环，逐行访问每列数据：

```
Foreach(DataRow dr in dt.Rows)
{
    Foreach(DataColumn dc in dt.Columns)
    Response.Write(dr[dc]);
}
```

任务七　数据控件的使用

1. GridView 控件

【案例 6-5】　完成显示商品信息列表页面的制作。

在 EshopTest 应用程序中，商品是该网站的主要内容，首先要显示商品的分类，点击"分类"按钮进入分类下的商品列表信息。实例运行效果如图 6-7 所示。

商品分类	
洗浴用品	首饰用品
家电用品	服装用品
电脑用品	安防用品
交通用品	五金用品
充值用品	灯具用品
手机用品	器具用品
护肤用品	耳机用品
男士用品	品牌用品
女士用品	电脑书籍
鲜花用品	

图 6-7 商品分类页面

点击商品分类名称后链接到商品列表页面，如图 6-8 所示。

商品列表				
商品名称	说明	价格	现有数量	产品图片
微波炉	美的家用电器系列/美的微波炉经典系列（MM823ESJ-PA）	415	10	
无绳电话	飞利浦PHILIPS自动答录无绳电话CD535	360	10	
豆浆机	九阳豆浆机	420	10	
电饭煲	三洋微电脑电饭煲ECJ-DF210MS	440	10	
收音机	德生收音机TECSUNR-206调频中波FM/AM两波段收音机	356	10	

图 6-8 商品详细列表页面

具体步骤如下：

（1）在网站中建立一个名为"ProductList.aspx"的 Web 窗体。

(2) 新建一个布局表格,并将 GridView 控件从工具箱中拖到布局表格的第 2 行第 1 列中。

(3) 更改 GridView 的 ID 属性为 grdvProductList。

(4) 点击 GridView 的 Columns 属性,弹出图 6-9 所示的对话框。

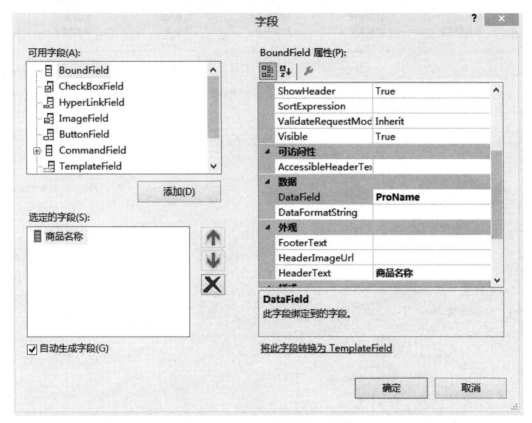

图 6-9 GridView 属性设置对话框

在对话框中添加字段,新添加的字段设置见表 6-11。

表 6-11 GridView 字段设置

选定的字段类型	DataField	HeaderText
BoundField	ProName	商品名称
BoundField	Content	说明
BoundField	MarketPrice	价格
BoundField	ProNum	现有数量
ImageField	ProPic	产品图片

完成以上设置后在设计视图下的网页界面如图 6-10 所示。

商品列表				
商品名称	说明	价格	现有数量	产品图片
数据绑定	数据绑定	数据绑定	数据绑定	数据绑定
数据绑定	数据绑定	数据绑定	数据绑定	数据绑定
数据绑定	数据绑定	数据绑定	数据绑定	数据绑定
数据绑定	数据绑定	数据绑定	数据绑定	数据绑定
数据绑定	数据绑定	数据绑定	数据绑定	数据绑定

图 6-10 设计视图下的商品列表页面

（5）添加代码，用于在加载该页面的时候，根据传入的商品分类 ID 检索商品信息。代码如下：

```csharp
protected void Page_Load(object sender,EventArgs e)
{
    if (!Page.IsPostBack)
    {
        GridViewDataBind();
    }
}
//实现数据绑定的私有进程
protected void GridViewDataBind()
{
    //获取商品类别 ID 号
    object cid = Request.Params["id"];
    if (cid != null)
    {
        cid = int.Parse(cid.ToString());
    }
    else
    {
        cid = 1;
    }

    string sql = string.Format("select * from Product where Category = '{0}'",cid);
    //与数据库建立连接
    SqlConnection conn = new SqlConnection();
    conn.ConnectionString = "server = (local);uid = sa;pwd = sa;database = EShop";
    conn.Open();
```

项目六　使用ADO.NET访问数据库

```
//创建 DataAdapter 对象
SqlDataAdapter sda = new SqlDataAdapter(sql,conn);
//创建 DataSet 对象
DataSet ds = new DataSet();
sda.Fill(ds,"Products");
grdvProductList.DataSource = ds.Tables[0].DefaultView;
//数据绑定
grdvProductList.DataBind();
//关闭连接,释放资源
ds.Dispose();
sda.Dispose();
conn.Close();
conn.Dispose();
}
```

示例说明

（1）接任务四案例执行程序进入"CategoryList.aspx"页面后显示商品栏目列表，点击商品栏目名称进入"ProductList.aspx"页面并通过Url参数传入商品栏目的ID值。代码从"ProductList.aspx.cs"中的Page_Load()执行。

在Page_Load()中调用了一个自定义过程GridViewDataBind()。

```
if(!Page.IsPostBack)
{
    GridViewDataBind();
}
```

（2）自定义过程GridViewDataBind()是为了更好地组织代码，在该过程中首先获取从"CategoryList.aspx"页面传递过来的商品栏目的ID号：

```
object cid = Request.Params["id"];
if (cid != null)
{
    cid = int.Parse(cid.ToString());
}
else
{
    cid = 1;
}
```

- 155 -

如果没有值传过来，则给 cid 赋一个默认值。接着执行如下代码：

```
    string sql = string.Format("select * from Product where Category ='{0}'",cid);
        SqlConnection conn = new SqlConnection();
         conn.ConnectionString = "server =(local);uid = sa;pwd = sa;database = EShop";
        conn.Open();

        SqlDataAdapter sda = new SqlDataAdapter(sql,conn);

        DataSet ds = new DataSet();
        sda.Fill(ds,"Products");
        grdvProductList.DataSource = ds.Tables[0].DefaultView;
        grdvProductList.DataBind();
```

其中"grdvProductList.DataSource = ds.Tables [0].DefaultView;"这句的作用是设置 grdvProductList 的数据源为数据集 ds 中的第一个表。一个数据集中可以包含多个数据表。

将以上代码和任务四"CategoryList.aspx.cs"中 Page_Load() 中执行的代码作比较可发现两段代码几乎完全相同，只是查询语句和绑定的控件不同。

小提示 通过 DataAdapter 对象的 Fill() 方法可以将数据表中的内容填充到 DataSet 对象中，而且可以填充多个表，不同的表用别名来区分。例如："sda.Fill（ds,"Products"）"这个语句是将 sda 对象中的数据表填充到 ds 对象中，并为这个 ds 对象中的表起一个别名"Products"。

【案例 6 – 6】 制作一个显示商品名称列表的页面。

新建一个 Web 窗体，该窗体不与数据库连接，手工建立一个 DataSet 对象，然后把该对象绑定到 GridView 数据控件上，在浏览器中显示。实例运行效果如图 6 – 11 所示。

具体步骤如下：

(1) 在网站中建立一个名为"DataSetTest.aspx"的页面。
(2) 在窗体中添加 GridView 控件，更改 GridView 的 ID 属性为 gvTest。
(3) 双击设计视图下窗体的空白处，在自动生成的 Page_Load 事件中添加如下代码：

项目六 使用ADO.NET访问数据库

编号	在线商品
1	商品1
2	商品2
3	商品3
4	商品4
5	商品5
6	商品6
7	商品7
8	商品8
9	商品9

图 6-11 快速手工建立 DataSet 对象

```
protected void Page_Load (object sender, EventArgs e)
{
    DataTable dt = new DataTable ("product");   //声明 DataTable 对象实例
    DataRow dr;                                  //声明 DataRow 对象实例
    //定义编号字段，指定字段名和数据类型
    dt.Columns.Add (new DataColumn ("编号", typeof (Int32)));
    //定义商品名字段
    dt.Columns.Add (new DataColumn ("在线商品", typeof (String)));
    //循环为列赋值
    for (int i = 0; i < 9; i++)
    {
        dr = dt.NewRow();
        dr[0] = i + 1;
        dr[1] = "商品" + Convert.ToString (i + 1);
        dt.Rows.Add (dr);
    }
    //将 dt 表填充到 DataSet 对象中
```

```
DataSet ds = new DataSet();
ds.Tables.Add(dt);
//将数据绑定到控件上
gvDataSet.DataSource = ds.Tables["product"].DefaultView;
gvDataSet.DataBind();
}
```

示例说明

本案例演示了如何使用 DataTable、DataColumn、DataRow 对象手工建立一个 DataSet 对象。首先声明 DataTable 对象实例和 DataRow 对象实例;然后定义字段,指定字段名和数据类型;接下来使用循环为列赋值,赋值后将 DataTable 对象实例 dt 表填充到 DataSet 对象中。

新建行在语法上有区别,列和行都是从 0 开始,可以把行和列分别作为一个数组来看待。

【案例 6-7】 制作商品分类信息管理页面。

在 EshopTest 网站后台能够对商品分类进行管理,在商品分类管理页面要能够添加商品分类,对已有的商品分类进行更改,删除过期的商品分类。制作完成后的网页运行结果如图 6-12 所示。

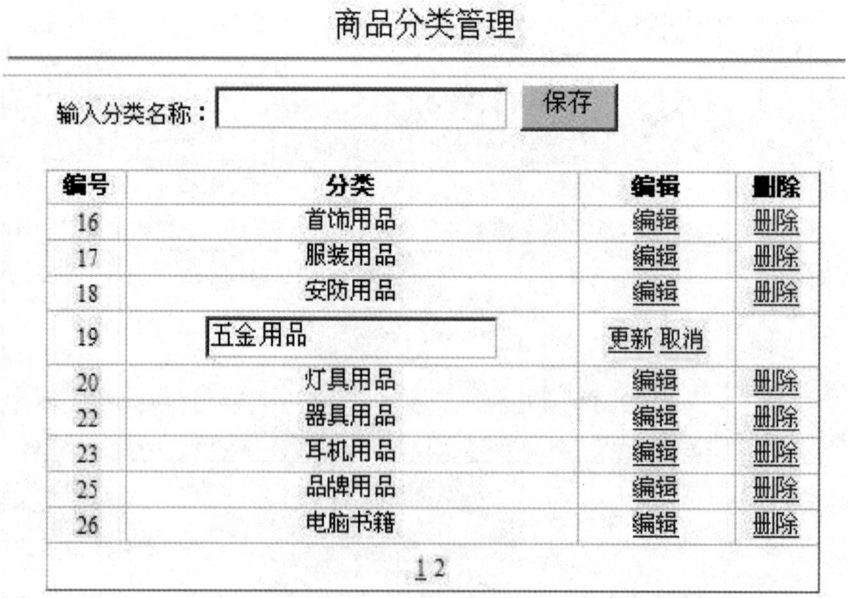

图 6-12 商品分类编辑页面

具体步骤如下：

（1）在 Eshop 项目下新建文件夹"admin"。

（2）在"admin"文件夹里新建 Web 窗体"class.aspx"。

（3）在设计模式下编辑页面，在页面的第 1 行输入"商品分类管理"，在第 1 行下面插入一个分隔线。

（4）在分隔线下插入一个表格，并调整表格布局为 2 行 1 列。

（5）在表格的第 1 行输入"输入分类名称："，在输入文字的右边插入一个 TextBox 控件，并更改其 ID 为 txtClass，在 txtClass 右边插入一个 RequiredFieldValidator 验证控件，更改其 ID 为 valrClassName，ErrorMessage 为"请输入类别！"，ControlToValidate 属性设为"txtClass"，在 rvClass 右边插入一个 Button 控件，并更改其 ID 为 btnSave，更改其 Text 属性为"保存"。

（6）在表格的第 2 行插入一个 GridView 控件。更改新插入 GridView 控件的 ID 为 gvClass。设置 AllowPaging 属性为 True，设置 PageSize 属性为 10。设置 AutoGenerateColumns 属性为 False。设置 DataKeysName 属性为 id。此时设计模式下的页面如图 6-13 所示。

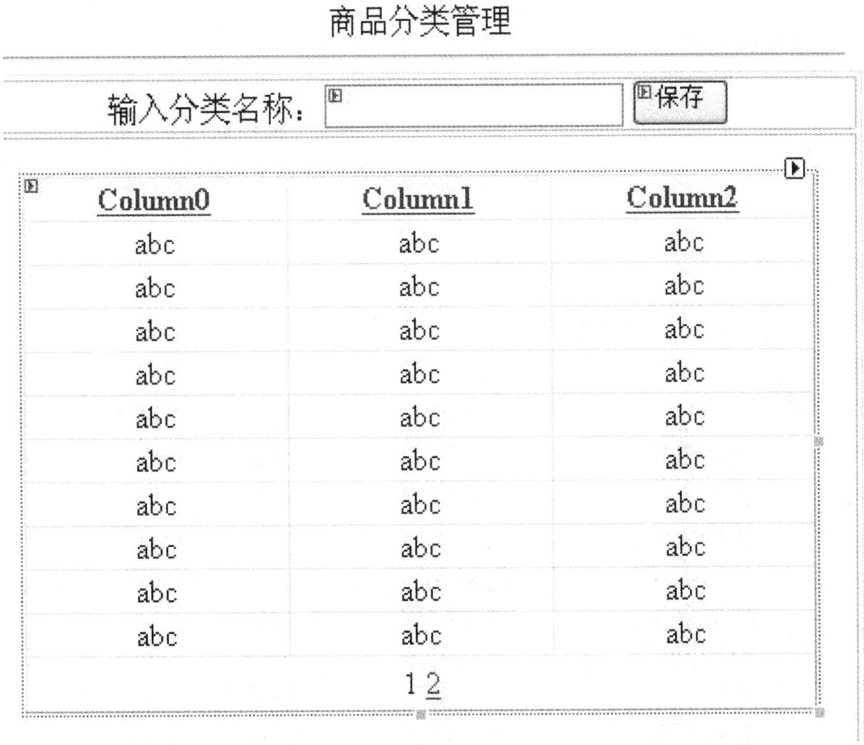

图 6-13 GridView 设计图（1）

（7）点击选中 gvClass。点击 Columns 属性，弹出图 6-14 所示的对话框。

（8）添加两个 BoundField，设置第一个 BoundField 的 DataField 属性为 id，将 HeaderText 属性设为"编号"，将 ReadOnly 属性设为 true。设置第二个 BoundField 的 DataField 属性为 Category，将 HeaderText 属性为"分类"。添加一个 CommandField 下面的"编辑、更新、取

消"字段,设置其 HeaderText 属性为"编辑",设置 CausesValidation 属性为 False。再添加一个 CommandField 下面的"删除",设置其 HeaderText 属性为"删除"。

完成列设置后的页面如图 6-15 所示。

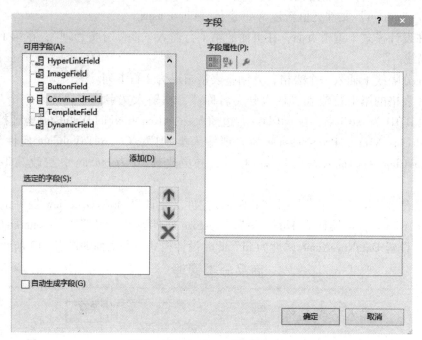

图 6-14 GridView 设计图（2）

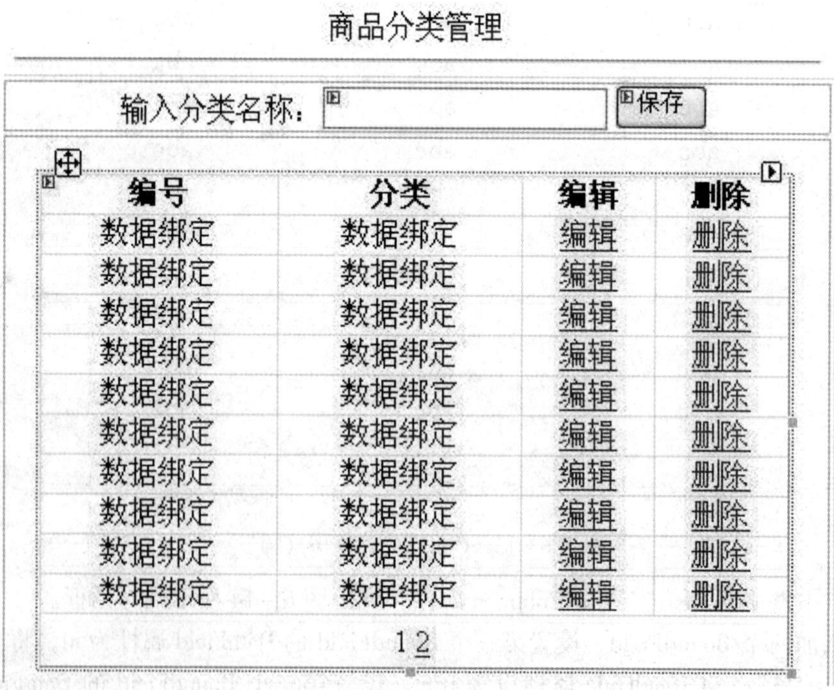

图 6-15 GridView 设计图（3）

（9）新建一个过程完成 gvClass 的数据邦定。在代码页中新建一个数据绑定过程。代码如下：

```
protected void gvDataBind()
    {
        string sql;
        sql = "select id,Category from Category";
        SqlConnection con;
        con = new SqlConnection("server=(local);uid=sa;pwd=sa;database=EShop");
        con.Open();
        SqlDataAdapter sda;
        sda = new SqlDataAdapter(sql,con);
        DataSet ds;
        ds = new DataSet();
        sda.Fill(ds,"Category");
        gvClass.DataSource = ds.Tables[0].DefaultView;
        gvClass.DataBind();
    }
```

（10）编写完成数据操作的过程，根据传入参数 SQL 语句对数据进行操作。代码如下：

```
protected void gridViewEdit(string sqlStr)
    {
        SqlConnection conn = new SqlConnection();
        conn.ConnectionString = "server=(local);uid=sa;pwd=sa;database=EShop";
        conn.Open();

        SqlCommand cmd = new SqlCommand(sqlStr,conn);

        bool doredirect = true;
        try
        {
            cmd.ExecuteNonQuery();
        }
        catch
        {
            doredirect = false;
        }
```

```
            finally
            {
                cmd.Dispose();
                conn.Close();
                conn.Dispose();
            }
            if (doredirect)
            {
                gvClass.EditIndex = -1;
                GridViewBind();
            }
        }
```

（11）添加 btnSave 按钮的 Click 事件并编写代码完成分类的添加：

```
    protected void btnSave_Click(object sender,EventArgs e)
        {
            string className = txtClass.Text;
            string sql = string.Format("insert into  Category(Category)values('{0}')",className);
            gridViewEdit(sql);
        }
```

（12）添加 gvClass 编辑的相关事件并编写代码实现记录编辑功能：
①添加 gvClass 的 RowEditing 事件：

```
    protected void gvClass_RowEditing(object sender,GridViewEditEventArgs e)
        {
            this.gvClass.EditIndex = e.NewEditIndex;
            GridViewBind();
        }
```

②添加 gvClass 的 RowUpdating 事件：

```
    protected void gvClass_RowUpdating(object sender,GridViewUpdateEventArgs e)
        {
            int cId = Convert.ToInt32(gvClass.DataKeys[e.RowIndex].Value.ToString()); string className = ((TextBox)gvClass.Rows[e.RowIndex].Cells[1].Controls[0]).Text.ToString();
```

```
            string sql = string.Format("update Category set Category ='
{0}' where id = {1}",className,cId);
            gridViewEdit(sql);
    }
```

③添加 gvClass 的 RowCancelingEdit 事件：

```
    protected void gvClass_RowCancelingEdit(object sender,GridViewCancelEditEventArgs e)
    {
            this.gvClass.EditIndex = -1;
            GridViewBind();
    }
```

（13）添加 gvClass 的 RowDeleting 事件，并编写代码实现记录删除功能：

```
    protected void gvClass _RowDeleting(object sender,GridViewDeleteEventArgs e)
    {
             int cId = Convert.ToInt32(gvClass.DataKeys[e.RowIndex].Value.ToString());
            string sql = string.Format("delete from Category  where id
={0}",cId);
            gridViewEdit(sql);
    }
```

（14）添加 gvClass 的 PageIndexChanging 事件，并编写代码实现记录分页显示功能：

```
    protected void gvClass_PageIndexChanging(object sender,GridViewPageEventArgs e)
    {
        gvClass.PageIndex = e.NewPageIndex;
        gvClass.EditIndex = -1;
        GridViewBind();
    }
```

示例说明

上面的程序主要演示了如何使用 GridView 控件编辑、更新、删除数据。GridView 操作数据时都有对应的事件，只要在对应的事件中编写实现功能的代码即可。在浏览器中预览该网页，当单击"编辑"链接时会显示编辑状态，允许用户修改数据，修改完毕单击"更新"链接则会把更新后的数据写入数据库。单击"删除"链接会删除当前操作的记录。

因为更新和删除都是针对特定记录进行的操作，所以要注意操作参数 DataKeyField 的传递与捕获。本案例中设置了 GridView 的 DataKeyField 属性为 id，获取选定记录值的方法如下：

```
int cId = Convert.ToInt32(gvClass.DataKeys[e.RowIndex].Value.ToString());
```

更新、删除记录都通过执行特定的事件来完成。本案例中的更新、删除事件都是先构建对应的 SQL 语句，如构建更新语句的代码如下：

```
int cId=Convert.ToInt32(gvClass.DataKeys[e.RowIndex].Value.ToString());
string className = ((TextBox)gvClass.Rows[e.RowIndex].Cells[1].Controls[0]).Text.ToString();
string sql = string.Format("update Category set Category ='{0}' where id ={1}",className,cId);
```

然后调用自定义方法把构建好的 SQL 语句当作参数传入：

```
gridViewEdit(sql);
```

执行如下自定义过程完成操作，该自定义过程可根据传入的 sqlStr 执行：

```
protected void gridViewEdit(string sqlStr)
{
}
```

实现分类信息写入是通过执行"保存"按钮的事件来完成的。事件执行的代码和上面数据更新的代码一样，也是先构建数据插入的 SQL 语句，然后调用自定义过程 gridViewEdit()，由自定义过程来完成数据的插入。

背景知识

现介绍有关 GridView 控件的知识。

1. 方法

DataBind()是最简单、最常用的方法，用于绑定数据。需要注意的只有一点：执行了这个方法后，GridView（由于 GridView 和 DataList 极为相似，所以下面的介绍虽然是针对 GridView，但与 DataList 也相差不远）里面所有的显示绑定数据的控件，都会显示 DataSource 里的数据，其余控件也将初始化成."aspx"里设计的状态。

2. 属性

1) DataSource

有 DataBind( ) 的地方，就应该有 DataSource。如果没有指定 DataSource 而执行 DataBind( )，那 GridView 将什么也不会显示。

DataSource 一般是 DataSet、DataTable 或者 DataView。当然也可以绑定 DataReader 或者其他实现 IEnumerable 的类。

2) DataKeyField、DataKeys

当在 GridView 中定位一行之后，人们肯定想知道这行在数据表里的位置，至少有 5 种方法可以做到这一点，设置 GridView 的 DataKeyField 就是这几种方法之一。

DataKeyField 一般设置为数据表的 Unique 字段（否则就没意义了），通过 DataKey 可以得到这一行对应的关键字段的值。

DataKeys 是 DataKey 的集合，通过行的索引来读取相应行的 DataKey。

3) EditItemIndex、SelectedIndex、CurrentPageIndex、SelectedItem

这些属性都很好理解，看名字就知道是什么意思，需要注意的是，设置了 EditItemIndex 或者 CurrentPageIndex 后需要重新执行 DataBind( ) 方法（当然，前面提到过，还需要设置 DataSource）。

4) Columns

Columns 就是 Column 列的集合，可以设置列的属性，包括 Visible、HeaderText、FooterText、SortExpression 等。

注意：自动生成的列是不包含在 Columns 中的。只有在 ".aspx" 中显式声明的列和在代码中添加的列才会被包含在其中。

5) Items

Items 是 GridViewItem 的集合，可以遍历当前 GridView 中显示数据的 GridViewItem。

（1）GridViewItem。

每一个 GridViewItem 就是 GridView 中显示的一行，其中包括：

①Header：GridView 控件的标题部分；

②Item：GridView 控件中的项；

③AlternatingItem：GridView 控件中的交替项；

④SelectedItem：GridView 控件中的选定项（由 SelectedIndex 设置，通过 SelectedItem 属性或者 Items [SelectedIndex] 来读取）；

⑤EditItem：GridView 控件中处于编辑状态的项（由 EditItemIndex 设置，通过 Items [EditItemIndex] 来读取）；

⑥Separator：GridView 控件中项之间的分隔符；

⑦Footer：GridView 控件的脚注部分；

⑧Pager：GridView 控件的页选择节。

注意，GridView 的 Items 属性中不包含 Header、Footer、Pager 这 3 类 GridViewItem。

（2）GridViewItem 的属性

①ItemIndex：得到行在 Items 中的索引；

②ItemType：返回行的类型，也就是上面列出的 Header、Item、……、Pager；

③Cells：返回行包含的所有 TableCell（不管是显式声明的，还是自动生成的，不管是可以看见的，还是隐藏掉的），通过 TableCell，可以读取 Cell 中显示的文本、包含的控件。

注意：只有 BoundColumn 列和自动生成列，才可以通过 TableCell.Text 属性读取显示的文本。HyperLinkColumn、ButtonColumn、EditCommandColumn 都需要将目标控件转换成相应的控件。

比如，假设 GridView 的第一列声明如下：

```
<asp:HyperLinkColumn DataTextField = "au_id" HeaderText = "au_id" DataNavigateUrlField = "au_id" DataNavigateUrlFormatString = "Edit.aspx? id = {0}" ></asp:HyperLinkColumn>
```

读取的时候可以用"//Items[0]"表示第一行，用"Cells[0]"表示第一列，用"Controls[0]"表示 Cell 中的第一个控件（也只有这个控件可以用）：

```
HyperLink link = (HyperLink)GridView1.Items[0].Cells[0].Controls[0];
Response.Write(link.Text);
```

至于模板列（TemplateColumn），当然也可以通过"GridView1.Items[i].Cells[j].Controls[n]"来获取，然后转换成原来的控件类型再操作，但是还有个更好的办法，就是用 FindControl() 来查找控件。

FindControl() 是 System.Web.UI.Control 的方法，可以根据子控件 ID 来查找子控件

比如，假设 GridView 的某一列声明如下：

```
<asp:TemplateColumn>
    <ItemTemplate>
        <asp:TextBox Runat = "server" ID = "txtID" Text ='<%# DataBinder.Eval(Container.DataItem,"au_id")%>'>
        </asp:TextBox>
    </ItemTemplate>
</asp:TemplateColumn>
```

读取方法：

```
TextBox txt = (TextBox)GridView1.Items[1].FindControl("txtID");
Response.Write(txt.Text);
```

注意：DataList 中是没有 Cell 的。

3. 事件

1) ItemCommand、CancelCommand、DeleteCommand、EditCommand、UpdateCommand

它们是 GridView 中，点击 Button、LinkButton 后执行的事件，执行的事件取决于按钮的 CommandName。其实最主要的一个是 ItemCommand，而后面 4 个都只是 ItemCommand 的一小部分，比如一个按钮的 CommandName 为"Cancel"，当返回后，首先执行的是 ItemCommand

事件，然后才是 CancelCommand 事件。

2）PageIndexChanged

如果 GridView 是分页的，那么当在 GridView 上点击 Pager 上的"1""2""3"或者"<"">"时，就会激发这个事件。在这个事件里面，可以用 e.NewPageIndex 来读取要改变的页，然后赋值给 GridView 的 CurrentPageIndex 属性，最后不要忘了，还要设置 DataSource，还要执行 DataBind。

注意：DataList 中没有这个事件，如果需要在 DataList 中分页，可以一段一段地读取数据，然后把当前段的数据绑定到 DataList 上。

3）ItemDataBound、ItemCreated

首先要说的是这两个事件的发生时间。只要执行了 DataBind( ) 方法，就会马上激发 ItemDataBound 事件。如果页面是第一次访问（Page.IsPostBack = false），那在第一次执行 DataBind( ) 的时候，会先激发 ItemCreated 事件，也就是说，执行了 DataBind( ) 后，首先会用 ItemCreated 来建立 Header 行，然后用 ItemDataBound 来绑定 Header 行，再用 ItemCreated 来建立第一行，再调用 ItemDataBound 来绑定第一行。也就是说，ItemCreated 和 ItemDataBound 是交替执行的。页面返回时，也会执行 ItemCreated 事件，在 Page_Load 之前，但是这时候就不会再执行 ItemDataBound 事件了。所以，如果想在 GridView 里动态添加什么控件，就需要在 ItemCreated 事件中，而不是在 ItemDataBound 事件中。

4. DataList 控件

【案例 6-8】　完成"商品分类"导航窗体的制作。

在 EshopTest 应用程序中，商品是该网站的主要内容，如果想方便准确地找到所需的商品，应该按商品的分类查找，本案例所制作的就是显示商品分类列表的页面。该页面显示商品分类的链接，点击链接可转到该分类下的商品信息。

实例运行效果如图 6-16 所示。

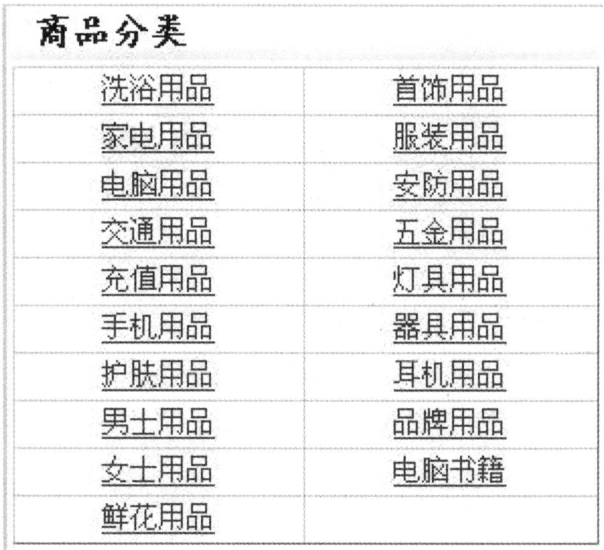

图 6-16　"商品分类"页面

具体步骤如下：

（1）在网站 EShopTest 中建立一个名为"CategoryList.aspx"的窗体。

（2）在窗体中新建一个 2 行 1 列的表格，并将 DataList 控件从工具箱中拖到这个表格的第 2 行第 1 列中。该 DataList 的属性设置见表 6-12。

表 6-12　DataList 属性设置

属性	值
ID	dlstCateList
RepeatColumns	2

（3）在"CategoryList.aspx.cs"中添加如下引用：
using System.Data.SqlClient;

（4）当窗体加载的时候检索数据，并实现数据绑定，代码如下：

```
protected void Page_Load(object sender,EventArgs e)
    {
        string sql = "select id,Category from Category";
         //建立连接
        SqlConnection conn = new SqlConnection();
         conn.ConnectionString = "server = (local);uid = sa;pwd = sa;database = EShop";
        conn.Open();

        //创建数据适配器 sda
     SqlDataAdapter sda = new SqlDataAdapter(sql,conn);
    //创建数据集 ds
        DataSet ds = new DataSet();
        //使用数据适配器 sda 填充数据集 ds
        sda.Fill(ds,"Category");
        //指定 DataList 控件的数据源
        dlstCateList.DataSource = ds.Tables[0].DefaultView;
        //调用 DataList 控件的 DataBind 方法
        dlstCateList.DataBind();
        //关闭数据库连接
        ds.Dispose();
        conn.Close();
        conn.Dispose();
    }
```

(5) 在 HTML 代码中添加如下代码：

```
<asp:DataList ID="dlstCateList" runat="server" RepeatColumns="2" Width="291px" GridLines="Both">
<ItemTemplate>
<a href='<%# String.Format("ProductList.aspx?id={0}",DataBinder.Eval(Container.DataItem,"id"))%>' target="_blank"> <%#DataBinder.Eval(Container.DataItem,"Category")%>
</a>
</ItemTemplate>
<AlternatingItemStyle Height="20px" />
<ItemStyle Height="20px" />
</asp:DataList>
```

设计模式下的界面如图 6-17 所示。

图 6-17 商品分类列表设计

示例说明

将"CategoryList.aspx"设为起始页，启动项目。首先执行是的"CategoryList.aspx.cs"中的 Page_Load() 中的代码。执行的步骤如下：

(1) 使用和上个案例中相同的连接字符串，创建一个新的 SqlConnection 对象，调用 Open() 方法打开连接：

```
string sql = "select id,Category from Category";
SqlConnection conn = new SqlConnection();
conn.ConnectionString = "server=(local);uid=sa;pwd=sa;database=EShop";
conn.Open();
```

(2) 创建数据适配器，并填充一个新的 DataSet。

```
SqlDataAdapter sda = new SqlDataAdapter(sql,conn);
    DataSet ds = new DataSet();
```

```
sda.Fill(ds,"Category");
```

DataAdapter 对象的 Fill() 方法利用数据源中的数据填充或刷新 DataSet，并填充 DataSet 中的表，"Category" 为数据集中表的名称。

(3) 最后，将这个 DataSet 设置为 DataList 的数据源，并调用该表格的 DataBind() 方法：

```
dlstCateList.DataSource = ds.Tables[0].DefaultView;
dlstCateList.DataBind();
```

当调用该方法时，DataList 控件将遍历这个 DataSet，并为它所包含的每个记录向表中添加一个栏目名称。

(4) 使用 DataBinder.Eval() 绑定 dlstCateList 的模板列表。

```
<ItemTemplate>
<a href='<%# String.Format("ProductList.aspx? id={0}",DataBinder.Eval(Container.DataItem,"id"))%>'target="_blank"><%# DataBinder.Eval(Container.DataItem,"Category")%>
</a>
</ItemTemplate>
```

小提示 ASP.NET 框架提供了一种静态方法，计算后期绑定的数据绑定表达式，并且可选择将结果格式化为字符串。DataBinder.Eval() 很方便，因为它消除了开发人员为强迫将值转换为所需的数据类型而必须做的许多显式转换。这在数据绑定模板列表内的控件时尤其有用，因为通常数据行和数据字段的类型都必须转换。

DataBinder.Eval() 只是一个具有 3 个参数的方法：数据项的命名容器、数据字段名和格式字符串。Page() 是另一个可与 DataBinder.Eval() 一起使用的命名容器：

```
<%# DataBinder.Eval(Container.DataItem,"IntegerValue","{0:c}")%>
```

格式字符串参数是可选的。如果省略它，则 DataBinder.Eval() 返回对象类型的值，如下所示：

```
<%#(bool)DataBinder.Eval(Container.DataItem,"BoolValue")%>
```

【案例 6-9】 制作显示最新上架商品主要信息的页面。

在 EshopTest 应用程序中，需要在主页面中显示最新上架的商品，商品的一些主要信息要显示出来，当点击商品简介的时候能够切换到商品简介信息。

运行结果如图 6-18 所示。

项目六 使用ADO.NET访问数据库

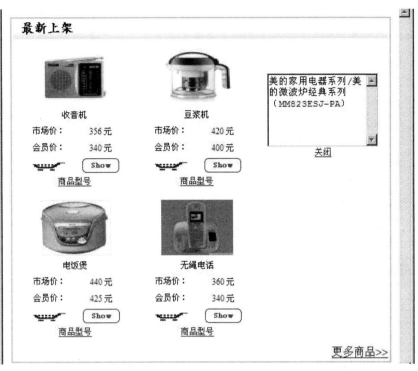

图6-18 商品展示页面

具体步骤如下：

（1）在Eshop Test应用程序中，新建一个名为"Default.aspx"的Web窗体。

（2）打开"Default.aspx"窗体，在窗体中新建一个2行1列的表格。

（3）在窗体的设计视图下将DataList控件从工具箱中拖到布局表格的第2行中，更改ID为dlstNewProducts，设置RepeatColumns为3。此时效果如图6-19所示。

图6-19 "最新上架"页面设计模式图

(4) 选中新添加的 DataList 并用鼠标右键单击，弹出菜单，如图 6-20 所示。

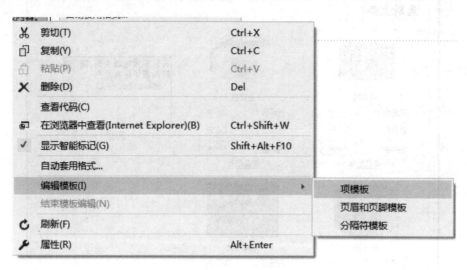

图 6-20　DataList 编辑模板（1）

此时选择"编辑模板"→"项模板"。选择编辑模板后页面如图 6-21 所示。

图 6-21　DataList 编辑模板（2）

(5) 在 ItemTemplate 中插入布局表格,如图 6-22 所示。

图 6-22 DataList 编辑模板 (3)

(6) 在 ItemTemplate 中布局表格的第 1 行插入一个 Image 控件和一个 Label 控件,分别将 ID 改为 imgProduct 和 lblId,并调整 Image 控件的大小。在第 2 行插入一个 Label 控件并更改 ID 为 lblProductName。在第 3 行的第 1 列插入文字"市场价:",在第 2 列插入一个 Label 控件和文字"元",并更改 Label 控件的 ID 为 lblMarketPrice。在第 4 行的第 1 列插入文字"会员价:",在第 2 列插入一个 Label 控件和文字"元",并更改 Label 控件的 ID 为 lblMarketPrice。在第 5 行的第 1 列插入一个 ImageButton 控件,更改 ID 为 ibtnBuy。在第 2 列插入 HTML 图片,更改 ID 为 imgShow,并为其加链接("show.aspx?id = <%# Eval("ProId")%>")。在表格下面插入一个 LinkButton 控件,更改其 ID 为 lbtnType。

(7) 在 SelectedItemTemplate 中插入 TextBox 控件,更改其 ID 为 tbox。在 TextBox 下面插入一个 LinkButton 控件,更改其 ID 为 lbtnClose。此时页面效果如图 6-23 所示。

(8) 下面来完成控件的属性设置及数据绑定。在 ItemTemplate 中的布局表格里添加的各控件的属性设置见表 6-13。

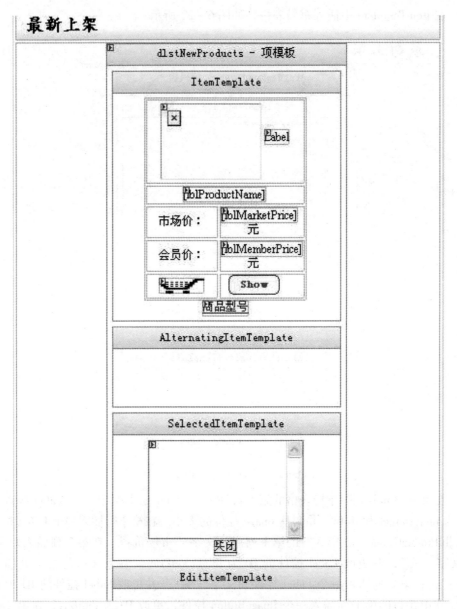

图 6-23 DataList 编辑模板（4）

表 6-13 在 ItemTemplate 布局表格中添加的各控件的属性设置

控件 ID	属性	值
lblId	Text	<%#Eval（"ProId"）%>
lblId	Visible	false
lblProductName	Text	<%#Eval（"Proname"）%>
lblMarketPrice	Text	<%#Eval（"MarketPrice"）%>

续表

控件 ID	属性	值
lblMemberPrice	Text	<%#Eval（"MemberPrice"）%>
ibtnBuy	ImageUrl	<%#Eval（"ProPic"）%>
ibtnBuy	CommandName	buy
imgShow	src	images/show.jpg
lbtnType	Text	商品型号
lbtnType	CommandName	type
tboxType	TextMode	MultiLine
tboxType	Rows	6
tboxType	Text	<%#Eval（"Content"）%>
lbtnClose	CommandName	clsoe
lbtnClose	Text	关闭

（9）设置完成后，在设计模式下的窗体如图 6-24 所示。

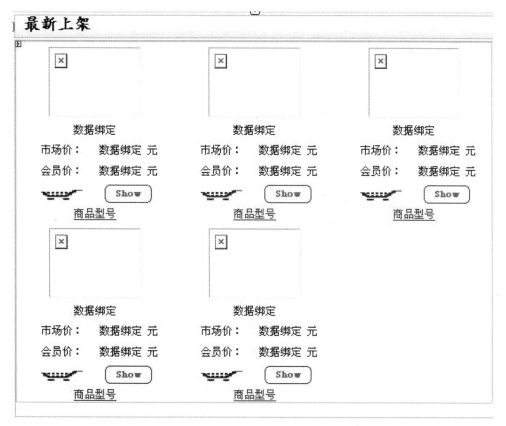

图 6-24　设置完成后在设计模式下的窗体

(10) 添加窗体的 Page_Load( ) 方法，代码如下：

```csharp
protected void Page_Load(object sender,EventArgs e)
    {
        DataListDataBind();
    }
```

DataListDataBind( ) 为自定义的过程，过程代码如下：

```csharp
protected void DataListDataBind()
    {
        string sql = "select top 5 * from Product order by ProId desc";
         //建立连接并打开
        SqlConnection conn = new SqlConnection();
         conn.ConnectionString = "server=(local);uid=sa;pwd=sa;database=EShop";
        conn.Open();
         //新建 DataAdapter 对象和 DataSet 对象
        SqlDataAdapter sda = new SqlDataAdapter(sql,conn);
        DataSet ds = new DataSet();
         //使用 DataAdapter 对象 sda 填充 DataSet 对象 ds
        sda.Fill(ds,"Products");
         //设置 dlstNewProducts 的数据源,并执行绑定
        dlstNewProducts.DataSource = ds.Tables[0].DefaultView;
        dlstNewProducts.DataBind();
         //关闭连接,释放资源
        ds.Dispose();
        sda.Dispose();
        conn.Close();
        conn.Dispose();
    }
```

(11) 添加 dlstNewProducts 的 ItemCommand 事件，在编辑模板的时候为"购买商品"按钮、"显示商品型号"链接分别添加了名称为"buy""type"的命令。该事件就是根据这些命令执行对应的操作。代码如下：

```csharp
protected void dlstNewProducts_ItemCommand(object source,DataListCommandEventArgs e)
    {
        if(e.CommandName == "buy")
        {
```

```csharp
        //商品编号
        Session["Id"]=((Label)e.Item.FindControl("lblId")).Text;
        //商品名称
        Session["ProductName"]=((Label)e.Item.FindControl("lbl-ProductName")).Text;
        //商品单价
         Session["MemberPrice"] = ((Label)e.Item.FindControl("lblMemberPrice")).Text;
        Response.Redirect("Buy.aspx");
        }
        else if (e.CommandName == "type")
        {
            this.dlstNewProducts.SelectedIndex = e.Item.ItemIndex;
            DataListDataBind();
        }
        else if (e.CommandName == "close")
        {
            this.dlstNewProducts.SelectedIndex = -1;
            DataListDataBind();
        }
    }
```

示例说明

本案例综合演示了如何使用 DataList 控件显示数据。在 < ItemTemplate > 模板标签中定义了要显示商品的简单信息。在 < SelectedItemTemplate > 模板中定义了显示商品的全称和型号信息。然后在 < ItemTemplate > 模板和 < SelectedItemTemplate > 模板中分别定义了一个按钮。

在 < asp: DataList > 中添加一个事件属性："OnItemCommand = " dlstNewProducts_ItemCommand"",它表示当单击 < asp: DataList > 控件中的按钮时会触发 ItemCommand 事件,调用 dlstNewProducts_ItemCommand 子程序。在 dlstNewProducts_ItemCommand 子程序中设置了一个条件语句来判断用户的单击操作。

通过 dlstNewProducts. SelectedIndex 属性来决定是否显示 < SelectedItemTemplate > 模板的内容,以及要显示的是哪个记录的模板。

背景知识

DataList 控件:

(1) DataList 控件的基本语法如下:

```
<asp:DataList ID = "DataList1" runat = "server"
RepeatDirection = ""
RepeatColumns = ""
RepeatLayout = ""
DataKeyField = ""
OnEditCommand = ""
OnCancelCommand = ""
OnDeleteCommand = ""
OnUpdateCommand = ""
OnItemCommand = "" >
```

模板列

```
</asp:DataList>
```

其中 RepeatDirection 表示重复方向,包括 Vertical 和 Horizontal 两个选项。RepeatColumns 表示显示的列数,即在一行内显示几条记录。RepeatLayout 表示是否以表格的形式显示数据,取值包括 Table 和 Flow。DataKeyField 属性可以指定数据表关键字段,方便对数据表中某条记录的引用。

DataList 事件属性中,OnEditCommand 事件属性表示单击编辑按钮时要调用的事件过程,OnCancelCommand 事件属性表示单击取消按钮时要调用的事件过程,OnDeleteCommand 事件属性表示单击删除按钮时要调用事件的过程,OnUpdateCommand 事件属性表示单击更新按钮时要调用的事件过程,OnItemCommand 事件属性表示单击其他按钮时要调用的事件过程。

(2) 在 DataList 控件中,ASP.NET 也提供了 7 种模板列用来定义数据显示的内容和布局,见表 6-14。

表 6-14 DataList 控件模板

模板名	说明
AlternatingItemTemplate	为每一个间隔项提供内容和布局。如果没有定义,在 DataList 中将为每一项使用 ItemTemplate
EditItemTemplate	为当前正在编辑的项提供内容和布局。如果没有定义,在 DataList 中将为正在编辑的项使用 ItemTemplate
FooterTemplate	为页脚提供内容和布局。如果没有定义,DataList 将不会有页脚

续表

模板名	说明
HeaderTemplate	为标题行提供内容和布局。如果没有定义，DataList 将不会有标题行
ItemTemplate	必须定义。每一项的内容和布局的默认定义
SelectedItemTemplate	为当前选中的行提供内容和布局。如果没有定义，ItemTemplate 将被使用
SeparatorTemplate	为项与项之间的分隔符提供内容和布局。如果没有定义，将不会使用分隔符

(3) 在 DataList 中创建多列。

DataList 的一个好处是可以以多个列显示数据。通过设置其 RepeatColumns 和 RepeatDirection 属性，可以控制 DataList 的列的布局。

RepeatColumns 属性决定要显示的列的数量。比如，如果要在 DataList 中显示 4 列的项，那么可以把这个属性设为 4。

RepeatDirection 属性决定列是按水平还是垂直方向来重复。在默认情况下，RepeatDirection 的值为 Vertical，因此，如果 RepeatColumns 的值为 4，则列就像这样显示：

```
Column 1 Column3 Column5 Column7
Column 2 Column4 Column6 Column8
```

如果把 RepeatDirection 设为 Horizontal，而且 RepeatColumns 的值为 4，那么列就像这样显示：

```
Column 1 Column3 Column5 Column7
Column 2 Column4 Column6 Column8
```

注意，即使 RepeatDirection 的值为 Vertical，还是显示 4 个列。RepeatColumns 永远是指重复的列的数量，而不是行的数量。

(4) 捕获 DataList 控件中产生的事件。

DataList 控件支持事件冒泡，可以捕获 DataList 内包含的控件产生的事件，并且通过普通的子程序处理这些事件。讲到这里有些读者可能不太明白事件冒泡的好处，可以反过来思考：如果没有事件冒泡，那么对于 DataList 内包含的每一个控件产生的事件都需要定义一个相应的处理函数，如果 DataList 中包含 10 000 个控件呢？或者更多呢？那得写多少个事件处理程序？所以有了事件冒泡，不管 DataList 中包含多少个控件，只需要一个处理程序就可以了。DataList 控件支持 5 个事件：

①EditCommand：由带有"CommandName = "edit""的子控件产生；
②CancelCommand：由带有"CommandName = "cancel""的子控件产生；
③UpdateCommand：由带有"CommandName = "update""的子控件产生；
④DeleteCommand：由带有"CommandName = "delete""的子控件产生；
⑤ItemCommand：DataList 的默认事件。

有了这 5 个事件，当点击 DataList 控件中的某一个按钮的时候，应该触发哪一个事件呢？什么时候才触发它们呢？在 ASP.NET 中有 3 个控件带有 CommandName 属性，分别是 Button、LinkButton 和 ImageButton，可以设置它们的 CommandName 属性来表示容器控件内产生的时间类型。比如，如果设置 DataList 中的一个 LinkButton 的 CommandName 属性为 "update"，那么点击此按钮的时候，将会触发 DataList 的 CancelCommand 事件，可以将相关处理代码写到对应的事件处理程序中去。

（5）选择 DataList 中的项。

DataList 控件比 Repeater 控件多两个模板，SelectedItemTemplate 模板可以格式化 DataList 中被选定的项的格式。

数据绑定到 DataList 后，DataList 中的每一项都有一个索引号，第一项的索引为 0，依次往下编号。可以利用索引来确定 DataList 中具体的项。

DataList 默认以 ItemTemplate 或 ItemTemplate + AlternatingItemTemplate 模板显示数据项，当 DataList 的 SelectedIndex 属性（该属性默认值为 -1，表示不显示 SelectedItemTemplate 模板）的值为 DataList 某一项的索引的时候，对应的项将会以 SelectedItemTemplate 模板显示。

（6）使用 DataList 控件中的 DataKeys 集合。

在选择 DataList 中的一个项时，通常需要获取与这个项相关联的主键的值。可以使用 DataKeys 集合来获取与一个项相关联的主键的值。

假设要在 DataList 中显示一个名为 "Authors" 的数据库表，其中包含两个名为 "au_id" 和 "au_fname" 的列，当选择 DataList 中的一个项时，要提取与被选项相关联的 "au_id" 列的值，要实现这个操作，则需要设置 DataList 控件的 DataKeyField 属性：

```
<asp:DataList
ID = "DataList1"
DataKeyField = "au_id"
OnItemCommand = "DataList1_ItemCommand"
Runat = "Server" >
```

如果把数据库表的主键类的名称赋值给 DataKeyField 属性，那么当绑定 DataList 到 Authors 的数据表时，一个名为 "DataKeys" 的特殊集合就自动生成了。DataKeys 集合包含来自数据库表的所有主键值，其顺序与 DataList 中的项相同。

注意：只有当所使用的数据表具有单个主键列时，才可以使用 DataKeys 集合。也就是说不能使用联合主键。

在创建了 DataKeys 集合后，就可以通过传递项的索引值给 DataKeys 集合来获取 DataList 中与相关项关联的主键值。比如，要获取由 DataList 显示的第三项的主键值，就可以使用语句：

```
DataList1.DataKeys[2]//DataList1 为 DataList 控件的 ID 值
```

如果要在 DataList 控件的事件处理函数中获取事件的项的主键值，则可以使用语句：

```
DataList1.DataKeys[e.Item.ItemIndex]//DataList1 为 DataList 控件的
ID 值
```

(7) 编辑 DataList 中的项。

可以使用 DataList 控件来编辑数据表中的某一条记录。事实上，在 DataList 中完成这样的操作非常方便，不像在 ASP 中需要在多个页面来回切换。

DataList 控件具有一个名为"EditItemTemplate"的模板，可以在 EditItemTemplate 中放置表单控件，以便能在 DataList 中编辑特定的项。当 DataList 的 EditItemIndex 属性（该属性默认值为 -1，表示不显示 EditItemTemplate 模板）的值为 DataList 某一项的索引的时候，对应的项将会以 EditItemTemplate 模板显示。

注意：在 DataList 中一次只能有一个项被选定来编辑。

5. Repeater 控件

Repeater 控件和 DataList 控件类似，可以用来一次显示一组数据项，例如实现数据列表页等。

Repeater 控件完全由模板驱动，提供了最大的灵活性，可以任意设置它的输出格式。DataList 控件也由模板驱动，和 Repeater 不同的是，DataList 默认输出是 HTML 表格，DataList 将数据源中的记录输出为 HTML 表格中的单元格。Repeater 控件的输出内容则由其包围内容决定，因此相对更灵活。

使用 Repeater 控件显示数据必须使用 ItemTemplate 模板，ItemTemplate 模板内部即页面中显示的内容。例如：

```
<asp:Repeater ID = "Repeater1" runat = "server" DataSourceID = "Sql-
DataSource1" >
    <ItemTemplate >
        <div class = "movies" >
            <h1 > &#Eval("Title")% > </h1 >
        </div >
    </ItemTemplate >
</asp:Repeater >
```

上述代码中 ItemTemplate 中为 <div> 标签，标签内显示了标题字段值。ItemTemplate 置于 Repeater 控件内部。

Repeater 控件支持以下 5 种模板：

(1) ItemTemplate：对每一个数据项进行格式设置；

(2) AlternatingItemTemplate：对交替数据项进行格式设置；

(3) SeparatorTemplate：对分隔符进行格式设置；

(4) HeaderTemplate：对页眉进行格式设置；

(5) FooterTemplate：对页脚进行格式设置。

以上模板中，除了 ItemTemplate 必需使用外，其他则根据页面布局选择使用。

Repeater 控件有以下事件：

（1）DataBinding：Repeater 控件绑定到数据源时触发；

（2）ItemCommand：Repeater 控件中的子控件触发事件时触发；

（3）ItemCreated：创建 Repeater 控件的每个项目时触发；

（4）ItemDataBound：Repeater 控件的每个项目绑定数据时触发。

【案例 6 – 10】使用 Repeater 控件实现商品分类管理。

案例效果如图 6 – 25 所示。

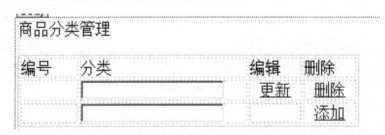

图 6 – 25　案例 6 – 10 的效果

具体步骤如下：

（1）新建页面，保存名称为"category. aspx"。

（2）按图 6 – 26 所示效果，完成页面的静态布局。

图 6 – 26　静态布局效果

图 6 – 26 中包括 2 个 TextBox 和 3 个 LinkButton 对象。其中 2 个 TextBox 对象的 ID 属性值为 txtName，LinkButton 对象的 CommandName 属性值分别为 Update（更新）、Delete（删除）、Insert（添加）。

（3）向页面中加入 Repeater 控件，名称为 rptCategory。按照图 6 – 27 所示代码结构完成 Repeater 控件各模板布局设置。从图中可以看出，使用 Repeater 控件后原本完整的表格被拆分到 HeaderTemplate、ItemTemplate、FooterTemplate 中，并使用"<%# Eval ("字段名") %>"语法形式获取数据。

```
<asp:Repeater ID="rptCategory" runat="server" OnItemCommand="rtpCategory_ItemCommand" OnDataBinding="r
    <HeaderTemplate>
        <table>
            <tr>
                <td>编号</td>
                <td>分类</td>
                <td>编辑</td>
                <td>删除</td>
            </tr>
    </HeaderTemplate>
    <ItemTemplate>
            <tr>
                <td><%#Eval("cid")%></td>
                <td><asp:TextBox id="txtName" Text='<%#Eval("cname")%>' Runat="server" /></td>
                <td><asp:LinkButton id="lnkUpdate" CommandName="Update" Text="更新" Runat="server" /></td>
                <td><asp:LinkButton id="lnkDelete" CommandName="Delete" Text="删除" Runat="server" /></td>
            </tr>
    </ItemTemplate>
    <FooterTemplate>
            <tr>
                <td></td>
                <td><asp:TextBox id="txtCName" Runat="server" /></td>
                <td></td>
                <td><asp:LinkButton id="lnkInsert" CommandName="Insert" Text="添加" Runat="server" /></td>
            </tr>
        </table>
    </FooterTemplate>
</asp:Repeater>
```

图 6 – 27 代码结构

(4) 打开"category.aspx.cs"源文件，在 Page_Load 事件中完成 Repeater 控件的数据绑定。

```
protected void Page_Load(object sender,EventArgs e)
{
    InitDataBind();
}
private void InitDataBind()
{
    ds.Tables.Clear();
    string sql = "select * from category";
    ds = dbAccess.GetDataSet(sql);
    this.rptCategory.DataSource = ds;
    this.rptCategory.DataBind();
}
```

(5) 分别处理 Repeater 控件的 DataBinding、ItemCommand、ItemDataBound 事件，实现数据绑定、数据处理功能。具体参考代码如下：

```
//把每个列的 ID 存储在 ViewState["Keys"]对象中,ViewState["Keys"]是一个
HashTable 对象。
Hashtable Keys
{
```

```csharp
            get
            {
                if(ViewState["keys"]==null)
                {
                    ViewState["keys"]=new Hashtable();
                }
                return(Hashtable)ViewState["keys"];
            }
        }
    protected void rtpCategory_ItemCommand(object source,RepeaterCommandEventArgs e)
        {
            string sql = "";
            if ("Insert" == e.CommandName)
            {
                //添加,代码省略
            }
            else if ("Update" == e.CommandName)
            {
                //更新,代码省略
            }
            else if ("Delete" == e.CommandName)
            {
                //删除,代码省略
            }
        }
        ///Repeater 控件绑定到数据源时触发
        ///每次更新、删除、增加后,都会触发这个事件,Keys 中的值都会被清除
        ///在 ItemDataBound 事件发生时,被新的值填充
        protected void rtpCategory_DataBinding(object sender,EventArgs e)
        {
            Keys.Clear();
        }
        ///每个项目绑定数据时触发
        protected void rtpCategory_ItemDataBound(object sender,RepeaterItemEventArgs e)
        {
            //如果是数据列,把 ID 列取出来,加入到 ViewState["Keys"]中
```

```
                //DataBinder.Eval 是在运行时计算数据绑定表达式,这样的用法要记住
            if(e.Item.ItemType == ListItemType.Item||e.Item.ItemType
==ListItemType.AlternatingItem)
            {
                Keys.Add(e.Item.ItemIndex,DataBinder.Eval(e.Item.DataItem,"cid"));
            }
        }
```

6. FormView 控件

FormView 控件不同于 DataList、Repeater 等控件,其主要用于显示单条记录,通常用于实现数据的添加、修改和查看功能。FormView 控件不会自动生成布局 HTML,而是根据开发者自定义的 HTML 布局输出页面效果。

FormView 控件常用的属性包括:

(1) AllowPaging:指定数据是否分页显示,取值为 True 或 False。如果设为 True,则在所显示记录的底部显示默认的分页数字(从 1 到记录的数量)。分页链接可以通过各种分页属性自定义。

(2) DataKeyNames:指定显示数据的主键字段名称。

(3) DataSourceID:指定 FormView 控件数据源的元素 ID。

(4) DefaultMode:指定控件的默认显示方式。取值包括:ReadOnly(只读,即显示数据)、Insert(插入状态)和 Edit(编辑状态)。

(5) EmptyDataText:遇到空数据值时显示的文本。

根据 FormView 控件显示数据的特点(必须手动设置布局 HTML),FormView 控件提供了 5 种模板进行格式化设置,这 5 种模板分别是:

(1) ItemTemplate:设置查看数据记录时的模板。

(2) EditItemTemplate:设置编辑数据记录时的模板。在本模板内可使用如 TextBox 文本框之类的控件实现用户的数据录入。

(3) InsertItemTemplate:与 EditItemTemplate 模板相似,其设置用户新插入数据时的模板。

(4) FooterTemplate:设置控件页脚部分显示的内容,此部分是可选的。

(5) HeaderTemplate:设置控件页眉部分显示的内容,此部分是可选的。

导学实践,跟我学

【案例 6-11】 使用 FormView 控件实现商品信息的添加、编辑和查看功能。

实现效果如图 6-28、图 6-29 所示。

图 6-28 实现效果（1）

图 6-29 实现效果（2）

操作步骤：

（1）新建 Web 窗体，名称为"product.aspx"。

（2）打开"product.aspx"文件，转到设计视图。从工具箱中加入 FormView 控件，点击右上角的三角形选择"编辑模板"，如图 6-30 所示。

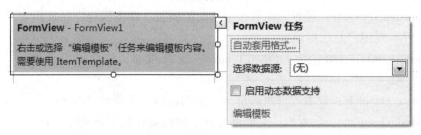

图 6-30 选择"编辑模板"

（3）编辑 ItemTemplate 模板，向模板区域中插入 4 行 2 列的表格，完成图 6-31 所示的布局。

（4）编辑 EditItemTemplate、InsertItemTemplate 模板，完成图 6-32 所示的布局。

（5）分别处理页面的 Page_Load 事件，FormView1 控件的 ModeChanging、ItemUpdating 事件，实现商品信息的添加、编辑功能。

项目六 使用ADO.NET访问数据库

图 6-31 布局（1）

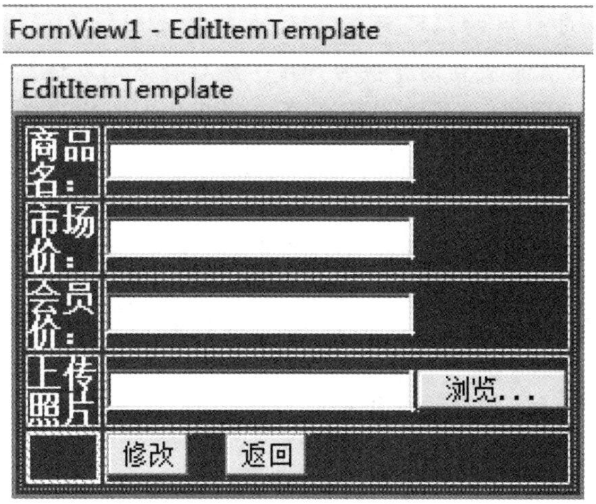

图 6-32 布局（2）

项目七
LINQ 数据访问技术

● 项目任务

　　LINQ（Language Integrated Query）是"语言集成查询"的英文简称，它与.NET 编程语言进行了高度集成，在很大程度上简化了数据查询的编码和调试工作。它同时还可以方便地对内存中的信息进行查询。

　　LINQ to SQL 是.NET 平台中的一种 O/RM 组件（对象关系映射），它将关系数据库的数据模型映射到用开发人员所用的编程语言表示的对象模型。当应用程序运行时，LINQ to SQL 会将对象模型中的语言集成查询转换为 SQL，然后将它们发送到数据库进行执行。当数据库返回结果时，LINQ to SQL 会将它们转换回可以用自己的编程语言处理的对象，方便实现数据库中的增、删、改、查操作。

● 学习目标

　　☆ 掌握 LINQ 查询的基本语法；
　　☆ 掌握使用 LINQ 访问数据库的方法；
　　☆ 掌握 LINQ DataSource 控件的使用。

任务一　LINQ 查询的基本语法

任务要点

　　（1）了解 LINQ；
　　（2）使用 LINQ 实现基本查询。

导学实践，跟我学

　　【案例 7-1】　使用 LINQ 实现 List 中的数据查询，效果如图 7-1 所示。

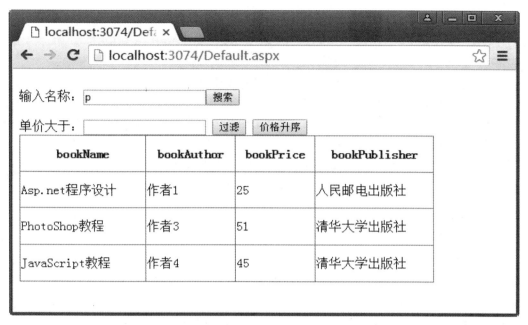

图 7-1 使用 LINQ 实现数据查询

具体步骤如下：

(1) 创建 Book 实体类，如程序清单 7-1 所示。

```
public class Book
{
    public Book()
    {

    }
    public string   bookName{get;set;}
    public string   bookAuthor{get;set;}
    public float bookPrice{get;set;}
    public string bookPublisher{get;set;}

}
```

程序清单 7-1 创建 Book 实体类

(2) 创建类 BookList，并添加静态方法 createBookList，用于在内存中创建图书对象集合，如程序清单 7-2 所示。

```
public static List<Book>createBookList()
    {
```

```
            return new List<Book>{
                newBook{bookName = "Asp.net 程序设计",bookAuthor = "作者
1",bookPrice=25,bookPublisher = "人民邮电出版社"},
                newBook{bookName = "网页设计教程",bookAuthor = "作者 2",
bookPrice=31,bookPublisher = "人民邮电出版社"},
                newBook{bookName = "PhotoShop 教程",bookAuthor = "作者 3",
bookPrice=51,bookPublisher = "清华大学出版社"},
                newBook{bookName = "JavaScript 教程",bookAuthor = "作者 4",
bookPrice=45,bookPublisher = "清华大学出版社"}
                };
```

程序清单 7-2　创建图书对象集合

（3）在网站中添加默认页面"Default.aspx"，在页面中添加文本框 bookName 和按钮 btnSearch 用于实现根据图书的名称查询的功能，添加文本框 bookPrice 和按钮 btnPrice 用于实现根据图书的价格进行数据过滤功能，添加 priceOrder 用于实现根据图书的价格进行排序的功能，添加数据网格控件 GridView1 用于实现显示具体数据的功能。页面布局效果如图 7-2 所示。

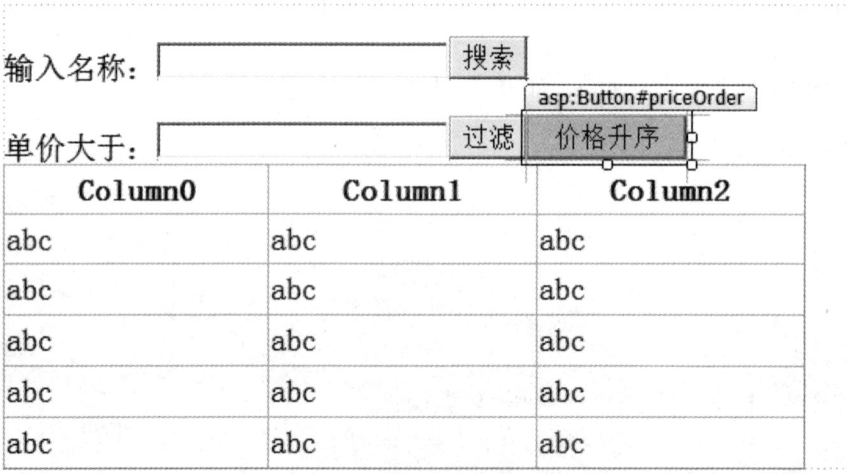

图 7-2　页面布局效果

（4）实现页面加载过程中的数据查询绑定。在 Page_Load 事件中添加查询绑定代码，如程序清单 7-3 所示。

```
        protected void Page_Load(object sender,EventArgs e)
        {
            if(!Page.IsPostBack)
            {
                GridView1.DataSource=bookList.createBookList();
```

```
            GridView1.DataBind();
        }
    }
```

程序清单 7-3　窗体加载数据绑定

（5）实现搜索功能。根据图书名称进行查询，或根据图书名称关键字进行模糊查询，具体实现代码如程序清单 7-4 所示。

```
protected void btnSearch_Click(object sender,EventArgs e)
    {
        var list = from book in bookList.createBookList() where book.bookName.Contains(bookName.Text) select book;
        GridView1.DataSource = list;
        GridView1.DataBind();
    }
```

程序清单 7-4　图书搜索功能的实现

通过以上代码可以发现，如果利用传统的方法来实现，首先循环遍历图书集合，然后根据图书的名称进行模糊匹配，将满足条件的图书对象放到新的集合里面，其实现起来代码烦琐，而采用 LINQ 实现起来则代码更简洁。

（6）实现过滤按钮功能，根据输入图书的单价，查询出大于该单价的所有图书信息，具体实现代码如程序清单 7-5 所示。

```
protected void btnPrice_Click(object sender,EventArgs e)
    {
        var list = from book in bookList.createBookList() where book.bookPrice > float.Parse(bookprice.Text) select book;
        GridView1.DataSource = list;
        GridView1.DataBind();
    }
```

程序清单 7-5　根据图书价格过滤图书信息

在上面的操作中，都用到了 LINQ 中的 where 操作，它和 SQL 中的 where 作用相似，实现过滤查询等功能。

（7）实现价格升序按钮功能，也就是在集合中根据图书的价格进行升序排序，具体实现代码如程序清单 7-6 所示。

```
protected void priceOrder_Click(object sender,EventArgs e)
    {
        var list = from book in bookList.createBookList() orderby book.bookPrice ascending select book;
```

```
            GridView1.DataSource = list;
            GridView1.DataBind();
        }
```

程序清单 7-6　根据图书价格进行升序排序

Orderby 用于对查询出的语句进行排序，默认是升序，升序排序使用 ascending，降序排序使用 descending。

（8）运行程序，输入测试数据，验证 LINQ 查询功能。

背景知识

1. LINQ 简介

LINQ 是 Language Integrated Query 的简称，它是集成在 .NET 编程语言中的一种特性。它已成为编程语言的一个组成部分，在编写程序时可以很好地进行语法检查，它具有丰富的元数据，以及智能感知等强类型语言的好处。它同时还可以方便地对内存中的信息进行查询而不仅仅针对外部数据源。

LINQ 定义了一组标准查询操作符，用于在所有基于 .NET 平台的编程语言中更加直接地声明跨越、过滤和投射操作的统一方式，标准查询操作符允许查询作用于所有基于 IEnumerable <T> 接口的源，并且它还允许适合目标域或技术的第三方特定域操作符来扩大标准查询操作符集。更重要的是，第三方操作符可以用它们自己的附加服务的实现来自由地替换标准查询操作符。根据 LINQ 模式，这些查询往往采用与标准查询操作符相同的语言集成和工具支持。LINQ 的架构如图 7-3 所示。

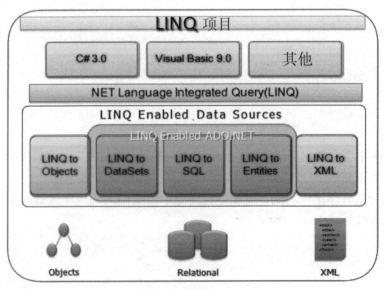

图 7-3　LINQ 的架构

2. LINQ 查询表达式

要使用 LINQ 来编程，首先要学习使用 LINQ 的子句以及由查询语法构成的查询表达式。LINQ 的查询由 3 个基本部分组成：获取数据源、创建查询、执行查询，如程序清单 7 – 7 所示。

```
//1,获取数据源
    List <int> numbers = new List <int>(){1,2,6,3,9,8,7,13,5,0};

    //2,创建查询
    var Query = from num in numbers
                where num% 2 == 0
                select num;
    //3,执行查询
    foreach (var num in numQuery)
    {
        ////遍历输出
    }
```

程序清单 7 – 7 LINQ 查询的组成

1）用 from 子句指定数据源

每个 LINQ 查询都以 from 子句开始，from 子句包括以下两个功能：指定查询将采用的数据源；定义一个本地变量，表示数据源中的单个元素。

单个 from 子句的编写格式如下所示，其中 dataSource 表示数据源，localVar 表示单个元素：

```
from localVar in dataSource
```

2）用 select 子句指定目标数据

select 子句指定在执行查询时产生结果的数据集中元素的类型，它的格式如下所示：

```
select element
```

3）用 where 子句指定筛选条件

在 LINQ 中，用 where 子句指定查询的过滤条件，它的格式如下：

```
where expression
```

其中，expression 是一个逻辑表达式，返回布尔值"真"或"假"。在 LINQ 查询中，还可以使用多个并列的 where 子句来进行多个条件过滤。数据源中的元素只有同时满足所有 where 子句的条件才能作为查询结果。

4）用 orderby 子句进行排序

在 LINQ 中，通过 orderby 子句对查询结果进行排序操作，它的格式如下：

```
orderby element [sortType]
```

其中，element 是要进行排序的字段，它可以是数据源中的元素，也可以是对元素的操作结果。sortType 是可选参数，表示排序类型，包括升序（ascending）和降序（desending）两个可选值，默认情况下为 ascending。

注意：orderby 子句和 where 子句不一样，当在一个 LINQ 查询中出现多个 orderby 子句时，只有最后一个 orderby 子句有效，前面的 orderby 子句都无效。

5）用 group 子句进行分组

在 LINQ 中，用 group 子句实现对查询结果的分组操作。在 LINQ 中，group 子句的常用格式如下：

```
group element by key
```

其中，element 表示作为查询结果返回的元素，key 表示分组条件。group 子句返回类型为 IGrouping < TKey, TElement > 的查询结果。其中, TKey 的类型为参数 key 的数据类型, TElement 的类型是参数 element 的数据类型。

有时需要对分组的结果进行排序、再次查询等操作。这就需要使用 into 关键字将 group 查询的结果保存到一个临时变量中，并且必须使用新的 select 或 group 子句对其进行重新查询，也可以使用 orderby 进行排序操作、用 where 进行过滤操作。into 关键字的语法格式如下：

```
group element by key into tmpGrp
```

其中 tmpGrp 表示一个本地变量，用来临时保存 group 产生的结果，供后面的 LINQ 子句使用。

任务小结

------你掌握了吗？

（1）LINQ；

（2）使用 LINQ 表达式实现数据查询功能。

任务二　LINQ to SQL

任务要点

使用 LINQ to SQL 操作数据库。

导学实践，跟我学

【案例 7 - 2】　使用 LINQ to SQL 实现对数据库的增、删、改、查操作。具体运行效果如图 7 - 4 所示。

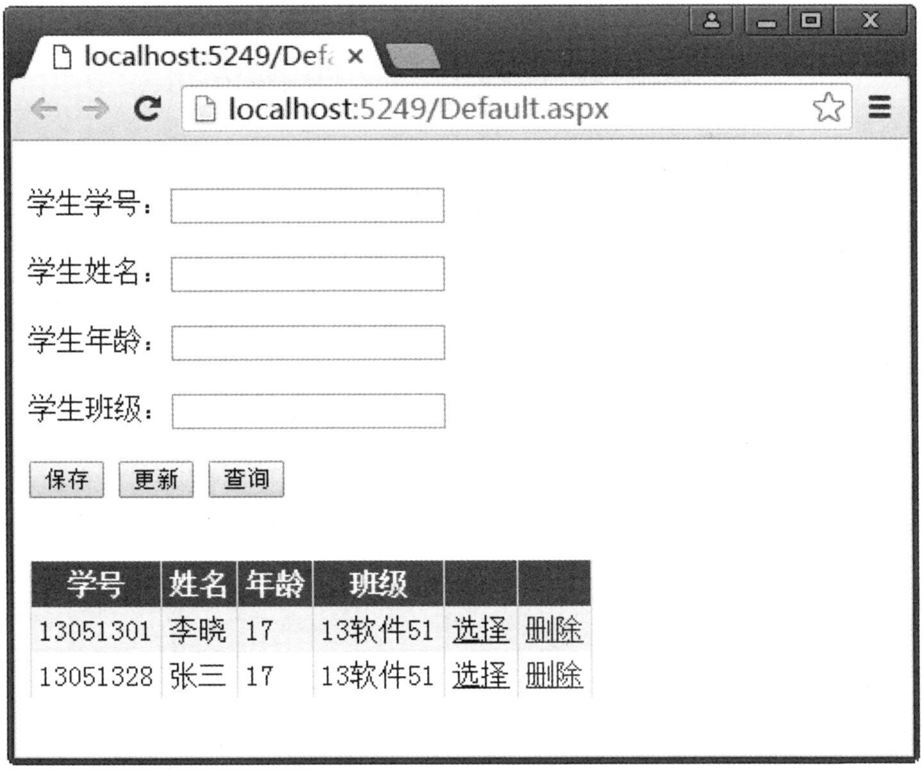

图 7－4　使用 LINQ to SQL 实现数据库表的增、删、改、查操作

具体步骤如下：

（1）在 SQL Server2008 中创建数据库表 Student，用于使用 LINQ 进行增、删、改、查操作。具体表结构如图 7－5 所示。

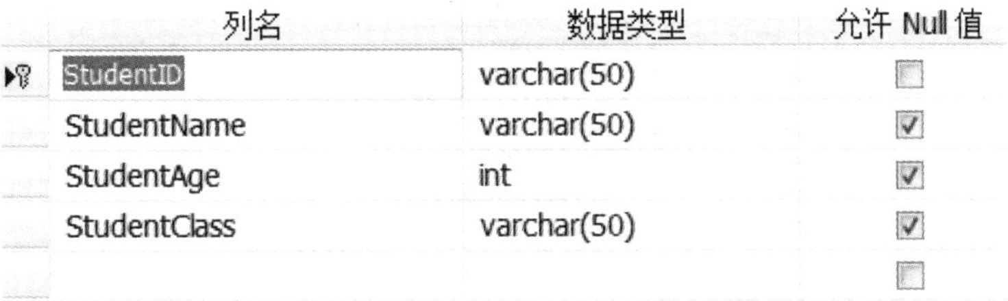

列名	数据类型	允许 Null 值
StudentID	varchar(50)	☐
StudentName	varchar(50)	☑
StudentAge	int	☑
StudentClass	varchar(50)	☑
		☐

图 7－5　Student 表结构

小提示　使用 LINQ to SQL 操作数据库表时一定要有主键。

（2）创建 LINQ to SQL 类。

在新建网站项目中用鼠标右键选择“添加”→“LINQ to SQL 类”，如图 7－6 所示。

创建类的名称为“LinqTo Sql”，然后在数据连接中添加数据连接，并可以直接打开表 Student，如图 7－7 所示。

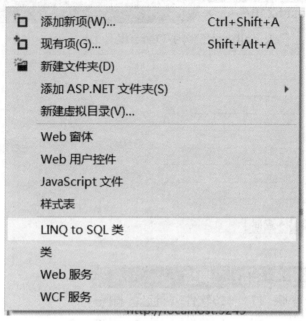

图 7-6 新建 LINQ to SQL 类

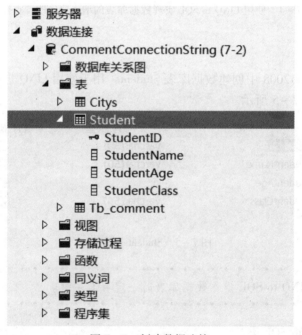

图 7-7 创建数据连接

将 Student 表拖拽到 LinqToSql.dbml 窗口中，此时将根据数据库表结构生成对应的实体类，如图 7-8 所示。

此时在网站的根目录下的"App_Code"文件夹中生成相应的文件，如图 7-9 所示。

项目七 LINQ数据访问技术

通过将项从**服务器资源管理器**中拖到此设计图面
上来创建方法。

图 7 – 8 创建数据库表对应的实体类

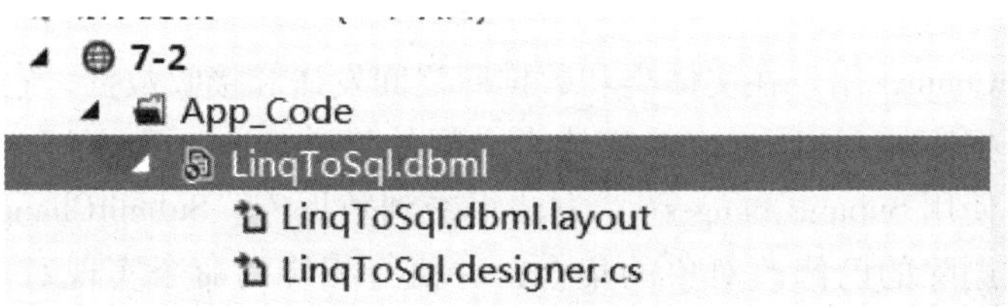

```
▲ ⊕ 7-2
  ▲ 🗀 App_Code
    ▲ 🗒 LinqToSql.dbml
        🗋 LinqToSql.dbml.layout
        🗋 LinqToSql.designer.cs
```

图 7 – 9 创建 "LinqToSql" 类

（3）设计默认页面为 "Default.aspx"。在该页面中添加 4 个文本框控件，用来接收用户输入数据，3 个按钮分别是 "保存""更新" 和 "查询"，并添加一个 GridView 控件，用来显示数据。具体设计界面如图 7 – 10 所示。

学生学号：[　　　　　]

学生姓名：[　　　　　]

学生年龄：[　　　　　]

学生班级：[　　　　　]

[保存] [更新] [查询]

学号	姓名	年龄	班级		
数据绑定	数据绑定	数据绑定	数据绑定	选择	删除
数据绑定	数据绑定	数据绑定	数据绑定	选择	删除
数据绑定	数据绑定	数据绑定	数据绑定	选择	删除
数据绑定	数据绑定	数据绑定	数据绑定	选择	删除
数据绑定	数据绑定	数据绑定	数据绑定	选择	删除

图 7 – 10 设计界面

(4) 实现数据保存功能。将用户输入的数据保存到数据库中，具体代码如程序清单 7 - 8 所示。

```
LinqToSqlDataContext sq = new LinqToSqlDataContext();
    Student s = new Student();
    s.StudentID = tbStuID.Text;
    s.StudentName = tbStuName.Text;
    s.StudentAge = int.Parse(tbStuAge.Text);
    s.StudentClass = tbStuClass.Text;
    sq.Student.InsertOnSubmit(s);
    sq.SubmitChanges();
    bind();
```

程序清单 7 - 8　实现学生信息保存功能

其中 LinqToSqlDataContext 用于在实体类和数据库之间发送和接收数据，它充当了 SQL Server 数据库与映射到数据库的 LINQ to SQL 实体类之间的管道。InsertOnSubmit( ) 方法将其加入到对应的集合中，使用 SubmitChanges( ) 方法提交到数据库。SubmitChanges( ) 方法用于计算要插入、更新或删除的已修改对象的集合，并执行相应的命令实现对数据库的更改。其中，bind( ) 方法用来绑定 GridView 控件，具体实现代码如程序清单 7 - 9 所示。

```
public void bind()
{
GridView1.DataSource = sq.Student;
GridView1.DataBind();
}
```

程序清单 7 - 9　GridView 数据绑定

(5) 实现数据更新功能。当用户选择需要修改的记录后，将在文本框中显示学生信息，效果如图 7 - 11 所示。

实现选择功能，需要实现 GridView 控件中的选择事件，具体代码如程序清单 7 - 10 所示。

```
protected void GridView1_SelectedIndexChanged(object sender, EventArgs e)
    {
            if(GridView1.SelectedRow != null)
            {
                tbStuID.Text = GridView1.SelectedRow.Cells[0].Text;
                tbStuID.ReadOnly = true;
                tbStuName.Text = GridView1.SelectedRow.Cells[1].Text;
                tbStuAge.Text = GridView1.SelectedRow.Cells[2].Text;
```

```
                    tbStuClass.Text = GridView1.SelectedRow.Cells[3]
.Text;
            }
        }
```

程序清单 7-10 实现 Gridview 控件中的选择事件

图 7-11 实现选择功能

当用户选择记录后,根据学号文本框中的学生编号,实现对学生信息的更新操作,具体实现代码如程序清单 7-11 所示。

```
        protected void btnUpdate_Click(object sender,EventArgs e)
        {
            if(tbStuID.Text!="")
            {
                var stu = sq.Student.FirstOrDefault(Student => Student.StudentID==tbStuID.Text);
                stu.StudentName = tbStuName.Text;
                stu.StudentAge = int.Parse(tbStuAge.Text);
                stu.StudentClass = tbStuClass.Text;
                sq.SubmitChanges();
```

```
            bind();
            tbStuID.ReadOnly = false;
        }
    }
```

程序清单 7 – 11　实现数据更新操作

在实现更新操作中，FirstOrDefault( ) 方法用于返回集合中的第一个元素（如果没有则返回默认值）。"Student => Student.StudentID == tbStuID.Text" 语句，采用了 Lambda 表达式的方式，从 Student 集合中找到和 tbStuID 文本框中学号相同的学生对象，找到后重新对对象的属性赋值，然后再写到数据库中去。

小提示　使用 Update 更新时，主键的内容是不能更改的。

（6）实现数据删除功能。数据删除功能需要用到 GridView 控件中的删除列，在 GridView 控件中添加一个删除列，并将该列转换为模板列，如图 7 – 12 所示。

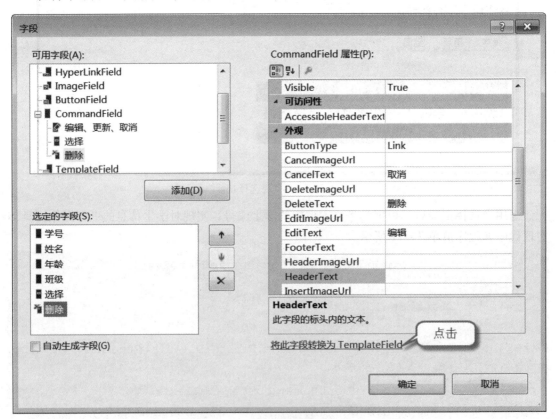

图 7 – 12　将删除列转换为模板列

选择 GridView 控件，在 "GridView 任务" 中选择 "编辑模板"，如图 7 – 13 所示。

在 GridView 控件的模板中找到删除列，并对删除按钮进行属性设置，如图 7 – 14 所示。

项目七 LINQ数据访问技术

图7-13 编辑模板

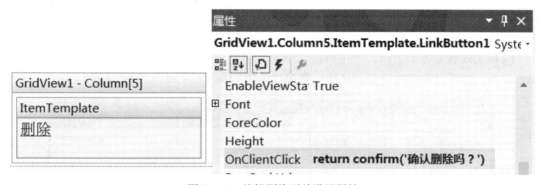

图7-14 编辑删除列并设置属性

设置完属性后退出编辑模版,在程序运行时就可以实现用户在点击"删除"按钮时有一个"确认删除"的对话框。最后实现 GridView 的 RowDeleting 事件,具体代码如程序清单7-12所示。

```
protected void GridView1_RowDeleting(object sender,GridViewDele-
teEventArgs e)
    {
            var stu = sq.Student.FirstOrDefault(Student => Student.
StudentID == e.Keys[0].ToString());
            sq.Student.DeleteOnSubmit(stu);
            sq.SubmitChanges();
            bind();
    }
```

程序清单7-12 使用 LINQ to SQL 实现数据删除操作

在程序清单7-12中,"Student. StudentID = e. Keys [0]. ToString( )"语句主要用于查找点击删除哪一行学生信息中的学生编号,其中 e. Keys 值的获取,需要设置 GridView 控件的 DataKeyNames 属性，如图 7-15 所示。

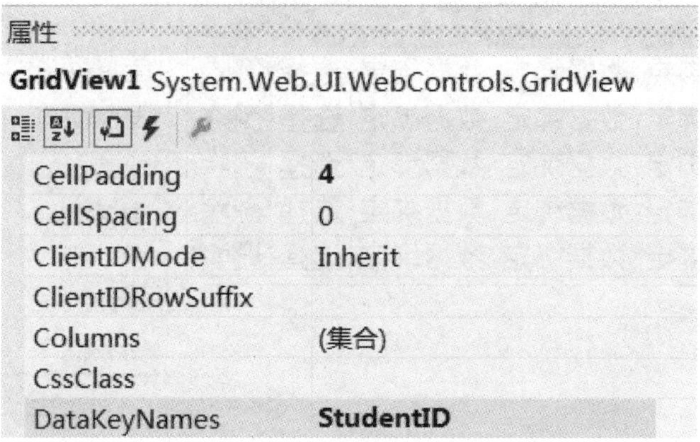

图 7-15 设置 GridView 控件的 DataKeyNames 属性

DeleteOnSubmit() 方法，用于从 Student 集合中删除满足条件的学生对象，同时删除数据库中的学生信息，只有当运行 SubmitChanges() 方法后才执行删除操作。

（7）实现数据查询功能。当用户在"学生学号"文本框内输入学生学号后，点击"查询"按钮，则可以实现数据查询功能，效果如图 7-16 所示。

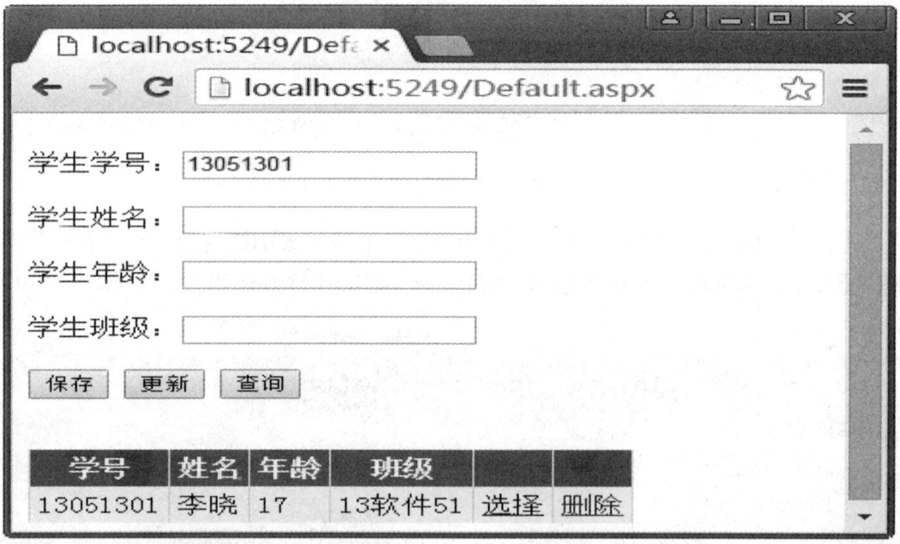

图 7-16 使用 LINQ to SQL 实现数据查询功能

具体实现代码如程序清单 7-13 所示。

```
protected void btnSearch_Click(object sender,EventArgs e)
    {
        if(tbStuID.Text!="")
        {
            var stu = from s in sq.Student where s.StudentID ==tbStuID.Text select s;
```

```
            GridView1.DataSource = stu;
            GridView1.DataBind();
        }
    }
```

程序清单 7 - 13　实现数据查询功能

在程序清单 7 - 13 中，语句"from s in sq. Student where s. StudentID == tbStuID. Text select s"使用户可以从学生对象集合中查找学号等于 tbStuID 文本框中学号的学生，并将查询结果集绑定到 GridView 控件。

（8）运行程序，输入测试信息，验证 LINQ to SQL 对数据库的增、删、改、查操作。

背景知识

1. LINQ to SQL

LINQ to SQL 是 ADO. NET 与 LINQ 结合的产物，它将关系数据库模型映射到编程语言所描述的对象模型，开发人员通过使用对象模型来实现数据库的基本操作，LINQ to SQL 将对象模型中的 LINQ 转换为 SQL，然后发送到数据库并执行操作，同样，当数据库返回查询结果时，LINQ to SQL 将数据库中的数据转换成相应的编程语言处理对象。使用 LINQ to SQL 可以实现数据库中的增、删、改、查操作。

LINQ to SQL 的使用主要分为两个步骤：

1）创建对象模型

用现有关系数据库的元数据创建对象模型。对象模型按照开发人员所用的编程语言来表示数据库。有了这个表示对象的数据库模型，才能创建查询语句操作数据库。在创建对象模型时可以使用第三方工具或者 IDE 自带的对象关系设计器。

2）使用对象模型

使用对象模型的基本步骤如下：

（1）创建查询以从数据库中检索信息。

（2）重写 Insert、Update 和 Delete 的默认行为，这一步是可选的，LINQ to SQL 不支持且无法识别级联删除操作。如果要从表中删除一个具有约束的行，必须在数据库的外键约束中设置 ON DELETE CASCADE 规则，或者使用自己的代码首先删除那些阻止删除父对象的子对象，否则将会引发异常。

（3）设置适当的选项以检测和报告并发冲突。可以保留模型用于处理并发冲突的默认值，也可以根据需要对其进行更改。

（4）建立继承层次结构，这一步是可选的。

（5）提供合适的用户界面，这一步是可选的，取决于应用程序的使用方式。

2. Lambda 表达式

Lambda 表达式（lambda expression）是一个匿名函数，Lambda 表达式基于数学中的 λ

演算得名，直接对应于其中的lambda抽象（lambda abstraction），是一个匿名函数，即没有函数名的函数。

例如，在任务一中实现图书名称查询功能时，可以使用匿名方法来实现，程序代码如下：

```
IEnumerable<Book> results=bookList.createBookList().Where(delegate(Book b){return b.bookName.Contains(bookName.Text);});
```

其中delegate（Book b）匿名方法实现数据筛选。当然也可以使用Lambda表达式来实现，程序代码如下：

```
IEnumerable<Book> results=bookList.createBookList().Where(Book =>Book.bookName.Contains(bookName.Text));
```

上述代码同样返回了一个Book对象的集合给变量results，但是，其编写的方法更加容易阅读，从这里可以看出Lambda表达式在编写的格式上和匿名方法非常相似。其实，当编译器开始编译并运行时，Lambda表达式最终也表现为匿名方法。使用匿名方法并不是创建了没有名称的方法，实际上编译器会创建一个方法，这个方法对于开发人员来说是不可见的，该方法会将Book类的对象中符合bookName.Contains（bookName.Text）的对象返回并填充到集合中。同样的，使用Lambda表达式，当编译器编译时，Lambda表达式也会被编译成一个匿名方法进行相应的操作，但是与匿名方法相比，Lambda表达式更容易阅读。

C#的Lambda表达式都使用Lambda运算符" => "，该运算符读为"goes to"。Lambda表达式的语法格式如下：

```
参数列表 => 语句或语句块
```

Lambda表达式可以有多个参数、一个参数，或者没有参数。其参数类型可以隐式或者显式。示例代码如下：

```
(x,y) => x*y        //多参数,隐式类型 => 表达式
x => x*6            //单参数,隐式类型 => 表达式
x => {return x*6;}  //单参数,隐式类型 => 语句块
(int x) => x*7      //单参数,显式类型 => 表达式
(int x) => {return x*7;} //单参数,显式类型 => 语句块
() => Console.WriteLine()   //无参数
```

上述格式都是Lambda表达式的合法格式，在编写Lambda表达式时，可以忽略参数的类型，因为编译器能够根据上下文直接推断参数的类型，示例代码如下：

```
(x,y) => x+y        //多参数,隐式类型 => 表达式
```

Lambda表达式的主体可以是表达式也可以是语句块，这样就节约了代码的编写时间。

任务小结

------你掌握了吗？

(1) LINQ to SQL；
(2) 使用 LINQ to SQL 实现对数据库的增、删、改、查操作。

任务三　LINQ DataSource

任务要点

使用 LINQ DataSource 实现数据库操作。

导学实践，跟我学

【案例 7-3】　使用 LINQ DataSource 实现对数据库的添加、更新和删除操作。数据库表使用任务二中的 Student 表，运行效果如图 7-17 所示。

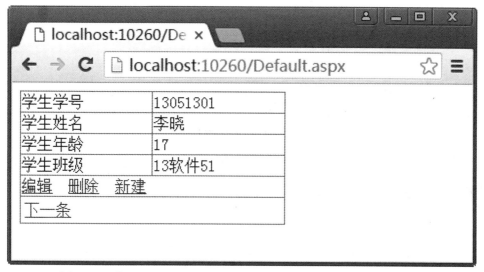

图 7-17　使用 LINQ DataSource 实现对数据库的添加，更新和删除操作

具体步骤如下：

（1）参照任务二，创建创建 LINQ to SQL 类，名称为"Students"。

（2）设计页面。在页面中添加一个 DetailsView 控件和一个 LinqDataSource 控件，并配置 LinqDataSource 控件，如图 7-18 所示。

点击"下一步"按钮，配置对应的数据库表以及相应的高级设置，允许插入、更新和删除操作，如图 7-19 所示。

（3）配置 DetailsView 控件，绑定数据源，同时允许插入、分页、编辑和删除操作，如图 7-20 所示。

同时配置 DetailsView 控件的分页属性，在其属性里面作相应的配置，如图 7-21 所示。

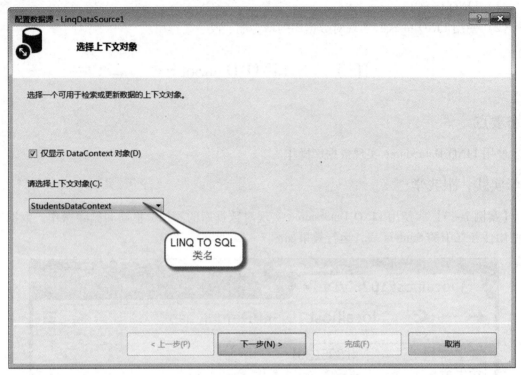

图7-18 配置 LinqDataSource 数据源

图7-19 配置数据源

图 7 – 20　配置 DetailsView 控件

图 7 – 21　配置 DetailsView 控件的分页属性

（4）运行程序，验证程序的运行效果。用户通过该网页在数据库表中检索、更新、插入和删除数据。无须编写 Select、Update、Insert 或 Delete 语句即可执行所有这些操作。

背景知识

1. LINQ DataSource 控件简介

LINQ DataSource 控件提供了一种将数据控件连接到多种数据源的方法，其中包括数据库数据、数据源类和内存中的集合。使用 LINQ DataSource 控件，可以针对所有这些类型的数据源指定类似于数据库检索的任务（选择、筛选、分组和排序），也可以指定针对数据库表的修改任务（更新、删除和插入）。

可以将 LINQ DataSource 控件连接到存储在公共字段或属性中的任何类型的数据集合。对于所有数据源来说，用于执行数据操作的声明性标记和代码都是相同的。当与数据库表中的数据或数据集合（与数组类似）中的数据进行交互时，不必使用不同的语法。

当与数据库中的数据进行交互时，不会将 LINQ DataSource 控件直接连接到数据库，而是与表示数据库和表的实体类进行交互。通过对象关系设计器或运行"SqlMetal.exe"实用工具可生成实体类。创建的实体类通常位于 Web 应用程序的"App_Code"文件夹中。O/R 设计器或"SqlMetal.exe"实用工具将生成一个表示数据库的类，并为该数据库中的每个表生成一个类。

表示数据库的类将负责检索和设置数据源中的值。LINQ DataSource 控件读取和设置表示数据表的类中的属性。若要支持更新、插入和删除操作，数据库类必须从 DataContext 类派生，且表类必须引用 Table < TEntity > 类。通过将 ContextTypeName 属性设置为表示数据库的类的名称，将 LINQ DataSource 控件连接到数据库类。通过将 TableName 属性设置为代表数据表的类的名称，将 LINQDataSource 控件连接到特定表。

2. LINQ DataSource 控件常用属性

LINQ DataSource 控件的常用属性见表 7 – 1。

表 7 – 1 LINQ DataSource 控件的常用属性

属性	说明
AutoPage	获取或设置一个值，该值指示 LINQ DataSource 控件是否支持在运行时对数据的各部分进行导航
Controls	获取 ControlCollection 对象，该对象表示 UI 层次结构中指定服务器控件的子控件（从 DataSourceControl 继承）
EnableDelete	获取或设置一个值，该值指示是否可以通过 LINQ DataSource 控件删除数据记录
EnableInsert	获取或设置一个值，该值指示是否可以通过 LINQ DataSource 控件插入数据记录
EnableUpdate	获取或设置一个值，该值指示是否可以通过 LINQ DataSource 控件更新数据记录
OrderBy	获取或设置一个值，该值指定用于对检索到的数据进行排序的字段
Select	获取或设置属性和计算值，它们包含在检索到的数据中
Where	获取或设置一个值，该值指定要将记录包含在检索到的数据中必须为真的条件

※ 能力大比拼，看谁做得又好又快 ※

使用 LINQ to SQL 技术，通过 LINQ DataSource 控件和 DetailsView 控件，实现员工信息的插入、更新和删除操作。其中员工信息表（Employee 表）的结构如图 7-22 所示。

列名	数据类型	允许 Null 值
EmployeeID	varchar(50)	✓
EmployeeName	varchar(50)	✓
Sex	varchar(50)	✓
Salary	float	✓

图 7-22 Employee 表的结构

任务小结

------你掌握了吗？

（1）LINQ DataSource；

（2）使用 LINQ DataSource 实现对数据库的插入、更新和删除操作。

项目八

在线购物商城

项目任务

Web 开发技术的飞速发展促进了电子商务的普及。目前，越来越多的商业活动开始转移到 Internet 中进行。本项目通过设计一个在线购物商城系统，实现用户在线购物、后台管理等常用操作。对于广大 ASP.NET 初学者来说，本项目一方面是对基础知识的总结，另一方面可提高对各种应用技术的整合能力。

1. 整体功能划分

根据系统功能要求，在线网络购物系统整体功能分为两个模块：针对普通用户实现在线购物基本功能模块和后台管理功能模块。

在线购物基本功能模块包括以下操作：

（1）会员注册：用户可以自行注册为会员，只有成为网络会员才可以进行网络购物。

（2）在线购物：会员登录后，可以对现存商品实现购物功能。

（3）在线充值：会员在进行购物时，会员的账户中必须有足够的金钱。

（4）查看余额：会员登录系统后，可以随时查看个人账户余额。

（5）修改密码：会员登录系统成功后，可以自行修改密码。

（6）客户留言：会员在购物时如果有建议或意见可以直接在线留言。

后台管理功能模块包括以下操作：

（1）修改密码：管理员可以自行修改个人密码。

（2）商品类别管理：管理员可以对商品的类别进行添加、修改和删除操作。

（3）商品管理：管理员可以对商品的信息进行添加和修改操作。

（4）会员管理：管理员可以对会员信息进行管理。

（5）留言管理：管理员可以对用户的留言进行管理。

在线购物系统的整个逻辑功能结构示意如图 8-1 所示。

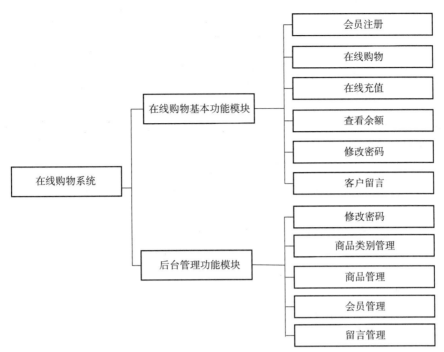

图 8-1 系统逻辑功能结构示意

2. 系统数据库设计

（1）用户信息表 UserInfo，用来保存注册会员的信息，具体结构见表 8-1。

表 8-1 UserInfo 表的结构

字段名称	类型	说明
id	int	自动增加列
uid	varchar（50）	会员登录编号
pwd	varchar（50）	会员密码
email	varchar（50）	会员邮箱
uname	varchar（50）	会员姓名
uaddress	varchar（50）	会员住址
uphone	varchar（50）	会员电话
uregtime	datetime	会员注册时间
account	money	会员账户余额

（2）商品分类表 Category，用来保存商品分类的信息，具体结构见表 8-2。

表 8-2 Category 表的结构

字段	类型	说明
id	int	自动增长列
Category	varchar（50）	商品分类的名称

（3）商品表 Product，主要用来保存管理员上传的商品信息，具体结构见表 8-3。

表 8-3 Product 表的结构

字段	类型	说明
ProId	int	自动增长列，主键
ProName	varchar（50）	商品的名称
Content	text	商品的备注
IsHot	bit	是否热卖
IsSale	bit	是否特价
IsFaience	bit	是否为精品推荐
ProPic	varchar（50）	产品图片
MemberPrice	money	会员价
MarketPrice	money	市场价
Category	int	所属分类
ProDate	datetime	提交商品时间
ProNum	int	商品数量

（4）用户订购商品表 UserOrder，主要用来保存用户购买商品的时间、会员的编号和唯一标识，具体结构见表 8-4。

表 8-4 UserOrder 表的结构

字段	类型	说明
OrderGuid	varchar（50）	根据时间生成的唯一标识
UserId	varchar（50）	购买商品的会员编号
Ordertime	datetim	购买商品的时间

（5）用户订购商品详细表 OrderDetail，主要用来保存用户购买商品的明细，具体结构见表 8-5。

表 8-5 OrderDetail 表的结构

字段	类型	说明
OId	int	自动增长，主键
ProId	int	商品的编号
ProName	varchar（50）	商品名称
MemberPrice	money	会员价
ProNum	int	购买商品的数量
OrderGuid	Varchar（50）	用户订购商品表中编号的外键
Ordertime	Datetime	购买商品的时间

（6）用户留言表 GuestBook，用来保存用户的在线留言信息，具体结构见表 8-6。

表 8-6 GuestBook 表结构

字段	类型	说明
id	int	自动增长，主键
Name	varchar（50）	用户姓名
Title	varchar（50）	标题
Content	varchar（50）	留言内容
SendTime	datetime	留言时间

表的具体关系如图 8-2 所示。
（7）创建视图 PDetail，主要用于商品表和商品分类表进行关联，具体如图 8-3 所示。
（8）创建视图 cartlist，主要用于对会员每次购物的汇总，具体如图 8-4 所示。

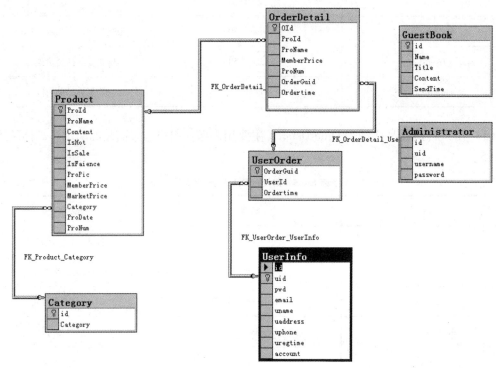

图 8-2 表的关系

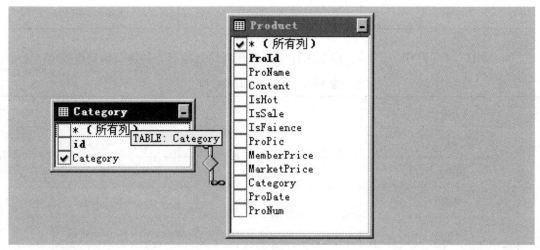

图 8-3 创建视图 PDetail

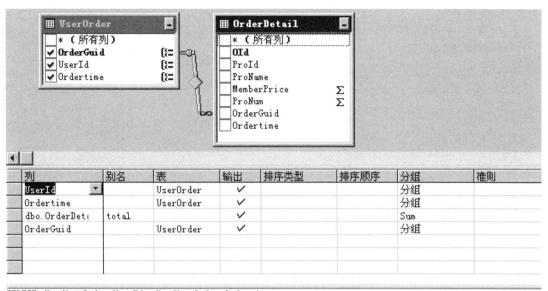

图 8-4 会员购物汇总视图

3. 数据库访问配置和实现

1) 配置 "Web.config" 文件

本系统采用 ADO.NET 方式访问 SQL Server 数据库,首先在 "Web.config" 文件中配置访问数据库的链接字符串,在配置文件中添加程序清单 8-1 所示代码。

```
<connectionStrings>
<add name="ConnectionString"connectionString="server=(local);uid=sa;pwd=sa;database=EShop"providerName="System.Data.SqlClient"/>
</connectionStrings>
```

程序清单 8-1 配置 "Web.config" 文件

其中,server 是数据库的名称或 IP 地址,uid 是访问数据库的用户名,pwd 是访问数据库的密码,database 是要访问的数据库。

2) 访问数据库操作

访问数据库操作,主要包括建立数据库连接、对数据库表查询返回 DataSet 类型数据、对数据库表更新和断开数据库连接。具体代码如程序清单 8-2 所示。

```csharp
using System;
using System.Data;
using System.Configuration;
using System.Data.SqlClient;
///<summary>
///DbAccess,访问数据库类
///</summary>
public class DbAccess
{
    private static SqlConnection conn;
    private SqlDataAdapter da;
    private DataSet ds;
    private SqlCommand cmd;
    public DbAccess()
    {
        //
        //TODO:在此处添加构造函数逻辑
        //
    }
    ///<summary>
    /// 获取数据库连接
    ///</summary>
    ///<returns>获取数据库连接</returns>
    internal static SqlConnection GetConn()
    {
        try
        {
            //从webConfig中读取数据库链接字符串
            string cstr =
            ConfigurationManager.ConnectionStrings["Connection-String"].ConnectionString;
            conn = new SqlConnection(cstr);
            if(conn.State!=ConnectionState.Open)
            {
                conn.Open();
            }
            return conn;
        }
```

```csharp
            catch(Exception e)
            {

            }
            returnnull;
        }

        ///<summary>
        ///关闭数据库链接
        ///</summary>
        internal static void CloseConn()
        {
            if(conn.State!=ConnectionState.Closed)
            {
                conn.Close();
            }
        }
        ///<summary>
        ///执行SQL语句,包括添加、删除和修改语句
        ///</summary>
        ///<param name="sql">sql语句</param>
        ///<returns>数据库影响的行数</returns>
        public bool ExecuteSql(string sql)
        {
            try
            {
                conn=GetConn();

                if(conn.State!=ConnectionState.Open)
                {
                    conn.Open();
                }
                cmd=new SqlCommand(sql,conn);
                int flag=cmd.ExecuteNonQuery();
                return flag>0;
            }
            catch(Exception e)
            {

            }
```

```
        finally
        {
            conn.Close();
        }
        return false;
}
    ///<summary>
    ///根据sql语句返回DataSet类型数据集
    ///</summary>
    ///<param name="sql">Sql查询语句</param>
    ///<returns>DataSet数据集</returns>
    public DataSet GetDataSet(string sql)
    {
        try
        {
            conn = GetConn();
            da = new SqlDataAdapter(sql,conn);
            DataSet dst = new DataSet();
            da.Fill(dst);
            return dst;
        }
        catch{}
        finally
        {
            conn.Close();
        }
        return null;
    }
```

程序清单 8-2　数据库访问类

4. 在线购物基本功能页面分析

1) 用户控件

用户控件是 ASP.NET 控件封装最简单的形式，它可以大大提高代码的重用。由于在系统中每个页面都要判断用户的登录功能和商品的分类功能，所以创建了两个用户控件：用户登录控件和显示商品分类的控件。

（1）用户登录控件。用鼠标右键单击"项目"→"添加新项"，在弹出的对话框中选择

"Web 用户控件",如图 8-5 所示。

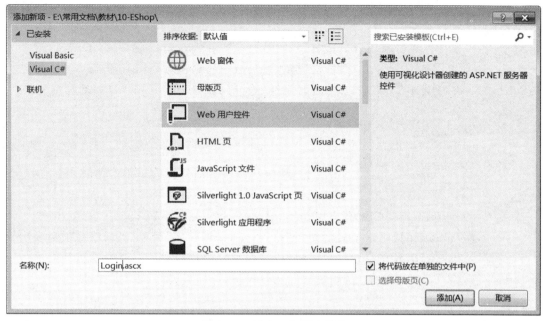

图 8-5 创建 Web 用户控件

在生成的用户控件的前台代码中添加判断会员在登录成功和没有登录的情况下对应的代码,如程序清单 8-3 所示。

```
<%@ Control Language = "C#" AutoEventWireup = "true" CodeFile = "Login.ascx.cs" Inherits = "Login"%>
<% if (Session["user"]! = null)
      {%>
<table width = "100%" height = "200" border = "0" cellspacing = "0" cellpadding = "1" style = "background - color:#fff;" >
    <tr>
        <td colspan = "3" align = "center" class = "category" > <img src = "images/login.jpg" width = "93" height = "34"/></td>
    </tr>
    <tr>
        <td align = "right" class = "category" style = "width:387px" >欢迎用户</td>
        <td colspan = "2" align = "left" class = "category" style = "width:332px" > <% = Session["user"].ToString()%></td>
    </tr>
    <tr><td colspan = "2" ><hr style = "color:Gray;"/></td></tr>
    <tr>
```

ASP.NET程序设计项目教程（第2版）

```
          <td align = "center" class = "category" style = "width:
387px;height:27px" >
              <a href = "Buy.aspx" >查看购物车</a></td>
          <tdcolspan = "2" align = "center" class = "category" style = "
height:27px;width:332px;" > <a href = "MyCartList.aspx" >查看订单</a>
</td>
          </tr>
          <tr>
          <td align = "center" class = "category" style = "width:387px;
height:32px;" >
              <a href = "Account.aspx" >账户余额</a></td>
          <td align = "center" valign = middle class = "category" style
 = "height:32px;width:517px;" > <a href = "ChangePwd.aspx" >修改密码</a>
</td>
          </tr>
          <tr>
          <td align = "center" class = "category" style = "width:387px;
height:32px;" >
              <a href = "LoginOut.aspx" >退出登录</a></td>
          <td colspan = "2" class = "category" align = left style = "
height:32px;width:332px;" ></td>
          </tr></table>
          <%
        }
        else
        {%>
          <table width = "100%" height = "200" border = "0" cellspacing = "
0" cellpadding = "1" style = "background-color:#fff;" >
          <tr>
              <td colspan = "3" align = "left" class = "hei12" ><img src
 = "images/login.jpg" width = "93" height = "34" /></td>
          </tr>
          <tr>
          <td align = "center" class = "category" style = "width:72px;
height:32px;" >用户：</td>
          <td colspan = "2" align = "left" class = "category" style = "
height:32px" >
```

- 220 -

```
                    <asp:TextBox ID="userId"runat="server"CssClass="login"
Width="110px"></asp:TextBox></td>
                </tr>
                <tr>
                    <td align=center style="width:72px;height:27px">密码:</td>
                    <tdcolspan="2"align="left"class="hei12"style
="height:27px"><asp:TextBox ID="password"runat="server"CssClass
="login"TextMode="Password"Width="110px"></asp:TextBox></td>
                </tr>
                <tr>
        <td align="center"style="width:72px;height:32px;">验证:</td>
                    <td align="left"style="height:32px;width:29px;"><asp:
TextBox ID="checkCode"runat="server"CssClass="code"Width="49px"
></asp:TextBox></td>
                    <td align="left"valign=middle style="height:32px;
width:517px;"><span style="height:32px"><img src="images.aspx"id
="yzm"name="yzm"onclick="document.getElementById('yzm').src='images.aspx? temp='+(new Date().getTime().toString(36));return false"
alt="请输入验证码,看不清楚?点击换一个"height="22"width="55"/></span
></td>
                </tr>
                <tr>
                    <td align="right"style="width:72px;height:32px;">
        <asp:Button ID="btLogin"runat="server"Text="登录"
CssClass="submit" OnClick="btLogin_Click"OnClientClick="return
Validator.Validate(form1,2);"Width="49px"/></td>
                    <tdcolspan="2"align=left style="height:32px"> 
<asp:Button ID="btReg"runat="server"Text=注册"CssClass="submit"
Width="51px"OnClick="btReg_Click"/></td>
                </tr>
            </table>
            <%}%>
```

程序清单8-3 用户登录控件

在登录控件的前台代码中,主要通过对会员的Session进行判断,如果会员已经登录,则显示会员的常用操作菜单,否则直接显示登录对话框。当会员点击"登录"按钮时,添加"登录"按钮的后台处理代码,如程序清单8-4所示。

```
protected void btLogin_Click(object sender,EventArgs e)
    {
        try
        {
            string vCode = checkCode.Text;
            string vCode1 = Session["Vnumber"].ToString();
            if(vCode.CompareTo(vCode1)!=0)
            {
                Page.ClientScript.RegisterStartupScript(this.GetType(),"","alert('验证码输入错误')",true);
            }
            else
            {
                DbAccess db = new DbAccess();
                string uid = userId.Text;
                if(uid == string.Empty)
                {
                    Page.ClientScript.RegisterStartupScript(this.GetType(),"","alert('用户名不能为空')",true);
                }
                else
                {
                    string upwd = Md5.getMd5(password.Text);//获取MD5 加密后的字符串
                    string sql = "select uid,pwd from UserInfo where uid ='" + uid + "' and pwd ='" + upwd + "'";
                    DataSet dsUser = db.GetDataSet(sql);
                    if(dsUser.Tables[0].Rows.Count >0)//登录成功
                    {
                        Session["user"] = uid;
                    }
                    else//登录失败
                    {
                        Page.ClientScript.RegisterStartupScript(this.GetType(),"","alert('用户名密码错误')",true);
                    }
                }
            }
        }
```

```
        catch
        {
        }
    }
```

程序清单 8-4　会员登录验证

新用户注册为会员时，对"注册"按钮添加后台处理代码，主要实现页面的转向，如程序清单 8-5 所示。

```
protected void btReg_Click(object sender,EventArgs e)
{
    Response.Redirect("Register.aspx");
}
```

程序清单 8-5　会员注册

（2）商品分类控件。用鼠标右键单击"项目"→"添加新项"，在弹出的对话框中选择"Web 用户控件"，输入控件名称"CategoryList. ascx"，在分类控件的前台页面中添加一个 DataList 控件"dlstCategory"，如图 8-6 所示，并修改其相应的属性。

图 8-6　配置 DataList 属性

修改控件"dlstCategory"的数据项模板，将表格的开始标记放在数据项的头部模板中，将结束标记放在底部模板中，将中间所有的数据项放在单元格中，具体代码如程序清单 8-6 所示。

```
<%@Control Language = "C#"AutoEventWireup = "true"CodeFile = "Category-List.ascx.cs"Inherits = "CategoryList"%>
    <asp:DataList ID = "dlstCategory" runat = " server"RepeatColumns = "2"RepeatDirection = "Horizontal"Width = "129px" >
    <HeaderTemplate >
```

```
<table width = "200"height = "20"border = "0"cellpadding = "2"cellspacing
= "2"style = "background - color:#fff;"class = "category" > <tr > </Header-
Template >
    <ItemTemplate >
    <td style = "color:Gray;line - height:3.0;font - size:12px;text - a-
lign:center;font - weight:bold;" >
    <a href ='<% # String.Format("Category.aspx? cat ={0}",Eval("id"))
%>'> <% #Eval("Category") %> </a >
    </td > </ItemTemplate >
    <FooterTemplate > </tr > </table > </FooterTemplate >
</asp:DataList >
```

程序清单 8 - 6　商品分类

添加控件在页面调入时的后台代码，主要实现对控件"dlstCategory"的数据绑定。具体代码如程序清单 8 - 7 所示。

```
protected void Page_Load(object sender,EventArgs e)
    {
        if (!Page.IsPostBack)
        {try
         {///数据绑定
          DbAccess db = new DbAccess();
          DataSet ds = db.GetDataSet ("select * from Catego-
ry");//获取分类
          dlstCategory.DataSource = ds.Tables[0].DefaultView;
          dlstCategory.DataBind();
         }
         catch (Exception ep)
         {
         }
        }
    }
```

程序清单 8 - 7　数据绑定

（3）文件上传控件。文件上传控件主要实现对商品图片的上传，返回图片的文件名称，并验证图片的格式。具体前台布局如图 8 - 7 所示。

图 8 - 7　文件上传组件

"上传"按钮的后台事件代码如程序清单8-8所示。

```csharp
protected void btnUpload_Click(object sender,EventArgs e)
    {
        string extend = this.FileUpload1.FileName;//获取扩展名
        extend = extend.Substring(extend.LastIndexOf(".") +1);
        string name = DateTime.Now.ToString("yyyyMMddHHmmssffff") +"." +extend;//文件名字
        string size = this.FileUpload1.PostedFile.ContentLength.ToString();//文件大小
        string type = this.FileUpload1.PostedFile.ContentType;//文件类型 type == "image/pjpeg" || type == "image/gif" || type == "x - png"
        string path = Server.MapPath(" ~/pic/") + "//" + name;//实际路径
        string datapath = "pic/" +name;
        if (Convert.ToInt32(size) >2048 *1000)
        {
            this.lblMsg.Text = "上传失败文件大于2M";
        }
        else if (type.Equals("image/gif") || type.Equals("image/bmp") || type.Equals("image/jpeg") || type.Equals("image/x - png") || type.Equals("image/jpg"))
        {
            this.FileUpload1.SaveAs(path);
            this.lblMsg.Text = "上传成功";
            this.fileimages.Text = datapath;
        }
        else
        {
            this.lblMsg.Text = "文件类型不对上传失败";
        }
    }
```

程序清单8-8

小提示 用户在页面中添加用户自定义控件时,可以直接将控件拖入页面。

2) 页面模板

由于系统多个页面要使用相同的布局方式,故在所有的在线购物基本功能页面中使用统一模板,并且在模板中使用用户控件,这样可以大大方便代码的重用。

用鼠标右键单击"项目"→"添加新项",在弹出的对话框中选择"母版页",输入母版页名称"MasterPage. master",然后对母版页面进行布局,具体布局效果如图 8-8 所示。

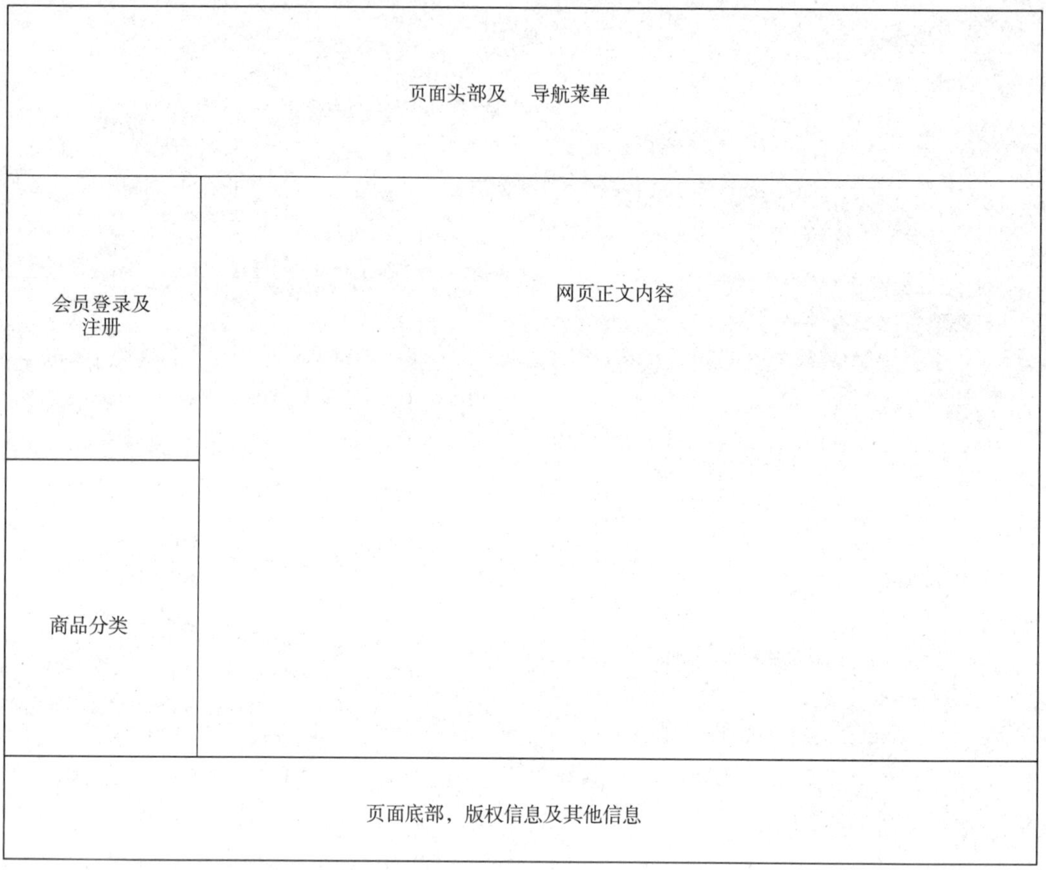

```
┌─────────────────────────────────────────┐
│                                         │
│         页面头部及    导航菜单            │
│                                         │
├──────────┬──────────────────────────────┤
│          │                              │
│  会员登录及 │                              │
│    注册   │         网页正文内容          │
│          │                              │
│          │                              │
├──────────┤                              │
│          │                              │
│          │                              │
│  商品分类 │                              │
│          │                              │
│          │                              │
├──────────┴──────────────────────────────┤
│       页面底部,版权信息及其他信息          │
└─────────────────────────────────────────┘
```

图 8-8 模板页面布局

在模板页面中,根据布局添加相应的页面元素及控件,具体的代码如程序清单 8-9 所示。

```
<%@Master Language = "C#"AutoEventWireup = "true"CodeFile = "MasterPage.master.cs"Inherits = "MasterPage"%>
<%@Register Src = "CategoryList.ascx"TagName = "CategoryList"TagPrefix = "uc2"%>
<%@Register Src = "Login.ascx"TagName = "Login"TagPrefix = "uc1"%>
<!DOCTYPE html PUBLIC " -//W3C//DTD XHTML 1.0 Transitional//EN""http://www.w3.org/TR/xhtml1/DTD/xhtml1 -transitional.dtd">
<html xmlns = "http://www.w3.org/1999/xhtml">
<head runat = "server">
<style type = "text/css">
<! —在 GridView 中让指定列不显示,但是可以获取值
```

```
.hid{
width:1px;
display:none;
}
-->
</style>
</head>
<body style="margin:0px auto 0px;"bgproperties="fixed">
    <form id="form1"runat="server">
        <table style="width:800px;height:840px"border="0"cellpadding="0"cellspacing="0"align="center"class="table">
            <tr>
                <td colspan="3"style="height:88px"class="tp"valign="bottom">
                    <table style="width:670px;font-size:14px;"border="0"cellpadding="0"cellspacing="0">
                        <tr>
                            <td style="width:62px;height:21px"align="center"valign="bottom">
                                <a href="Default.aspx">首 页</a></td>
                            <td style="width:128px;height:21px"align="center"valign="bottom">
                                <a href="ProductList.aspx?type=1">热卖商品</a></td>
                            <td style="width:123px;height:21px"align="center"valign="bottom">
                                <a href="ProductList.aspx?type=2">精品推荐</a></td>
                            <td style="width:106px;height:21px;"align="center"valign="bottom">
                                <a href="ProductList.aspx?type=3">特价商品</a></td>
                            <td style="width:106px;height:21px"align="center"valign="bottom">
                                <a href="GuestBook.aspx">客户留言</a></td>
                        </tr>
                    </table>
                </td>
            </tr>
            <tr>
<td style="width:180px;height:809px;"valign="top"class="left">
```

```
        <table width = "180" height = "660" border = "0" cellpadding = "1" cell-
spacing = "0" > <tr >
        <td style = "height:200px;width:290px;"valign = "top" > <uc1:Login
ID = "Login1" runat = "server" />
        </td>
    </tr>
    <tr >
        <td style = "width:290px;height:30px"class = "leftBottom" >
                        </td>
                    </tr>
                    <tr >
            <td style = "width:290px;height:430px"valign = "top" >
                <uc2:categorylist id = "CategoryList1" runat = "server" ></uc2:categorylist >
                        </td>
                    </tr>
    </table >
                </td>
                <td style = "width:620px;height:809px;"colspan = "2"valign = "top" >
                <asp:ContentPlaceHolder ID = "ContentPlaceHolder1" runat = "server" >
                        </asp:ContentPlaceHolder >
                </td>
            </tr>
            <tr >
                <td colspan = "3"style = "height:120px"valign = "top"a-
lign = "center"class = "bottom" >
        <br/>
                @CopyRight EShop网络商城有限公司 <br/>
                    <hr/>

                </td>
            </tr>
        </table >
        </form >
    </body >
    </html >
```

程序清单8-9　母版页

5. 具体功能页面的实现

1) 系统默认页面"Default.aspx"

在系统默认页面中,首先使用上面创建的母版页,在内容区域中添加3个栏目:"最新上架""精品推荐"和"特价商品"。在每个栏目中添加一个 DataList 控件,用来显示对应的商品,并设置相应的属性,如图 8-9 所示。

图 8-9 配置 DataList 属性

设置完成后,点击 DataList 控件的任务快捷菜单,选择"编辑模板",如图 8-10 所示。

在模板编辑窗口中,对 ItemTemplate 进行编辑,具体效果如图 8-11 所示。

图 8-11 编辑 DataList ItemTemplate

ItemTemplate 编辑完成后,返回默认页面,此时页面效果如图 8-12 所示。

以同样的方式完成其他两个栏目的 DataList 设置。完成页面的前台设计部分后,首先添加页面载入代码,实现 DataList 的数据绑定,具体代码如程序清单 8-10 所示。

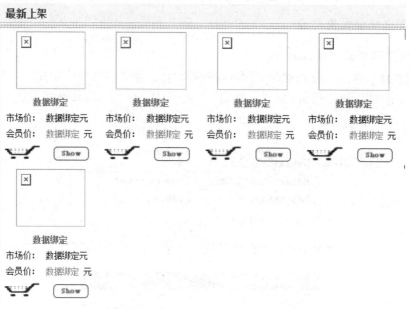

图 8-12　DataList 设计效果

```
protected void Page_Load(object sender,EventArgs e)
    {
        DbAccess db = new DbAccess();
        //修改页面的标题
        this.Page.Title = "EShop 在线购物商城";
        if (!Page.IsPostBack)
        {
            try
            {
                ///绑定最新商品
    DataSet dsNew = db.GetDataSet("select top 4 * from Product order by ProId desc");
                DlNew.DataSource = dsNew.Tables[0].DefaultView;
                DlNew.DataBind();
                //绑定精品推荐
    DataSet dsRefine = db.GetDataSet("select top 4 * from Product where IsFaience = 1 order by ProId desc");
                DlRefinement.DataSource = dsRefine.Tables[0].DefaultView;
                DlRefinement.DataBind();
                //绑定特价商品
    DataSet dsSale = db.GetDataSet("select top 4 * from Product where IsSale = 1 order by ProId desc");
                DlSale.DataSource = dsSale.Tables[0].DefaultView;
```

```
            DlSale.DataBind();
        }
        catch(Exception ep)
        {

        }
    }
}
```

程序清单 8-10　DataList 数据绑定

其次，添加 DataList 数据项模板中的"添加到购物车"按钮的事件绑定，具体代码如程序清单 8-11 所示。

```
protected void buy(DataListCommandEventArgs e)
{
    if (e.CommandName == "buy")
    {
        Session["Id"] = ((Label)e.Item.FindControl("Id")).Text;//商品编号
        Session["Proname"] = ((Label)e.Item.FindControl("Proname")).Text;//商品名称
        Session["MemberPrice"] = ((Label)e.Item.FindControl("MemberPrice")).Text;//商品单价
        Response.Redirect("Buy.aspx");
    }
}
protected void DlNew_ItemCommand(object source,DataListCommandEventArgs e)
{
    buy(e);//购买最新商品
}
protected void DlRefinement_ItemCommand(object source,DataListCommandEventArgs e)
{
    buy(e);//购买精品推荐商品
}
protected void DlSale_ItemCommand(object source,DataListCommandEventArgs e)
{
    buy(e);//购买热卖商品
}
```

程序清单 8-11　事件绑定

对于显示商品详细信息按钮,通过在模板中定义链接的方式来定义,具体定义代码如程序清单 8-12 所示。

```
<a href=show.aspx? id=<%#Eval("ProId")%>&type=1>
<imgheight="19"src="images/show.jpg"width="50"align="absMiddle"border="0"/></a>
```

程序清单 8-12　定义显示商品详细信息按钮

最终默认页面运行效果如图 8-13 所示。

图 8-13　程序运行效果

2) 会员注册页面 "Register. aspx"

会员注册页面也使用了母版页，主要实现用户在线注册为会员的功能，运行效果如图 8-14 所示。

图 8-14 会员注册页面

在会员注册过程中，首先对用户输入的内容进行验证，看其是否符合指定格式。具体验证代码如程序清单 8-13 所示。

```
<tr>
    <td align = "right"bgcolor = "#ffffff"width = "17%" >
    用户名：
    </td>
    <td bgcolor = "#ffffff"width = "83%" >  < asp:Text-
Box ID = "tbUid"runat = "server"CssClass = "reg" > </asp:TextBox >
        < asp:RequiredFieldValidator ID = "RequiredFieldVali-
dator1"runat = "server"ControlToValidate = "tbUid"
        ErrorMessage = " * " > </asp:RequiredFieldValidator >
        < asp:RegularExpressionValidator ID = "RegularExpres-
sionValidator1"runat = "server"ControlToValidate = "tbUid"
        ErrorMessage = "格式不对"ValidationExpression = "^[a
-zA-Z0-9][a-zA-Z0-9\.\-@ ]{3,10}$" > </asp:RegularExpression-
Validator >
        <br/>
```

长度为4~9个字符,可由英文字母、数字、点、减号、下划线或@组成,只能以字母或数字开头</td>
   </tr>
   <tr>
      <td align="right" bgcolor="#ffffff" style="height:27px">电子邮件:</td>
      <td bgcolor="#ffffff" style="height:27px"> <asp:TextBox ID="tbEmail" runat="server" CssClass="reg"></asp:TextBox>
         <asp:RegularExpressionValidator ID="RegularExpressionValidator2" runat="server" ControlToValidate="tbEmail"
         ErrorMessage="格式不正确" ValidationExpression="\w+([-+.']\w+)*@\w+([-.]\w+)*\.\w+([-.]\w+)*"></asp:RegularExpressionValidator></td>
   </tr>
   <tr style="color:#000000">
      <td align="right" bgcolor="#ffffff">密码:</td>
      <td bgcolor="#ffffff">
          <asp:TextBox ID="tbPwd" runat="server" CssClass="reg" TextMode="Password" Width="148px"></asp:TextBox>
         <asp:RequiredFieldValidator ID="RequiredFieldValidator2" runat="server" ControlToValidate="tbPwd"
         ErrorMessage="*"></asp:RequiredFieldValidator>
         <asp:RegularExpressionValidator ID="RegularExpressionValidator3" runat="server" ControlToValidate="tbPwd"
         ErrorMessage="只能由字母和数字组成" ValidationExpression="^[A-Za-z0-9_]{1,20}$"></asp:RegularExpressionValidator>只能输入字母或数字</td>
   </tr>
   <tr>
      <td align="right" bgcolor="#ffffff">
         确认密码:
      </td>
      <td bgcolor="#ffffff">

```
 <asp:TextBox ID = "tbPwd1" runat = "server"CssClass
= "reg"TextMode = "Password"Width = "147px"></asp:TextBox>
          <asp:RequiredFieldValidator ID = "RequiredFieldValidator3"runat = "server"ControlToValidate = "tbPwd1"
             ErrorMessage = "*"></asp:RequiredFieldValidator>
          <asp:CompareValidator ID = "CompareValidator1"runat = "server"ControlToCompare = "tbPwd"
             ControlToValidate = "tbPwd1" ErrorMessage = "两次密码不一样"></asp:CompareValidator></td>
    </tr>
    <tr>
         <td align = "right"bgcolor = "#ffffff">
             备注</td>
         <td bgcolor = "#ffffff">
              个人信息:</td>
    </tr>
    <tr>
         <td align = "right"bgcolor = "#ffffff">
姓名:</td>
         <td bgcolor = "#ffffff">
              <asp:TextBox ID = "tbName" runat = "server"CssClass = "reg"></asp:TextBox>
              <asp:RequiredFieldValidator ID = "RequiredFieldValidator4"runat = "server"ControlToValidate = "tbName"
              ErrorMessage = "只能输入汉字"></asp:RequiredFieldValidator>
              <asp:RegularExpressionValidator ID = "RegularExpressionValidator4"runat = "server"ControlToValidate = "tbName"
              ErrorMessage = "只能输入汉字"ValidationExpression = "^[\u0391 - \uFFE5] + $"></asp:RegularExpressionValidator></td>
    </tr>
    <tr>
         <td align = "right"bgcolor = "#ffffff">
             地址:</td>
         <td bgcolor = "#ffffff">
              <asp:TextBox ID = "tbAdd" runat = "server"CssClass = "reg"></asp:TextBox>
              <asp:RequiredFieldValidator ID = "RequiredFieldValidator5"runat = "server"ControlToValidate = "tbAdd"
```

```
            ErrorMessage = " * " > < /asp:RequiredFieldValidator > < /td >
    < /tr >
    <tr >
         <td align = "right"bgcolor = "#ffffff" >
            电话:< /td >
         <td bgcolor = "#ffffff" >
             < asp:TextBox ID = "tbPhone" runat = "server"CssClass = "reg" > < /asp:TextBox >
            < asp:RequiredFieldValidator ID = "RequiredFieldValidator6" runat = "server"ControlToValidate = "tbPhone"
            ErrorMessage = " * " > < /asp:RequiredFieldValidator > < /td >
    < /tr >
    <tr >
         <td bgcolor = "#ffffff"style = "height:46px" >
            < br / >
         < /td >
         <td bgcolor = "#ffffff"style = "height:46px" >
             
            < asp:Button ID = "btnReg"runat = "server"OnClick = "btnReg_Click"Text = "注册"Width = "73px" / >
            < asp: Button ID = "btnReset" runat = "server"CausesValidation = "False"Text = "重置"Width = "75px"OnClick = "Button2_Click" / > < /td >
    < /tr >
```

程序清单 8 – 13   注册验证

小提示   在注册验证中，使用了正则表达式验证，如果想了解正则表达式，可参考有关正则表达式的教程。

添加"注册"按钮的后台事件代码，如程序清单 8 – 14 所示。

```
protected void btnReg_Click(object sender,EventArgs e)
    {
        try
        {
            string uid = tbUid.Text; //会员 ID
            string umail = tbEmail.Text;
            string upwd = Md5.getMd5(tbPwd.Text);
            string uname = tbName.Text;
```

```csharp
            string uadd = tbAdd.Text;
            string uphone = tbPhone.Text;
            DbAccess db = new DbAccess();
            ///验证会员 ID 是否已经存在;
            string sql = " select uid from UserInfo where uid ='" + uid + "'";
            DataSet dsUser = db.GetDataSet(sql);
            if (dsUser.Tables[0].Rows.Count >0)
            {
                Page.ClientScript.RegisterStartupScript (this.GetType (),""," alert ('此会员已经存在')", true);
            }
            else
            {
                //添加会员信息
                sql = " insert into UserInfo values ('" + uid + "','" +upwd+"','" +umail+"','" +uname+"','" +uadd+"','" +uphone+"','" + DateTime.Now.ToString (" yyyy-MM-dd HH: mm: ss") +"', 0)";
                if (db.ExecuteSql (sql))
                {
                    Session["user"] =uid;
                    Response.Redirect ("Default.aspx");
                }
                else
                    Page.ClientScript.RegisterStartupScript (this.GetType (),""," alert ('会员注册失败')", true);
            }
        }
        catch
        {
        }
    }
```

程序清单 8-14 注册会员信息添加

3) 购买商品页面 "buy.aspx"

会员如果想在线购买商品，必须登录成功后方可进行。具体的购物流程如图 8-15 所示。

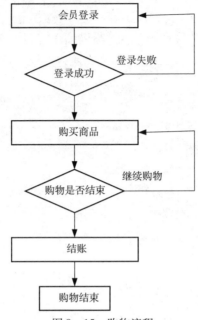

图 8-15 购物流程

当会员点击"购买商品"按钮时将显示商品的详细信息,并接受会员输入购买商品的数量,如图 8-16 所示。

图 8-16 购物车页面

对于购物车页面的实现,首先将会员购买的商品放入一个 DataTable 中,再将这个 DataTable 放入 Session 中,会员不断更改购物车中的商品信息,此时将更新 DataTable 中的商品信息,并将 DataTable 控件与 GridView 控件进行绑定。具体实现代码如程序清单 8-15 所示。

```
public DataTable cart()//创建购物车临时表
    {
        DataTable dt = new DataTable("cart");
        dt.Columns.Add("ProId",typeof(int));//产品编号
        dt.Columns.Add("ProName",typeof(string));//产品名称
        dt.Columns.Add("MemberPrice",typeof(string));//价格
        dt.Columns.Add("ProNum",typeof(int));//数量
        return dt;
    }
public void binder()//购物车数据绑定
    {
        if(Session["cart"] == null || Session["cart"].ToString() == "")
        {
            lblMsg.Text = "暂无商品";
            gdvList.Visible = false;
            lblSum.Text = "";
        }
        else
        {
            DataTable dt = (DataTable)Session["cart"];
            if (dt.Rows.Count == 0)
            {
                lblMsg.Text = "暂无商品";
                lblSum.Text = "";
                gdvList.Visible = false;
            }
            else
            {
                gdvList.Visible = true;
                this.gdvList.DataSource = dt.DefaultView;
                this.gdvList.DataBind();
                decimal sum = 0;
```

```
                    for (int i = 0;i < dt.Rows.Count;i++)
                    {
                        sum + = (int.Parse(dt.Rows[i]["ProNum"].ToString
())) * decimal.Parse(dt.Rows[i]["MemberPrice"].ToString()));
                    }
                    lblSum.Text = sum.ToString();
                    lblMsg.Text = "";
                }
            }
        }
```

程序清单 8 – 15　将 Data Table 控件与 Grid View 控件进行绑定

会员输入完产品数量后,点击"加入购物车"按钮,此时将先判断用户输入的数量和此商品的所有数量进行比较,如果输入商品的数量大于商品的所有数量,将提示会员,否则将商品放入购物车。具体实现代码如程序清单 8 – 16 所示。

```
        protected void btnAdd_Click(object sender,EventArgs e)
        {
            ///判断数量
            DbAccess db = new DbAccess();
            string sql = "select ProNum from product where ProId = " + int.
Parse(id.Text) + "";
            DataSet dsPro = db.GetDataSet(sql);
            if (int.Parse(num.Text) > int.Parse(dsPro.Tables[0].Rows[0]
[0].ToString()))
                Page.ClientScript.RegisterStartupScript ( this. GetType
(),"","alert('商品数量超出库存数量目前此商品剩余" + dsPro.Tables[0].Rows[0]
[0].ToString() + "件')",true);
            else
            {
                //添加到购物车
                if (Session["cart"] == null)
                {
                    DataTable dt = cart();
                    DataRow dr = dt.NewRow();
                    dr["ProId"] = int.Parse(id.Text);
                    dr["ProName"] = Proname.Text;
```

```csharp
                dr["MemberPrice"] = MemberPrice.Text;
                dr["ProNum"] = int.Parse(num.Text);
                dt.Rows.Add(dr);
                Session["cart"] = dt;
                binder();
            }
            else///购物车已经存在,查找并修改数量
            {
                bool find = false;
                DataTable dt = (DataTable)Session["cart"];
                int i;
                for (i = 0; i < dt.Rows.Count; i++)
                {
                    if (int.Parse(id.Text) == int.Parse(dt.Rows[i]["ProId"].ToString()))
                    {
                        dt.Rows[i]["ProNum"] = int.Parse(dt.Rows[i]["ProNum"].ToString()) + int.Parse(num.Text);
                        find = true;
                        break;
                    }
                }
                if (!find)//如果没有此商品,添加新商品
                {
                    DataRow dr = dt.NewRow();
                    dr["ProId"] = int.Parse(id.Text);
                    dr["ProName"] = Proname.Text;
                    dr["MemberPrice"] = MemberPrice.Text;
                    dr["ProNum"] = int.Parse(num.Text);
                    dt.Rows.Add(dr);
                }
                Session["cart"] = dt;//添加完成后保存到session中
                binder();//重新绑定
            }
        }
    }
```

程序清单 8-16　添加商品到购物车

会员在没有结账之前，可以对已选择的商品进行删除，此时只是从 DataTable 中删除商品信息，删除后重新绑定 GridView。具体代码如程序清单 8-17 所示。

```
protected void gdvList_RowDeleting(object sender,GridViewDeleteEventArgs e)
    {
    int ProId = int.Parse(this.gdvList.Rows[e.RowIndex].Cells[0].Text.ToString());
        DataTable dr =(DataTable)Session["cart"];
        for(int i=0;i<dr.Rows.Count;i++)
        {
            if(ProId == int.Parse(dr.Rows[i]["ProId"].ToString()))
            {
                dr.Rows.RemoveAt(i);//删除行
                binder();//重新绑定
            }
        }
    }
```

程序清单 8-17　删除购物车中的商品信息

如果需要清空购物车，只需要将 Session 会话中的购物车对象设置为 null，然后重新绑定 GridView 即可，具体代码如程序清单 8-18 所示。

```
protected void btnClear_Click(object sender,EventArgs e)
    {
        Session["cart"]=null;
        binder();
    }
```

程序清单 8-18　清空购物车

最后当会员结账时，点击"结账"按钮，系统首先验证会员的账户余额，如果余额不足，则购物失败，然后将用户已选择的商品数量和现有的商品数量进行比较，如果现有的数量小于会员购买的数量，将会员购买的数量修改为商品现有的数量。具体实现代码如程序清单 8-19 所示。

```
protected void btnChk_Click(object sender,EventArgs e)
    {
        if(Session["cart"]==null)
        {
```

```
            Page.ClientScript.RegisterStartupScript(this.GetType
(),"","alert('还没有买东西呢');\nlocation.href ='Default.aspx';",true);
        }
        else
        {
            DataTable dr =(DataTable)Session["cart"];
            DbAccess db = new DbAccess();
            string guid = DateTime.Now.ToString("yyyyMMddHHmmssffff");
            string user = Session["user"].ToString();
            //判断账户余额是否充足
            DataSet dsAccount = db.GetDataSet("select account from use-
rinfo where uid ='"+user+"'");
            if(lblSum.Text == string.Empty || decimal.Parse(lblSum.
Text)>decimal.Parse(dsAccount.Tables[0].Rows[0][0].ToString()))
            {
                Page.ClientScript.RegisterStartupScript(this.GetType
(),"","alert('账户余额不足');\nlocation.href ='Account.aspx';",true);
            }
            else
            {
                ///添加结账时间,用户信息
                string sql = "insert into UserOrder values('"+guid+"','"
+user+"','"+DateTime.Now.ToString()+"')";
                if (db.ExecuteSql(sql))
                {
                    if (db.DtbAdd(dr,guid,user))
                    {
                        Session.Remove("cart");
                        Session["cart"]=null;
                        Page.ClientScript.RegisterStartupScript(this.
GetType(),"","alert('结账成功');\nlocation.href ='MyCartList.aspx';",
true);
                    }
                    else
                        Page.ClientScript.RegisterStartupScript(this.GetType
(),"","alert('结账失败');\nlocation.href ='Default.aspx';",true);
```

```
                    ////修改账户余额
                    decimal account =(decimal.Parse(dsAccount.Tables
[0].Rows[0][0].ToString())-decimal.Parse(lblSum.Text));
                    sql ="update userInfo set account = " + account.ToS-
tring() + "where uid ='" + user + "'";
                    db.ExecuteSql(sql);
                }
            }
        }
        //将购物车中的商品信息添加到数据库
        public bool DtbAdd(DataTable dt,string guid,string uid)
        {
            try
            {
                string sql ="";
                SqlConnection  conn =DbAccess.GetConn();
                if(conn.State!=ConnectionState.Open)
                {
                    conn.Open();
                }
                DataSet dl =new DataSet();
                int Leave =0;//剩余数量
                int buy =0;//购买数量
                for(int i =0;i<dt.Rows.Count;i++)
                {
                    ////获取剩余数量
                    sql ="select ProNum from product where ProId = " +dt.
Rows[i]["ProId"].ToString() + "";
                    da =new SqlDataAdapter(sql,conn);
                    da.Fill(dl);
                    if(int.Parse(dt.Rows[i]["ProNum"].ToString()) <=
int.Parse(dl.Tables[0].Rows[0][0].ToString()))//购买数量小于现有商品
数量
                    {
                        Leave = int.Parse(dl.Tables[0].Rows[0][0].ToS-
tring()) - int.Parse(dt.Rows[i]["ProNum"].ToString());
                        buy = int.Parse(dt.Rows[i]["ProNum"].ToString
());
```

```csharp
                }
                else
                {
                    Leave = 0;
                    buy = int.Parse(dl.Tables[0].Rows[0][0].ToString());
                }
                dl.Clear();
                sql = "insert into OrderDetail values('" + dt.Rows[i]["ProId"].ToString() + "','" + dt.Rows[i]["ProName"].ToString() + "'," + decimal.Parse(dt.Rows[i]["MemberPrice"].ToString()) + "," + buy + ",'" + guid + "','" + DateTime.Now.ToString("yyyy-MM-dd HH:mm:ss") + "')";
                sql = sql + "\n" + "update Product set ProNum = " + Leave + " where ProId = " + dt.Rows[i]["ProId"].ToString() + "";
                cmd = new SqlCommand(sql,conn);
                int flag = cmd.ExecuteNonQuery();
                if(flag >0)//添加成功
                    continue;
                else
                    break;
            }
            return true;
        }
        catch(Exception ep)
        {
            return false;
        }
        finally
        {
            conn.Close();
        }
        return false;
    }
```

程序清单 8-19 购物结账

4）查看购物清单页面 "MyCartList.aspx"

会员只要登录系统，就可以查询到其历次购物清单及明细，点击"查看购物清单"链接，则显示该会员的所有购物清单，如果需要查看对应的明细，直接点击"详细"链接即可,如图8-17所示。

图8-17 查看购物清单

查看购物清单页面"MyCartList.aspx"使用了母版页"MasterPage.master",在母版页的内容区域添加一个GridView控件,用来显示会员的购物清单,页面的后台处理代码如程序清单8-20所示。

```
protected void Page_Load(object sender,EventArgs e)
    {
        this.Page.Title = "我的购物清单";
        if (!IsPostBack)
        {
            if (Session["user"] == null)
            {}//会员没有登录
            else
            {
                string user = Session["user"].ToString();
                DbAccess db = new DbAccess();
                //根据会员编号,查询对应的购物清单
                DataSet cList = db.GetDataSet("select * from cartlist where userid='" + user + "'");
                gdList.DataSource = cList.Tables[0].DefaultView;
                gdList.DataBind();
            }
        }
    }
    protected void gdList_RowDataBound(object sender,GridViewRowEventArgs e)
    {
```

```
            //创建详细链接
            if (e.Row.RowType == DataControlRowType.DataRow)
            {
                e.Row.Cells[4].Text = "<a href ='Detail.aspx?sid = " + e.Row.Cells[3].Text + "'>详细</a>";
            }
        }
```

程序清单 8 – 20　页面的后台处理代码

5) 在线充值页面 "Account.aspx"

在线充值页面主要实现增加会员的账户金额的功能，当然在实际的运作过程中应该使用其他的方式来代替此功能，例如网上银行转账。此页面使用了母版页 "MasterPage.master"，在母版页的内容区域添加输入金额的输入框、充值按钮和其他文字信息。具体效果如图 8 – 18 所示。

图 8 – 18　在线充值页面

实现该页面的具体代码如程序清单 8 – 21 所示。

```
    protected void Page_Load(object sender,EventArgs e)
    {
        if (!Page.IsPostBack)
        {
            if (Session["user"] == null)
            {
                Page.ClientScript.RegisterStartupScript(this.GetType(),"","alert('请登录');\nlocation.href('Default.aspx');",true);
            }
    else
            {//查询会员账户信息
                DbAccess db = new DbAccess();
                string uid = Session["user"].ToString();
                DataSet ds = db.GetDataSet("select account from userInfo where uid ='" + uid + "'");
                lblUser.Text = uid;
                lblAccount.Text = ds.Tables[0].Rows[0][0].ToString();
            }
        }
    }
    protected void btnCharge_Click(object sender,EventArgs e)
    {
        string account = TextBox1.Text;
        try
        {//实现在线充值
            DbAccess db = new DbAccess();
            string uid = Session["user"].ToString();
            string sql = "update userInfo set account = account + " + decimal.Parse(account) + "where uid ='" + uid + "'";
            if (db.ExecuteSql(sql))
            {
                Page.ClientScript.RegisterStartupScript(this.GetType(),"","alert('充值成功');\nlocation.href('Default.aspx');",true);
            }
            else
            {
```

```
                Page.ClientScript.RegisterStartupScript(this.GetType
(),"","alert('充值失败');\nlocation.href('Default.aspx');",true);
            }
        }
        catch
        {
        }
    }
```

程序清单 8-21　实现在线充值页面

6) 在线留言页面"GuestBook. aspx"

如果用户在购物过程中有一些建议,可以直接在线留言,具体效果如图 8-19 所示。

图 8-19　客户留言

"留言"按钮的事件处理代码如程序清单 8-22 所示。

```
protected void btnAdd_Click(object sender,EventArgs e)
    {
        string uname = tblName.Text;//姓名
        string title = tblTitle.Text;//标题
        string content = tblContent.Text;//留言内容
        try
        {
            DbAccess db = new DbAccess();
```

```
                string sql = "insert into GuestBook values('" + uname + "',
'" + title + "','" + content + "','" + DateTime.Now.ToString() + "')";
                if (db.ExecuteSql(sql))
                {
                    Page.ClientScript.RegisterStartupScript(this.Get-
Type(),"","alert('添加成功')",true);
                }
                else
                {
                    Page.ClientScript.RegisterStartupScript(this.Get-
Type(),"","alert('添加失败')",true);
                }
            }
            catch
            {
            }
        }
```

程序清单 8-22 "留言"按钮的事件处理代码

7) 商品详细信息页面"show.aspx"

当需要浏览商品详细信息时，可直接点击"show"按钮，具体效果如图 8-20 所示。

图 8-20 商品详细信息页面

具体的后台代码如程序清单 8-23 所示。

```csharp
protected void Page_Load(object sender,EventArgs e)
    {
        if (!Page.IsPostBack)
        {
            try
            {
                object id = Request.QueryString["id"];
                if (id == null)
                {
                    Response.Redirect("Default.aspx");
                }
                else
                {
                    DbAccess db = new DbAccess();
                    DataSet dsProd = db.GetDataSet("select * from PDetail where ProId = " + int.Parse(id.ToString()) + "");
                    if (dsProd.Tables[0].Rows.Count > 0)
                    {
                        Proname.Text = dsProd.Tables[0].Rows[0][1].ToString();//名称
                        lblMarketPrice.Text = dsProd.Tables[0].Rows[0][8].ToString();//市场价格
                        lblMemberPrice.Text = dsProd.Tables[0].Rows[0][7].ToString();//会员价格
   decimal d = decimal.Parse(dsProd.Tables[0].Rows[0][8].ToString())
- decimal.Parse(dsProd.Tables[0].Rows[0][7].ToString());//计算差价
                        lblCha.Text = d.ToString();
                        lblLb.Text = dsProd.Tables[0].Rows[0][12].ToString();
                        lbDetail.Text = dsProd.Tables[0].Rows[0][2].ToString();//详细信息
                        imgGoods.ImageUrl = dsProd.Tables[0].Rows[0][6].ToString();//图片路径
                    }
                }
            }
```

```
            catch
            {
            }
        }
```

程序清单 8-23　商品详细信息页面的后台代码

8) 后台商品分类管理页面 "Class.aspx"

后台商品分类管理页面主要进行分类的增加、删除和修改操作，前台页面布局如图 8-21 所示。

图 8-21　商品分类管理页面布局

后台处理关键代码如程序清单 8-24 所示。

```
protected void btnSave_Click(object sender,EventArgs e)
    {//添加分类
        string cat = txbCname.Text;//获取分类名称
        SqlDataSource1.InsertParameters[0].DefaultValue = cat;
        SqlDataSource1.Insert();
        txbCname.Text = "";
    }
    protected void GridView1_RowDataBound(object sender,GridViewRowEventArgs e)
    {
        //如果是绑定数据行
```

```
            if (e.Row.RowType == DataControlRowType.DataRow)
            {
                if (e.Row.RowState == DataControlRowState.Normal ||e.Row.RowState == DataControlRowState.Alternate)
                {//添加删除确认对话框
                    ((LinkButton)e.Row.Cells[3].Controls[0]).Attributes.Add("onclick","javascript:return confirm('你确认要删除:" + e.Row.Cells[1].Text.Trim() + "吗?')");
                }
            }
```

程序清单 8-24　后台商品分类管理页面后台处理代码

9) 后台商品管理页面 "Manager.aspx"

后台商品管理页面主要是对目前在线商品信息进行修改,通过 GridView 绑定 SqlDataSource 数据源进行数据显示和分页,具体的前台页面布局如图 8-22 所示。

图 8-22　后台商品管理页面布局

10) 后台商品添加页面 "GoodsAdd.aspx"

后台商品添加页面主要是添加新上线的商品,包括商品的基本信息和图片信息,其前台布局如图 8-23 所示。

管理员在添加新商品时,首先对商品的一些信息进行验证,像产品名称、市场价格等。"添加"按钮的具体实现代码如程序清单 8-25 所示。

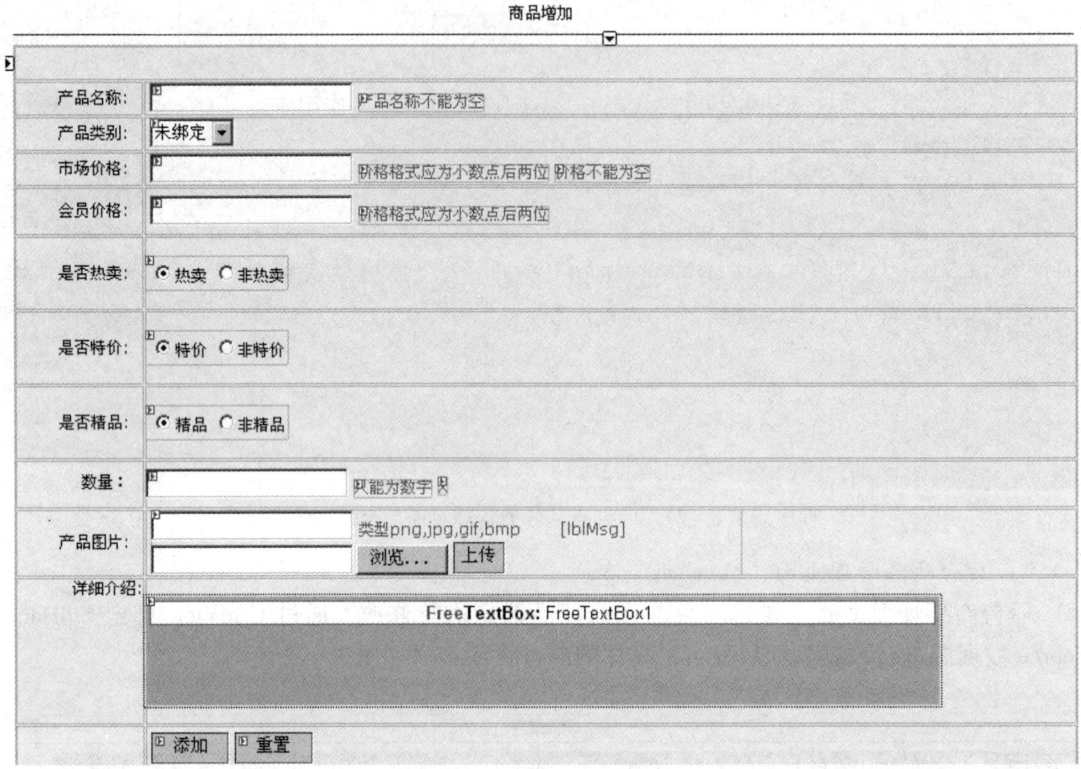

图 8-23 商品添加页面的布局

```
protected void btnAdd_Click(object sender,EventArgs e)
    {
        try
        {
            string pName = ProName.Text;//商品名称
            string pCat = Category.SelectedValue;//商品分类
            string pMar = MarketPrice.Text;//市场价格
            string pMem = MemberPrice.Text;//会员价格
            string isHot = Hot.SelectedValue;//是否热卖
            string isSale = Tejia.SelectedValue;//是否特价
            string isFal = Jipin.SelectedValue;//是否推荐
            string pic = Upfile1.getpath();//图片名称
            string content = FreeTextBox1.Text;//商品介绍
            string proNum = tblNum.Text;//商品数量
            if (proNum == null)
                proNum = "0";
```

```
                string sql = "insert into product values('" + pName + "','" +
content + "'," + isHot + "," + isSale + "," + isFal + ",'" + pic + "','" + pMem + "," 
+ pMar + "," + pCat + ",'" + DateTime.Now.ToString("yyyy - MM - dd HH:mm:
ss") + "'," + proNum + ")";
                DbAccess db = new DbAccess();
                if (db.ExecuteSql(sql))
                {
                    cleTxt();
                    Page.ClientScript.RegisterStartupScript(this.
GetType(),"","alert('添加成功')",true);
                }
                else
                {
                    Page.ClientScript.RegisterStartupScript(this.
GetType(),"","alert('添加失败')",true);
                }
            }
            catch
            {
            }
        }
```

程序清单 8 – 25 "添加"按钮的实现代码

11) 后台会员信息管理页面 "Customer.aspx"

管理员可以浏览会员信息,并具有删除会员信息的权限,通过 GridView 绑定 SqlDataSource 数据源进行数据显示和分页,具体的前台页面布局如图 8 – 24 所示。

会员管理

序号	用户编号	电子邮件	用户姓名	地址	联系电话	注册时间	帐户余额	删除
0	abc	abc	abc	abc	abc	2009-4-20 0:00:00	0	删除
1	abc	abc	abc	abc	abc	2009-4-20 0:00:00	0.1	删除
2	abc	abc	abc	abc	abc	2009-4-20 0:00:00	0.2	删除
3	abc	abc	abc	abc	abc	2009-4-20 0:00:00	0.3	删除
4	abc	abc	abc	abc	abc	2009-4-20 0:00:00	0.4	删除
5	abc	abc	abc	abc	abc	2009-4-20 0:00:00	0.5	删除
6	abc	abc	abc	abc	abc	2009-4-20 0:00:00	0.6	删除
7	abc	abc	abc	abc	abc	2009-4-20 0:00:00	0.7	删除
8	abc	abc	abc	abc	abc	2009-4-20 0:00:00	0.8	删除
9	abc	abc	abc	abc	abc	2009-4-20 0:00:00	0.9	删除

1 2

SqlDataSource - SqlDataSource1

图 8 – 24 后台会员管理信息管理页面布局

12) 留言信息管理页面"GuestBook.aspx"

管理员可以浏览所有的留言信息，并具有删除留言的权限，通过 GridView 绑定 SqlDataSource 数据源进行数据显示和分页，具体的前台页面布局如图 8 – 25 所示。

图 8 – 25　留言信息管理页面布局

6. 系统的主题样式

1) 外观文件

系统的外观文件只是对 Web 服务器的 Button 控件进行了定义，具体代码如程序清单 8 – 26 所示。

```
<asp:Button Runat = "server" BorderStyle = "Groove" BordWidth = "0px" />
```

程序清单 8 – 26　对 Web 服务器的 Button 控件进行定义

2) 页面样式文件

系统的页面样式文件的实现代码如程序清单 8 – 27 所示。

```
body
{
    /*默认正文样式*/
    font-family:"宋体";
    font-size:12px;
    color:#000000;
}
/*分类链接*/
.category A:link      { color:#6b0d0f;text-decoration:underline;}
.category A:visited   { color:#6b0d0f;text-decoration:underline;}
.tp
    {
```

```
    /*页面头部*/
    background-image:url(images/banner.jpg);
}
.left
{
    /*页面左边*/
background-color:#94a3d5;
}
.bottom
{
    /*页面底部*/
    background-color:#94a3d5;
}

.leftBottom
{
    /*左边分类*/
    background-image:url(images/Category.jpg);
    background-repeat:no-repeat;

}
/*单元格中链接样式*/
td A:link    { color:#fff;text-decoration:underline;}
td A:visited { color:#fff;text-decoration:underline;}
/*默认链接*/
A:link    { color:#6b0d0f;text-decoration:none;}
A:visited { color:#6b0d0f;text-decoration:none;}
A:active  { color:#6b0d0f;cursor:hand;text-decoration:none;}
A:hover   { color:#B2C3E1;cursor:hand;text-decoration:"underline";}

.table
{
    /*表格*/
border-collapse:collapse;
border:solid #6b0d0f;/*设置边框属性;样式(solid=实线)、颜色(#999=灰)
*/
```

```
    border-width:1px 1px 1px 1px;/*设置边框状粗细:上 右 下 左*/
}
input
{
/*输入框*/
border-bottom:1px solid ;
border-left:1px solid ;
border-right:1px solid ;
border-top:1px solid ;

}
hr
{/*水平线*/
    height:1px;
    color:White;
}
.dotline{
    height:30px;
    background-image:url(images/dotline.jpg);
    background-repeat:repeat-x;
    font-size:14px;
    font-family:Arial;
    line-height:30px;
    background-position:0px 4px;
    color:#6b0d0f;
    font-weight:bold;
    padding-left:8px;
}
```

程序清单 8-27　页面样式文件的实现代码

7. 小结

本项目将本书涉及的大部分知识，包括主题样式、状态管理、数据库操作、母版页、用户控件、常用的服务器控件和数据库技术贯穿起来，并结合电子商务发展的趋势，完成了一个简单的网络购物商城。读者在掌握这些技术的基础上，可以对网络购物商城的功能进行进一步的完善。

项目九

Web Service 与 AJAX

● 项目任务

在大型企业或组织中，对于不同系统之间的通信，Web Service 提供了完美的解决方案。本项目通过创建和使用 Web Service，掌握 Web Service 的调用方式，为以后跨平台访问 Web Service 打下基础。

AJAX 是一种用于创建更好、更快以及交互性更强的 Web 应用程序的技术。其通过与远程 WebService 交互，优化了浏览器与服务器之间的数据传输，提升了用户的体验。

● 学习目标

☆ 了解 Web Service 的概念和用途；
☆ 掌握如何创建 Web Service；
☆ 掌握如何在客户端调用 Web Service；
☆ 掌握 AJAX 基础；
☆ 掌握 AjaxControlToolKit 控件的使用。

任务一 创建 Web Service

任务要点

（1）了解 Web Service；
（2）创建 Web Service。

导学实践，跟我学

【案例 9-1】 创建手机归属地查询的 Web Service，运行效果如图 9-1 所示。

当输入手机号后，点击"调用"按钮，则返回查询结果的 XML 文件，如图 9-2 所示。

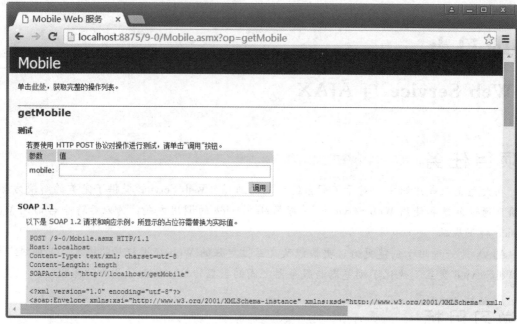

图9-1 程序运行效果（1）

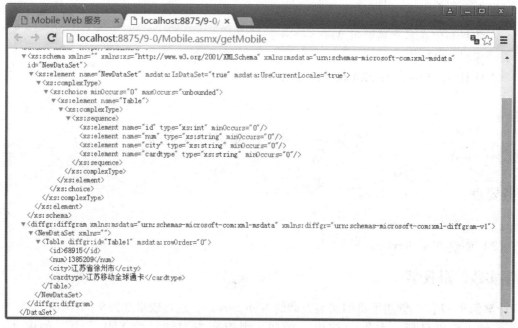

图9-2 程序运行效果（2）

具体步骤如下：

（1）创建 Web Service。在建立 Web Service 之前，首先必须有一个手机信息数据库，数据库中存放了手机归属地信息，本项目中手机归属地信息存放在"Mobile.mdb"数据库里面的 list 表中，通过 Web Service 访问，如图9-3所示。

id	num	city	cardtype
1	1300000	北京市	北京联通GSM卡
2	1300010	北京市	北京联通GSM卡
3	1300011	北京市	北京联通GSM卡
4	1300045	北京市	北京联通GSM卡
5	1300046	北京市	北京联通GSM卡
6	1300047	北京市	北京联通GSM卡
7	1300048	北京市	北京联通GSM卡
8	1300049	北京市	北京联通GSM卡
9	1300100	北京市	北京联通GSM卡
10	1300101	北京市	北京联通GSM卡

图9-3 手机归属地数据库

单击 Visual Studro 2005 菜单的"文件"→"新建网站"菜单项，打开"新建网站"对话框。

在对话框中，选中"ASP. NET Web 服务"，在"位置"编辑框中，选择"文件系统"，在"语言"编辑框中选择"C#语言"。单击"浏览"按钮，选择存放 Web Service 的位置，并将 Web Service 的文件名修改为"Mobile. asmx"，单击"确定"按钮，此时生成两个文件"Mobile. asmx"和在"App_Code"目录下的"Mobile. cs"，所有的 ASP. NET Web 服务文件都使用". asmx"扩展名。

打开"Mobile. asmx"，该文件只包含 WebService 的页面指令，如程序清单9-1所示。

```
<%@ WebService Language = "C#" CodeBehind = " ~/App_Code/Mobile.cs" Class = "Mobile"%>
```

程序清单9-1 Web Service 的页面指令

其中"Class"属性用于定义方法和数据类型的类，"CodeBehind"用于指定 Web Service 逻辑类文件的位置。

打开后台代码文件"Mobile. cs"，该文件包含了 Web Service 的后台处理代码，如程序清单9-2所示。

```
[WebService(Namespace = "http://tempuri.org/")]
[WebServiceBinding(ConformsTo = WsiProfiles.BasicProfile1_1)]
public class Mobile:System.Web.Services.WebService {
    public Mobile () {
        //如果使用设计的组件,请取消注释以下行
        //InitializeComponent();
    }
    [WebMethod]
    public string HelloWorld() {
        return "Hello World";
    }
}
```

程序清单9-2 WebService 后台处理代码

用语句"[WebService（Namespace = "http：// localhost/"）]"替换语句"[WebService（Namespace = "http：// tempuri.org/ | "）]",这是一个临时的命名空间,可以用更有意义的名称代替,并且在访问时不出现建议提示。

(2) 创建 Web Service 方法 getMobile()。文件中已有一个 Web Service 方法 HelloWorld(),用下面的 Web Service 方法 getMobile() 替换 HelloWorld() 方法。具体代码如程序清单 9-3 所示。

```
public DataSet getMobile(string mobile)//根据手机号码查询归属地
    {
        try
        {
            string strSql = "SELECT * from list where [num] ='" + mobile + "'";
            OleDbConnection objConn = new OleDbConnection("Provider = Microsoft.Jet.OLEDB.4.0;Data Source = " + Server.MapPath("./") + "Mobile.mdb");//连接数据库
            objConn.Open();
            OleDbDataAdapter dat = new OleDbDataAdapter(strSql,objConn);
            DataSet ds = new DataSet();
            dat.Fill(ds);
            objConn.Close();
            return ds;//返回数据集合
        }
        catch(Exception Ex)
        {
            throw Ex;//抛出异常
        }

    }
```

程序清单 9-3 getMobile() 方法

(3) 测试 Web Service。按 F5 键运行此服务,将显示图 9-4 所示的界面。
用鼠标单击 "getMobile",此时程序运行效果如图 9-1 所示。

图 9-4　程序运行效果

背景知识

　　Web Service 是一段位于 Internet 上的业务逻辑，可以通过标准的 Internet 协议（如 HT-TP、SOAP、WSDL 或 SMTP）进行访问。它实现了一种在异构环境中各个组织内部及组织之间任意数量的应用程序，或者应用程序组件与平台和编程语言无关的编程模型。Web Service 是一门新兴技术，Web Service 模型正在改变传统软件的模式，同时也改变了分布式的计算方式。Web Service 实现的功能既可以响应客户端一个简单的请求，也可以完成一个复杂的商务流程，尤其在企业应用方面，降低了企业之间的壁垒。Web Service 发布后，其他的应用程序和 Web Service 就可以通过 Web 进行查找，发现和调用该服务。

　　Web Service 作为一个通用的应用程序接口，具有以下特征：

　　（1）松散耦合。Web Service 的用户不直接与 Web Service 关联，Web Service 的接口可以随时发生变化，并且不会降低客户和 Web Service 之间的交互能力。采用松散耦合体系结构使软件系统更加便于管理，并且使不同系统间的集成更加容易。

　　（2）完好的封装性。Web Service 是一种部署在 Web 上的对象，自然具备对象的良好的封装性，对于使用者而言，其仅能看到该对象提供的功能列表。

　　（3）使用标准协议规范。使用 XML 作为所有 Web Service 协议和应用的数据表示层，在传输过程中消除了操作系统或平台绑定的限制，提供了异构平台之间无缝衔接的技术手段。

　　（4）高度可集成性。由于 Web Service 屏蔽了不同软件平台的差异，无论是 CORBA（通用对象代理架构）、DCOM（分布式组件对象模型），还是 EJB（Enterprise JavaBeans）都可以通过这种标准的协议进行互操作，实现了在当前环境下最高的可集成性。

　　（5）容易发布和部署。Web Service 体系结构方案通过 UDDI、WSDL、SOAP 等技术协议，能够很容易实现系统的部署。

　　Web Service 的以上特点，很好地适应了企业应用集成发展的要求。与传统的企业应用集成技术相比，Web Service 应用于企业应用集成具有简单性、开放性、灵活性、动态性等特点。

任务小结

------你掌握了吗？

（1）Web Service 的概念；

（2）创建 Web Service。

任务二　调用 Web Service

任务要点

在客户端调用 Web Service。

导学实践，跟我学

【案例 9 – 2】　在 ASP. NET 页面上调用 Web Service。运行效果如图 9 – 5 所示。

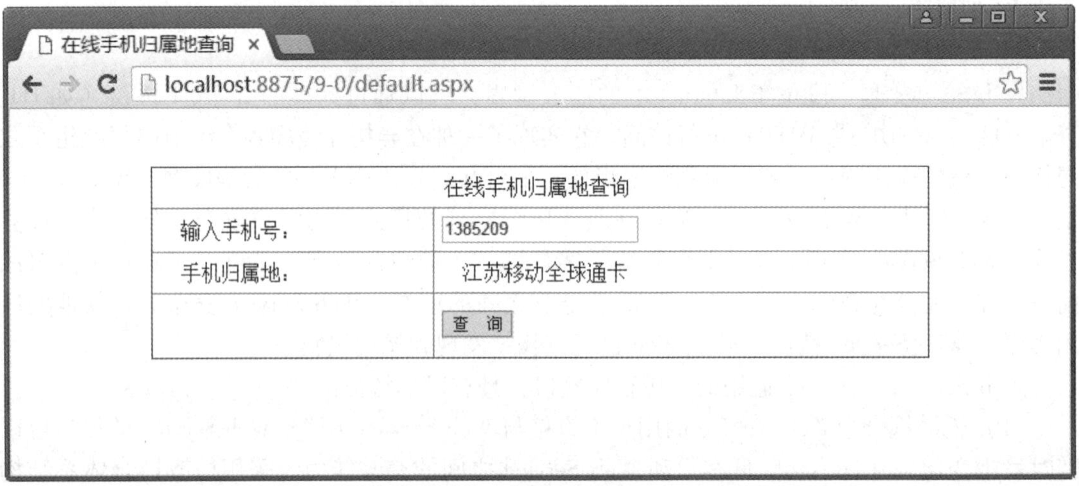

图 9 – 5　程序运行效果

具体步骤如下：

（1）打开 Visual Studio 2015，新建一个 ASP. NET 网站，语言选择"C#"，项目名称为"WebServiceClient"。在默认的"Default. aspx"页面中添加一个表格，在表格中添加一个文本框，用来接受用户输入的手机号，一个 Label 控件用来显示查询结果，具体代码如程序清单 9 – 4 所示。

```
    <form id = "form1" runat = "server" >
        <div >
            <table width = "604" border = "1" align = "center" cellpad-
ding = "6" cellspacing = "0" style = "border - collapse:collapse" >
                <tr >
```

```
                <tdcolspan = "2" > <div align = "center" >在线手机归属地
查询</div></td>
            </tr>
            <tr>
                <td>
                     输入手机号:</td>
                <td><asp:TextBox ID = "TextBox1" runat = "server" ></
asp:TextBox></td>
            </tr>
            <tr>
                <td> 手机归属地:</td>
                <td> <asp:Label ID = "Label1" runat = "server" Width
= "187px" ></asp:Label></td>
            </tr>
            <tr>
                <tdstyle = "height:36px" > </td>
                <tdstyle = "height:36px" > <asp:Button ID = "Button1"
runat = "server" OnClick = "Button1_Click" Text = "查  询" BorderStyle =
"Groove" /></td>
            </tr>
        </table>
    </div>
    </form>
```

程序清单 9-4　步骤（1）的代码

（2）建立 Web Service 客户端代理。单击 Visual Studio2005 菜单中的"项目"→"添加 Web 引用"，如图 9-6 所示。

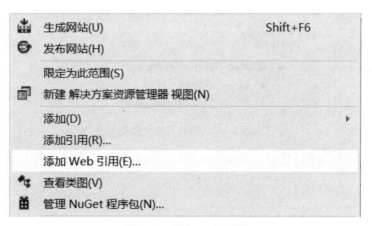

图 9-6　添加 Web 引用

选择"添加 Web 引用"后，将弹出"添加 Web 引用"对话框，如图 9-7 所示。

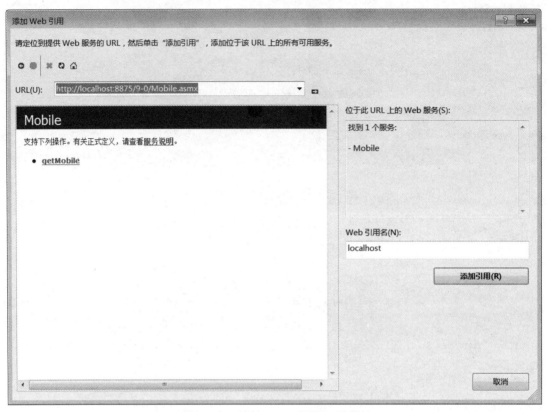

图 9-7 "添加 Web 引用"对话框

在对话框中的"URL"栏中输入 Web Service 的 URL，这个 Web Service 一般应在远程计算机中。本案例中 Web Service 和客户端在同一台计算机中，其 URL 为"http：// localhost：1045/WebSite8/Mobile. asmx"，它是集成环境自带的 Web Service 器端口号。当输入完 URL 地址后，点击"前往"按钮，如果此 URL 上有相应的 Web Service，此时服务将在左边的下拉框中显示出来。对于 Web 引用名，用户可以根据需要，修改为有意义的引用名。添加引用完成后，网站目录下多了"App_WebReferences"目录，此目录下还生成了一个以 Web 引用名命名的文件夹，如图 9-8 所示。

图 9-8 Web 引用文件夹

（3）添加查询按钮事件代码。添加完引用后，在查询按钮事件代码中添加程序清单 9-5 所示的代码。

```
try
    {
        localhost.Mobile mb = new localhost.Mobile();//创建 Web 服务代理
对象 DataSet dtm = mb.getMobile(TextBox1.Text.Substring(0,7));//获取数据
集合
        if (dtm.Tables[0].Rows.Count >0)
            Label1.Text = dtm.Tables[0].Rows[0][3].ToString();
        else
            Label1.Text = "没有查到相关信息";
    }
    catch (Exception ep)
    {
        Response.Write(ep.Message);
    }
```

程序清单 9-5 步骤（3）的代码

添加完成后，运行程序则实现如图 9-5 所示的效果。

背景知识

（1）调用 Web Service 方法采用的协议

客户端可用 HTTP-GET 协议、HTTP-POST 协议或 SOAP 协议（简单对象访问协议）调用 Web Service 方法。HTTP-GET 和 HTTP-POST 协议是 Web 网页传递参数的标准协议，使用这两种协议调用 Web Service 方法只能采用变量名/变量值对传递参数，无法传递像 DataSet、二进制文件等数据类型，为了传递复杂数据类型，应采用 SOAP 协议。SOAP（Simple Object Access Protocol）是基于 XML 的消息传递协议，由于基于 XML，它保证了不同系统的不同程序或组件之间，只要支持它，就可以互相通信。

Web Service 客户端程序用 SOAP 协议调用远程的 Web Service 方法，Web Service 客户端程序必须把程序的调用及其参数用 SOAP 协议封装，传送给 Web Service。调用 Web Service 方法后，Web Service 方法用 SOAP 协议返回用 XML 表示的结果，因此需要对用 SOAP 协议封装的 XML 文档进行解析，得到指定类型的数据。.Net 系统采用创建代理类的方法实现这一目的。所谓代理，就是在客户端生成本地对象，作为远程 Web Service 方法的前端。该代理的功能是，Web Service 客户端程序像一般程序语言那样调用 Web Service 方法，代理程序负责将调用以及调用参数用 SOAP 协议封装，然后调用 Web Service 方法，由代理程序负责获得 Web Service 方法返回的数据，由于这些数据也用 SOPA 协议封装，故由代理程序转换为一般程序语言能够理解的数据类型，传送给 Web Service 客户端程序。

（2）SOAP 协议是一个用来在分散、分布式的环境中交换信息的简单协议。由于 SOAP 消息的格式是标准的，并且基于 XML，所以 SOAP 协议可以用于在不同的计算机体系结构、不同的语言和不同的操作系统之间进行通信。Web Service 就使用 SOAP 协议作为它的标准通

信协议。

　　SOAP 协议应用起来比较简单方便，可以用在 HTTP、SMTP 或其他协议传输上。这就是 SOAP 协议被广泛应用的原因所在。SOAP 协议传输的主要是 SOAP 消息，它主要包括 SOAP 信封（envelope）、可选的 SOAP 报头（header）和必需的 SOAP 实体（body）。SOAP 信封是 SOAP 消息的顶级元素，是必需的，它包含两个子元素 header 和 body。SOAP 报头是可选的，它是一种用来向 SOAP 消息添加额外特性的通用机制。SOAP 实体 body 元素中包含发送给最终目标节点的信息，它是必需的。SOAP 消息的最终接收者必须正确处理 body 元素。SOAP 信息包的结构如图 9－9 所示。

图 9－9　SOAP 信息包的结构

　　SOAP 消息使用 HTTP 来包装和传输，就像使用邮局的信封一样，SOAP 信封就相当于邮局的信封，SOAP 报头和 SOAP 实体相当于信封里面的内容，而 HTTP 报头相当于信封上的实际通信地址。

※　能力大比拼，看谁做得又好又快　※

　　创建求两个数字的和的 Web Service，并在客户端进行调用，运行结果如图 9－10 所示。

图 9－10　程序运行效果

任务小结

　　------你掌握了吗？
　　（1）Web Service 协议；
　　（2）在客户端调用 Web Service。

项目九　Web Service与AJAX

任务三　AJAX核心控件

任务要点

掌握AJAX核心控件的使用。

导学实践，跟我学

【案例9－3】　实现页面局部刷新在线评论功能。运行效果如图9－11所示。

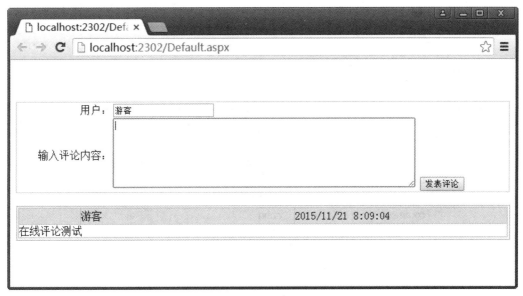

图9－11　在线评论功能

具体步骤如下：

（1）打开Visual Studio 2015，新建ASP.NET网站，并创建默认页面"Default.aspx"。在工具箱中找到"AJAX扩展"选项卡，如图9－12所示。

图9－12　"AJAX扩展"选项卡

在"Default.aspx"页面中拖放ScriptManager控件和UpdatePanel控件，如图9－13所示。

- 269 -

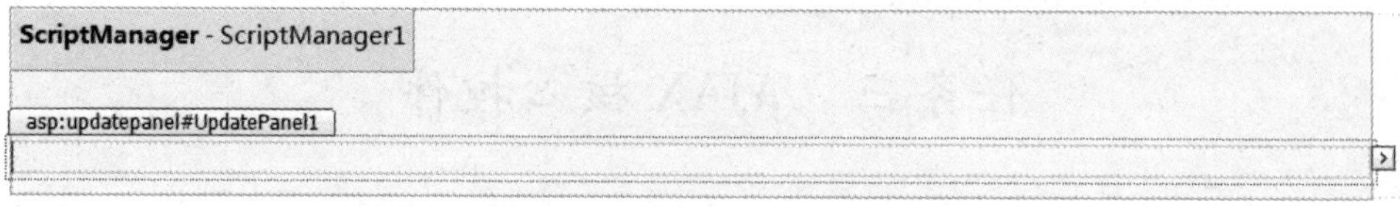

图 9－13　ScriptManager 控件和 UpdatePanel 控件

（2）在“UpdatePanel”中布局在线评论的服务器控件，具体布局控件名称及属性见表 9－1。

表 9－1　控件名称及属性

控件名称	类型	说明
tb_username	TextBox	用户名
tb_comment	TextBox	输入评论内容，多行文本框
datalistComment	DataList	数据显示控件
btnComment	Button	发表评论

对应数据库中的表结构如图 9－14 所示。

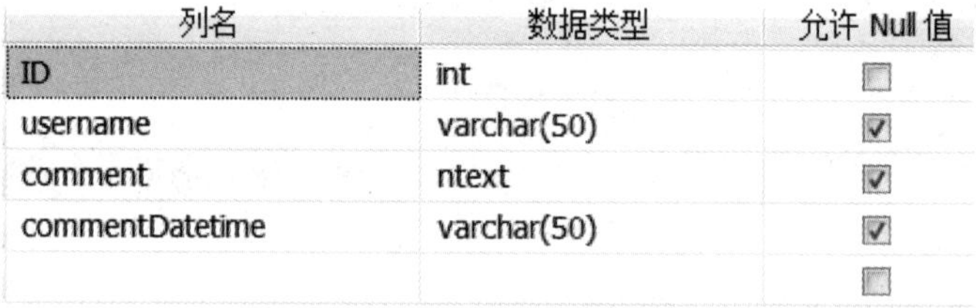

列名	数据类型	允许 Null 值
ID	int	☐
username	varchar(50)	☑
comment	ntext	☑
commentDatetime	varchar(50)	☑
		☐

图 9－14　数据库表结构

在“UpdatePanel”中布局页面，如图 9－15 所示。

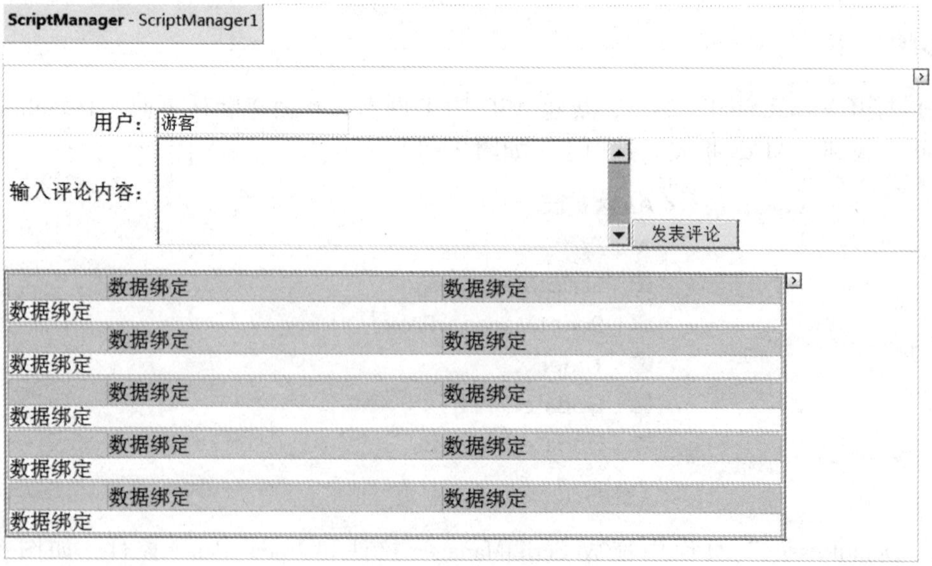

图 9－15　评论页面布局

项目九 Web Service与AJAX

(3) 实现在线评论功能。在"发表评论"按钮事件中,实现发表评论功能的相关代码,如程序清单9-6所示。

```
protected void bind()
    {
        DataTable dt = new sqlHelper().Query("select * from tb_comment");
        datalistComment.DataSource = dt;
        datalistComment.DataBind();
    }
    protected void btnComment_Click(object sender,EventArgs e)
    {
        string comment = tb_comment.Text;
        string username = tb_username.Text;
        if(comment! = "")
        if (new sqlHelper().Update("insert into tb_comment values ('" + username + "','" + comment + "','" + DateTime.Now.ToString() + "')"))
        {
            bind();
        }
    }
```

程序清单9-6 发表评论功能的相关代码

在以上代码中,SqlHelper类可以参考项目八中的SqlHelper类。运行以上代码可以实现图9-11所示的运行效果。从上面的代码中可以发现,在线评论功能的代码与没有"UpdatePanel"的代码基本上一致,但是,在运行时会发现页面数据只是局部更新,这大大提高了用户体验。

背景知识

1. AJAX 简介

AJAX 的全称是"Asynchronous JavaScript and XML",中文含义为"异步JavaScript和XML",它是Web2.0技术的核心,由多种技术组合而成。使用AJAX技术不必刷新整个页面,只需对页面的局部进行更新,可以节省网络带宽,提高网页加载速度,从而缩短用户等待时间,改善用户体验。AJAX技术主要包括:客户端脚本语言JavaScript、异步数据获取技术XMLHttpRequest、数据互换和操作技术XML和XSLT、动态显示和交互技术DOM及基于标准的表示技术XHTML和CSS等。AJAX极大地发掘了Web浏览器的潜力,开启了大量的可能性,从而有效地改善了用户操作体验。

2. AJAX 体系结构

ASP. NET AJAX 由客户端脚本库和服务器端组件构成。其体系结构如图 9－16 所示。

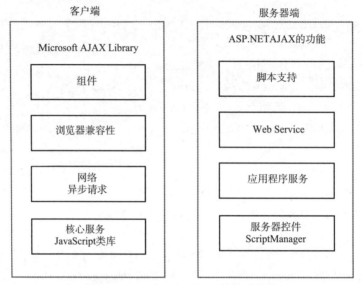

图 9－16　ASP. NET AJAX 的体系结构

1）客户端

ASP. NET AJAX 是微软公司推出的 AJAX 应用框架，实现了对 AJAX 技术的封装。它提供了各种常用浏览器的兼容性，与 ASP. NET 平台进行了集成，对 JavaScript 进行了面向对象的扩展，并为远程 Web Service 提供本地客户端的代理功能。

2）服务器端

在服务器端，提供了脚本支持，实现异步客户端回调功能，并与 Web Service 集成，可以被客户端 JavaScript 直接调用。ASP. NET AJAX 提供了一组 AJAX 风格的服务器控件，其中 ScriptManager 是 AJAX 程序的必须控件，用户统一管理客户端 JavaScript 脚本及外部引用文件。

3. 常用 AJAX 服务器控件

（1）ScriptManger 用户管理客户端组件的脚本资源，为使用其他 AJAX 服务器控件所必需的控件。

（2）UpdatePanel 通过异步调用来刷新部分页面，而不是刷新整个页面。

（3）Updateprogress 提供 UpdatePanel 控件中的部分更新状态信息。

（4）Timer 用于定义回调的时间区间，可以和 UpdatePanel 结合实现在指定时间内刷新局部页面。

※　能力大比拼，看谁做得又好又快　※

使用 Timer 控件和 UpdatePanel 控件实现页面局部更新，显示服务器时间，时间间隔为 1

秒钟。

任务小结

------你掌握了吗？

（1）AJAX；

（2）使用 UpdatePanel 实现页面局部刷新。

任务四　AJAXControlToolKit 控件的使用

任务要点

（1）掌握 AutoCompleteExtender 控件的使用；

（2）掌握 SlideShowExtender 控件的使用。

导学实践，跟我学

【案例 9-4】　使用 AutoCompleteExtender 控件实现文本框自动完成功能，运行效果如图9-17所示。

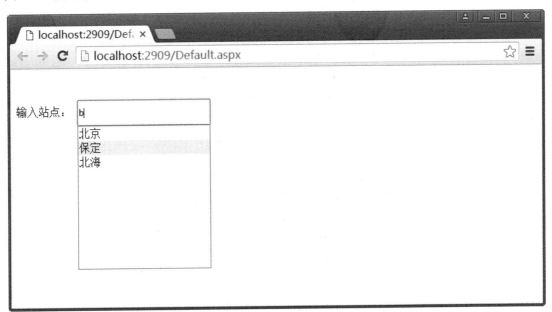

图 9-17　文本框自动完成功能

具体步骤如下：

（1）安装 AJAXControl Toolkit。首先从 AJAXControlToolkit 官方网站下载安装包，如图9-18所示。

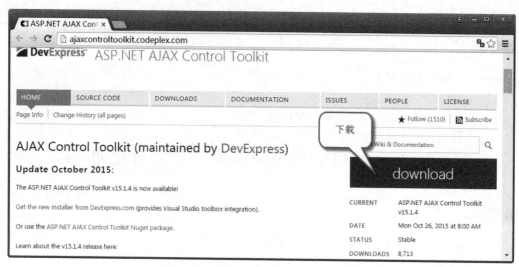

图 9-18　AJAXControlToolKit 下载页面

下载后直接安装，安装成功后，在 Visual Studio 2015 的工具箱中有 "AJAXControlToolKit v15.1" 选项卡，如图 9-19 所示。

图 9-19　"AJAXControlToolKit v15.1" 选项卡

（2）在 Visual Studio 2015 中新建网站，并在网站中新建窗体 "Default.aspx"，在页面中添加 ScriptManager 控件、AutoCompleteExtender 控件和 TextBox 控件，如图 9-20 所示。

图 9-20　设计页面

(3) 配置 AutoCompleteExtender 控件属性。具体配置见表 9-2。

表 9-2 AutoCompleteExtender 属性配置

属性名称	属性值	说明
ID	AutoCompleteCity	
TargetControlID	Tb_City	指定要实现提示功能的控件
ServicePath	WebService.asmx	WebService 的路径
ServeiceMethod	getCity	在 WebService 中用于提取数据的方法的名字
MinimumPrefixLength	1	用来设置用户输入多少字母才出现提示效果
CompletionSetCount	5	设置提示数据的行数
CompletionInterval	100	从服务器获取输入的时间间隔,单位是毫秒

(4) 创建 Web Service。在网站中新建"WebService.asmx",并实现 getCity() 方法。具体代码如程序清单 9-7 所示。

```
[System.Web.Script.Services.ScriptService]
public class WebService:System.Web.Services.WebService {

    public WebService() {

        //如果使用设计的组件,请取消注释以下行
        //InitializeComponent();
    }



    [WebMethod]
    public string[] getCity(string prefixText,int count)
    {
        List<string>l=new List<string>();
        System.Data.DataTable dt = new sqlHelper().Query("select CityName from Citys where CityShortName like '" + prefixText + "%'");
        for(int i=0;i<dt.Rows.Count;i++)
            l.Add(dt.Rows[i][0].ToString());
        return l.ToArray();
    }
}
```

程序清单 9-7 WebService.asmx

后台数据库中城市数据库表结构设计如图9-21所示。

ID	CityName	CityShortName
1	北京	bj
10	天津	tj
11	张家口	zjk

图9-21 数据库表结构

在Web Service中，需要注意以下两点：①如果Web Service允许AJAX远程调用，必须要取消注释行"［System. Web. Script. Services. ScriptService］"；②方法返回的只能是字符串数组类型。

（5）运行网站后可实现图9-17所示的运行效果。

【案例9-5】 使用SlideShowExtender控件实现图片切换功能，运行效果如图9-22所示。

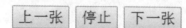

图9-22 图片切换效果

具体步骤如下：

（1）在Visual Studio 2015中新建网站，添加默认页"Default. aspx"，并在页面视图中放置一个ScriptManager控件、1个Image控件、2个Label控件和3个Button控件。Image控件用于显示图片，Label控件用于显示图片标题和图片说明，Button控件用于控制图片显示。具体效果如图9-23所示。

项目九　Web Service与AJAX

图 9-23　图片切换页面设计

（2）设置 SlideShowExtender 控件的相关属性，见表 9-3。

表 9-3　SlideShowExtender 属性配置

属性名称	属性值	说明
ID	SlideShowPic	
TargetControlID	Image1	指定要实现图片切换功能的控件
ImageTitleLabelID	imageTitle	图片标题文本控件
ImageDescriptionLabelID	imageDescription	图片描述显示文本控件
Loop	True	确定是否为图片进行循环放映
NextButtonID	nextButton	控制显示下一张图片的按钮
PlayButtonID	playButton	控制进行播放或停止的按钮
PlayButtonText	播放	当 Image 中的图片在放映时，PlayButtonID 按钮显示的文本
PreviousButtonID	prevButton	控制显示前一张图片的按钮
PlayInterval	2000	播放每幅图片的间隔，单位为毫秒
SlideShowServicePath	WebService.asmx	远程 Web Service 路径
SlideShowServiceMethod	GetSlide	进行幻灯片式放映时加载图片的方法

(3) 创建 Web Service。在网站中新建 "WebService.asmx",并实现 GetSlides() 方法。具体代码如程序清单 9-8 所示。

```
[WebMethod]
public AjaxControlToolkit.Slide[] GetSlide()
{
    return new AjaxControlToolkit.Slide[] {
new AjaxControlToolkit.Slide("images/01.jpg","图片01的标题","图片01的说明"),
new AjaxControlToolkit.Slide("images/02.jpg","图片02的标题","图片02的说明"),
new AjaxControlToolkit.Slide("images/03.jpg","图片03的标题","图片03的说明"),
new AjaxControlToolkit.Slide("images/04.jpg","图片04的标题","图片04的说明")
    };
}
```

程序清单 9-8 GetSlides() 方法

GetSlide() 方法创建了一个 AJAXControlToolkit.Slide 类型的数组,该数组包含了所有要播放的图片,SlideShowExtender 控件调用 GetSlide() 方法,得到这些图片,并将其在 Image 控件中依次显示出来。

(4) 运行程序,即可实现图 9-22 所示的运行效果。

背景知识

1. AJAXControlToolKit 简介

AJAXControlToolKit 是由 CodePlex 开源社区和微软公司共同开发的一个 ASP.NET AJAX 控件包,其中包含了 30 多种服务器端控件,网站开发者可以直接使用,可快速完成 Web 应用程序的开发而不用编写过多的代码,大大提高了 Web 应用程序开发的效率和质量。但是,AJAXControlToolKit 必须构建在 ASP.NET AJAX Extensions 之上。Visual Studio 2015 本身并没有自带 AJAXControlToolKit 控件,必须下载安装后才能使用。使用 AJAXControlToolKit 控件像使用工具箱中的其他控件一样简单。

2. AJAXControlToolKit 常用控件集

AJAXControlToolKit 常用控件见表 9-4。

项目九 Web Service 与 AJAX

表 9 - 4 AJAXControlToolKit 常用控件

名称	功能	名称	功能
Accordion	分类的折叠效果	MutuallyExlcusiveCheckBox	互斥复选框
AlwaysVisibleControl	浮动层	NumericUpDown	数字增减框
Animation	动画效果	PagingBulletedList	分页功能
CascadingDropDown	DropDownList 联动	PasswordStrength	验证密码强度
CollapsiblePanel	任务栏折叠效果	Calendar	日历控件
ConfirmButton	弹出来一个确定对话框	AutoComplete	自动填充
DragPanel	页面拖动	Slider	滑动条
DropDown	以下拉菜单的形式弹出	SlideShow	图片切换
DropShadow	阴影效果	HoverMenu	鼠标靠近时显示菜单
FilteredTextBox	文本框数据过滤	TabContainer	Tab 选项卡

※ 能力大比拼，看谁做得又好又快 ※

使用 Calendar 控件结合文本框控件实现图 9 - 24 所示的效果。

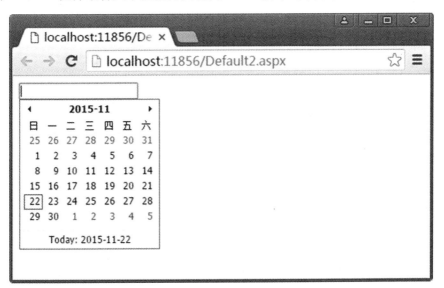

图 9 - 24 实现的效果

任务小结

------ 你掌握了吗？

（1）AJAXControlToolKit 控件的基本知识；
（2）AJAXControlToolKit 控件的使用。

项目十

ASP.NET MVC 技术应用

● 项目任务

MVC 模式是一种应用较为广泛的结构设计模式，广泛应用于企业级 Web 应用程序开发，它将一般的应用程序根据具体功能分为 3 个基本部分：模型（model）、视图（view）和控制器（controller）。在 Visual Studio 2015 中集成了 ASP.NET MVC5.0 的模板，利用这个模板可以方便地构建易扩展、易测试的 Web 应用程序。本项目从 ASP.NET MVC 的基本知识到具体应用，通过具体案例来提高读者对 MVC 框架的认识，使读者能够熟练使用 ASP.NET MVC 框架。

● 学习目标

☆ 掌握 ASP.NET MVC 的基本知识；
☆ 在 ASP.NET MVC 中使用路由；
☆ 在 ASP.NET MVC 中创建实体数据模型；
☆ 掌握视图和控制器之间数据传递的方法。

任务一 Hello ASP.NET MVC

任务要点

(1) 了解 ASP.NET MVC；
(2) 创建一个 ASP.NET MVC 程序。

导学实践，跟我学

【案例 10-1】 创建一个 ASP.NET MVC 程序，根据地址栏传递的参数，在页面显示相应的问候信息。效果如图 10-1 所示。

具体步骤如下：

(1) 打开 Visual Studio 2015，选择"新建项目"命令，从已安装的模板下面选择"ASP.NET Web 应用程序"，如图 10-2 所示。

项目十　ASP.NET MVC技术应用

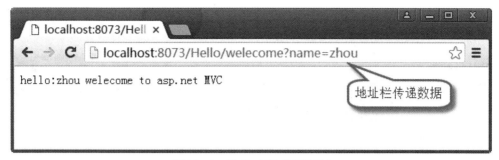

图 10-1　Hello ASP. NET MVC

图 10-2　新建 ASP. NET Web 应用程序

点击"确定"按钮后,弹出选择 ASP. NET MVC4 模板选择窗口,选择"MVC",如图 10-3 所示。

点击"确定"按钮,在"解决方案资源管理器"中自动创建一个基本的 ASP. NET MVC 项目,如图 10-4 所示。

(2)用鼠标右键单击"Controllers"文件夹,添加控制器"HelloController",如图 10-5 所示。

在弹出的对话框中,选择"MVC5 控制器-空",如图 10-6 所示。

点击"添加"按钮,弹出输入控制器名称对话框,如图 10-7 所示。

- 281 -

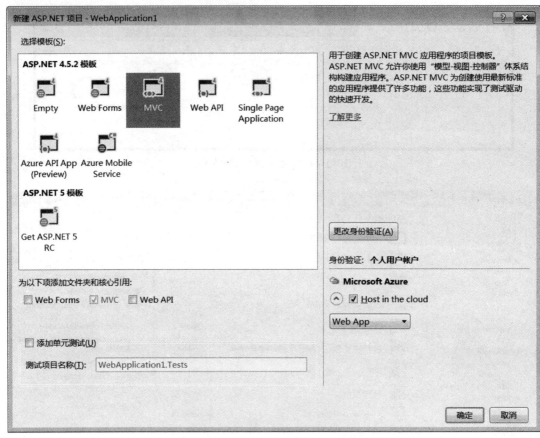

图 10-3　选择 ASP.NET 项目模板

图 10-4　HelloMvc 项目

图 10-5 添加控制器（1）

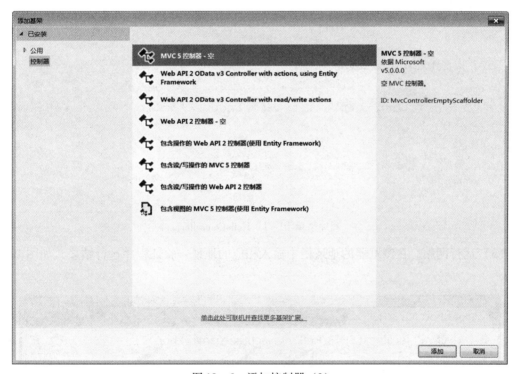

图 10-6 添加控制器（2）

图 10-7 输入控制器名称

在"HelloController"控制器中添加代码，如程序清单 10-1 所示。

```csharp
using System;
using System.Collections.Generic;
using System.Linq;
using System.Web;
using System.Web.Mvc;
namespace HelloMvc.Controllers
{
    publicclass HelloController:Controller
    {

        public ActionResult Index()
        {
            return View();
        }
        public string welcome(string name)
        {
            return HttpUtility.HtmlEncode("hello:" + name + "welcome to ASP.net MVC");
        }
    }
}
```

程序清单 10-1　HelloController

（3）运行网站，在浏览器的地址栏中输入相应的地址，验证程序运行结果，如图 10-8 所示。

图 10-8　程序运行效果

项目十 ASP.NET MVC技术应用

背景知识

1. MVC 简介

MVC 的全称是"Model View Controller",是"模型(model)-视图(view)-控制器(controller)"的缩写。它是一种软件设计典范,用一种业务逻辑、数据、界面显示分离的方法组织代码,将业务逻辑聚集到一个部件里面,在改进和个性化定制界面及用户交互的同时,不需要重新编写业务逻辑。MVC 被独特地发展起来用于映射传统的输入、处理和输出功能(在一个逻辑的图形化用户界面的结构中)。

视图是用户看到并与之交互的界面。对老式的 Web 应用程序来说,视图就是由 HTML 元素组成的界面,在新式的 Web 应用程序中,HTML 依旧在视图中扮演着重要的角色,但一些新的技术层出不穷,它们包括 Adobe Flash 和 XHTML、XML/XSL、WML 等标识语言和 Web Service。MVC 的好处是它能为应用程序处理很多不同的视图。在视图中其实没有真正的处理发生,不管这些数据是联机存储的,还是一个雇员列表,作为视图来讲,它只是作为一种输出数据并允许用户操纵的方式。

模型表示企业数据和业务规则。在 MVC 的 3 个部件中,模型拥有最多的处理任务。它可用来处理数据库,被模型返回的数据是中立的,就是说模型与数据格式无关,这样一个模型能为多个视图提供数据,由于应用于模型的代码只需写一次就可以被多个视图重用,所以这减少了代码的重复性。

控制器接受用户的输入并调用模型和视图去完成用户的需求,所以当单击 Web 页面中的超链接和发送 HTML 表单时,控制器本身不输出任何东西和作任何处理。它只是接收请求并决定调用哪个模型构件去处理请求,然后再确定用哪个视图来显示返回的数据。

模型、视图与控制器分离,这使一个模型可以具有多个显示视图。如果用户通过某个视图的控制器改变了模型的数据,其他所有依赖于这些数据的视图都应该反映出这些变化。模型、视图、控制器三者之间的关系如图 10-9 所示。

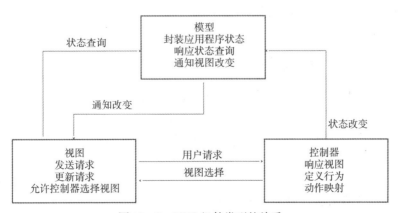

图 10-9 MVC 组件类型的关系

大部分用过程语言比如 ASP、PHP 开发出来的 Web 应用,初始的开发模板就是混合层的数据编程。例如,直接向数据库发送请求并用 HTML 显示,其开发速度往往比较快,但由于数据页面的分离不是很直接,因而很难体现出业务模型的样子或者模型的重用性。产品设计弹性力度很小,很难满足用户的变化性需求。MVC 要求对应用分层,虽然这要花费额外的工作,但产品的结构清晰,产品的应用通过模型可以得到更好的体现。MVC 具有以下优点:首先,最重要的是有多个视图对应一个模型的能力,在目前用户需求的快速变化下,可能有多种方式访问应用的要求;再次,一个应用被分离为三层,因此有时改变其中的一层就能满足应用的改变,改变一个应用的业务流程或者业务规则只需改动 MVC 的模型层,控制层的概念也很有效,由于它把不同的模型和不同的视图组合在一起完成不同的请求,因此,控制层可以说包含了用户请求权限的概念;最后,MVC 还有利于软件工程化管理,不同的层各司其职,每一层的不同应用具有某些相同的特征,有利于通过工程化、工具化产生管理程序代码。

2. ASP.NET MVC

ASP.NET MVC 是微软官方提供的以 MVC 模式为基础的 ASP.NET Web 应用程序(Web Application)框架,它有助于开发人员最大限度地以松耦合方式开发自己的应用程序。ASP.NET MVC 框架具有以下特点:

(1)分离任务(输入逻辑、业务逻辑和显示逻辑),易于测试和默认支持测试驱动开发(TDD)。所有 MVC 用到的组件都基于接口并且可以在进行测试时进行 Mock,用户可在不运行 ASP.NET 进程的情况下进行测试,这使测试更加快速和简捷。

(2)可扩展的、简便的框架。MVC 框架被设计用来更轻松地移植和定制功能。用户可以自定义视图引擎、UrlRouting 规则及重载 Action 方法等。MVC 也支持依赖注入(Dependency Injection,DI)和控制反转(Inversion of Control,IoC)。

(3)强大的 UrlRouting 机制让用户更方便地建立容易理解和可搜索的 URL,为 SEO 提供更好的支持。URL 可以不包含任何文件扩展名,并且可以重写,这使其对搜索引擎更加友好。

(4)可以使用 ASP.NET 现有的页面标记、用户控件、模板页。用户可以使用嵌套模板页,嵌入表达式 <%=%>,声明服务器控件、模板,数据绑定、定位等。

(5)支持现有的 ASP.NET 程序,MVC 让用户可以使用窗体认证和 Windows 认证、URL 认证、组管理和规则、输出、数据缓存、session、profile、health monitoring、配置管理系统、provider architecture 特性。

3. ASP.NET MVC 目录结构

通过 ASP.NET MVC 项目模板创建网站时,根据框架的约定,将模型、视图和控制器及其他内容分别放在不同的目录中,以便开发者维护和管理,如图 10-10 所示。

1)"App_Data"文件夹:存储数据,与 ASP.NET Web 程序中的"App_Data"文件夹功能相同。

2)"Content"文件夹:存放程序中所需要的一些静态资源,如图片、CSS 文件等。

3)"Scripts"文件夹:存放 JavaScript 脚本文件。

4)"Models"文件夹:存放模型组件、关于数据库操作的相关类或对象的定义。

5)"Views"文件夹:存放视图组件,包括.aspx、.ascx 或.master 页面,并且针对每一个控制器在此文件夹中都有一个与控制器对应的目录。

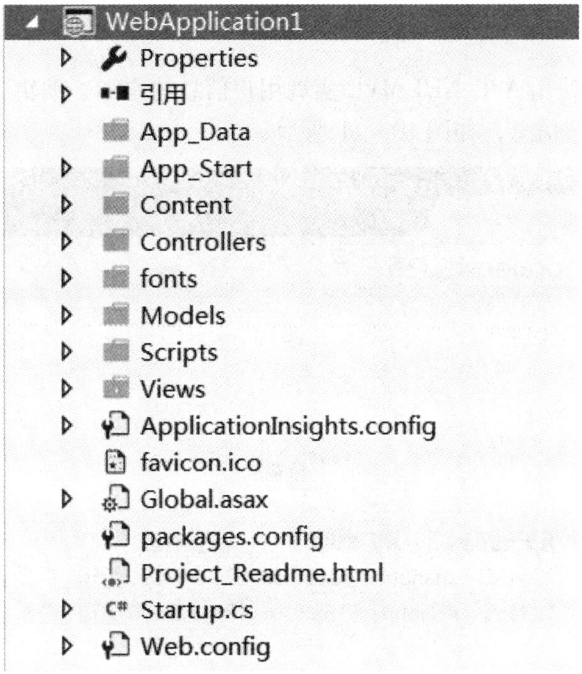

图 10-10 ASP.NET MVC 目录结构

6)"Controllers"文件夹：存放控制器组件。

7)"App_Start"文件夹：放置配置文件代码。

4. ASP.NET MVC 约定

(1) 视图文件默认的目录为"/Views/[ControllerName]/[ActionName].cshtml"。

(2) 控制器都以"Controller"为后缀并且保存在"Controllers"目录下。

(3) Views 目录存放应用程序的视图。视图的路径为"Views/控制器名称/"，但有一个共享目录（"/Views/Shared/"）可以自由存放视图。

任务小结

------你掌握了吗？

(1) ASP.NET MVC；

(2) ASP.NET MVC 程序的创建及程序结构。

任务二　使用 ASP.NET MVC 实现新用户管理功能

任务要点

(1) 了解 ASP.NET MVC 控制器、视图和模型；

(2) 实现用户管理功能。

导学实践，跟我学

【案例 10 – 2】 使用 ASP.NET MVC 实现用户信息的添加、编辑、删除和查询。

（1）查询所有用户信息，如图 10 – 11 所示。

图 10 – 11　查询所有用户信息

（2）可以根据用户的姓名关键字进行查询，运行效果如图 10 – 12 所示。

图 10 – 12　信息搜索功能

（3）注册新用户功能：必填字段给出验证信息，信息注册成功后跳转到列表页面，如图 10 – 13 所示。

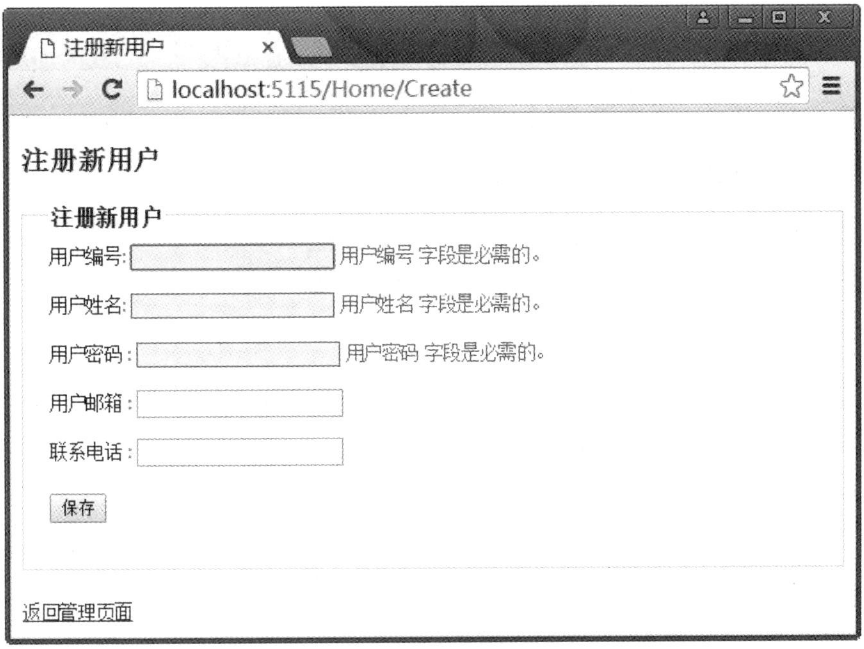

项目十　ASP.NET MVC技术应用

图 10 – 13　注册新用户页面

（4）用户信息的编辑功能：保存成功后跳转到列表页面，如图 10 – 14 所示。

图 10 – 14　编辑用户信息

(5) 用户信息查看功能：点击"查看"按钮后，显示查看页面，如图 10 – 15 所示。

图 10 – 15　查看用户信息

(6) 用户信息删除功能：用户点击"删除"按钮后，跳转到确认删除页面，如图 10 – 16 所示。

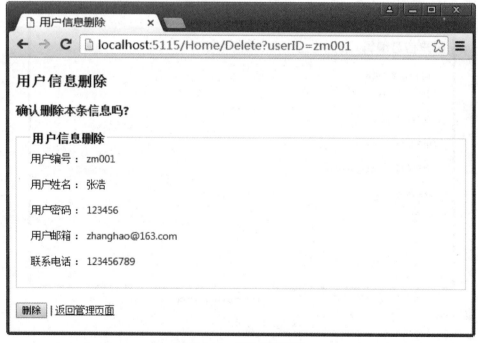

图 10 – 16　删除用户信息

具体步骤如下:

(1) 设计数据库表,具体表结构如图 10 – 17 所示。

列名	数据类型	允许 Null 值
userID	varchar(50)	☐
userName	varchar(50)	☑
userPwd	varchar(50)	☑
userMail	varchar(50)	☑
userPhone	varchar(50)	☑

图 10 – 17 数据库表设计

(2) 创建数据库实体模型。用鼠标右键单击"Models"文件夹,选择"添加新项"→"ADO. NET 实体数据模型",如图 10 – 18 所示。

图 10 – 18 添加实体数据模型

点击"添加"按钮,弹出"实体数据模型向导",在"选择模型内容"对话框中,选择"从数据库生成",如图 10 – 19 所示。

点击"下一步"按钮,弹出"选择数据库连接"对话框,直接点击"新建连接",创建数据库连接,并将连接字符串保存到"web. config"文件中,如图 10 – 20 所示。

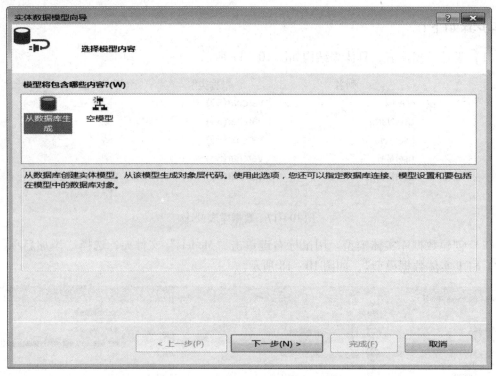

图 10-19　"选择模型内容"对话框

图 10-20　配置数据库连接

单击"下一步"按钮，弹出"选择您的数据库对象和设置"对话框，选中要保存数据的表"Tb_User"，最后单击"完成"按钮，如图 10-21 所示。

图 10-21　选择数据库对象

数据库实体模型创建成功后，将生成 Tb_User 实体对象模型，如图 10-22 所示，同时将在"Models"文件夹下生成相应的文件，如图 10-23 所示。

图 10-22　实体对象模型

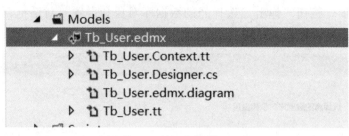

图 10 – 23　数据实体模型文件

（3）配置实体类属性。

在生成数据库实体模型后，在"Tb_User.tt"文件夹下面找到"Tb_User.cs"文件并打开，针对属性添加相应的数据注释，具体程序代码如程序清单 10 – 2 所示。

```
using System;
using System.Collections.Generic;
using System.ComponentModel.DataAnnotations;
using System.ComponentModel;

public partial class Tb_User
{
[Required]
[Display(Name="用户编号")]
public string userID { get;set;}
[Required]
[Display(Name="用户姓名")]
public string userName { get;set;}
[Required]
[Display(Name="用户密码")]
[DataType(DataType.Password)]
public string userPwd { get;set;}
[Display(Name="用户邮箱")]
public string userMail { get;set;}
[Display(Name="联系电话")]
public string userPhone { get;set;}
}
```

程序清单 10 – 2　实体类设计

其中"Required"注释表示某一个特定属性是必需的，将强制确保该属性中包含数据；"Display"为模型属性设置友好的显示名称；"DataType"为运行时提供关于属性的特定信息，比如密码类型，在 HTML 编辑器渲染时自动渲染一个 Password 输入框。

项目十 ASP.NET MVC技术应用

（4）添加控制器，并实现获取用户信息列表页面。用鼠标右键单击"Controller"文件夹，选择"添加新项"→"控制器"，模板选择"空 MVC 控制器"，然后输入控制器名称"Home Controller"，如图 10 – 24 所示。

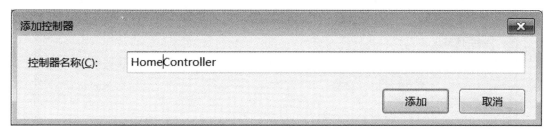

图 10 – 24　添加控制器

在控制器中添加方法，用于获取用户信息列表，如程序清单 10 – 3 所示。

```
Models.UserEntities db = new Models.UserEntities();//创建数据实体对象
    public ActionResult Index()
    {
    var model = db.Tb_User.ToList();
    return View(model);
    }
```

程序清单 10 – 3　获取用户信息列表

在控制器代码中，单击鼠标右键，在弹出的菜单中选择"添加视图"，如图 10 – 25 所示。

图 10 – 25　添加视图

在弹出的"添加视图"对话框中，设置"视图名称"为"Index"，"视图引擎"选择"Razor"，选中"创建强类型视图"，在"模型类"中选择"Tb_User"，"支架模板"选择"Empty"，用于创建一个带有模型实例表的视图，每个属性生成一列，具体如图 10 – 26 所示。

单击"添加"按钮，将在"Views"目录下面的"Home"文件夹下创建一个"Index.cshtml"文件。编辑"Index.cshtml"，如程序清单 10 – 4 所示。

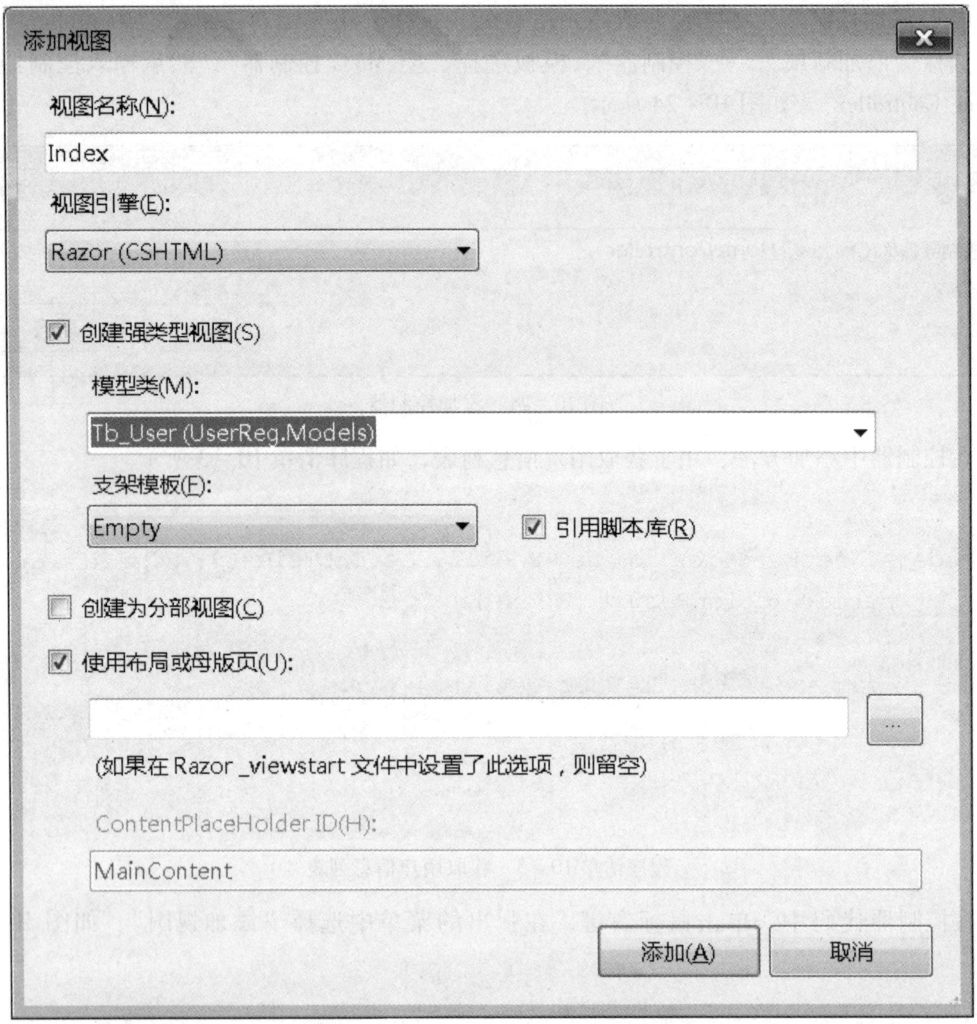

ASP.NET程序设计项目教程（第2版）

图 10-26 "添加视图"对话框

```
@model IEnumerable<UserReg.Models.Tb_User>
@{
    ViewBag.Title = "用户管理";
}
<h2>用户管理</h2>
<p>
    @Html.ActionLink("注册新用户","Create")
</p>
@using(Html.BeginForm("Search","Home",FormMethod.Post)){
<div>输入姓名关键字：<input type="text" name="key"/><input type="submit" value="搜索"/></div>
}
```

项目十 ASP.NET MVC技术应用

```
    <br>
    <table border = "1"style = "border:1px solid#ccc;border - collapse:
collapse;">
        <tr>
            <th>@Html.DisplayNameFor(model =>model.userID) </th>
            <th>@Html.DisplayNameFor(model =>model.userName) </th>
            <th>@Html.DisplayNameFor(model =>model.userPwd) </th>
            <th>@Html.DisplayNameFor(model =>model.userMail) </th>
            <th>@Html.DisplayNameFor(model =>model.userPhone) </th>
            <th></th>
        </tr>
    @foreach (var item in Model) {
        <tr>
            <td>@Html.DisplayFor(modelItem =>item.userID) </td>
            <td>@Html.DisplayFor(modelItem =>item.userName) </td>
            <td>@Html.DisplayFor(modelItem =>item.userPwd) </td>
            <td>@Html.DisplayFor(modelItem =>item.userMail) </td>
            <td>@Html.DisplayFor(modelItem =>item.userPhone) </td>
            <td>
                @Html.ActionLink("编辑","Edit",new { userID = item.userID}) |
                @Html.ActionLink("查看","Details",new { userID = item.userID }) |
                @Html.ActionLink("删除","Delete",new { userID = item.userID })
            </td>
        </tr>
    }
    </table>
```

程序清单10-4 用户信息列表页面视图

在上面的程序代码中，用到了 Razor 语法。Razor 是一种允许向网页中嵌入基于服务器的代码（Visual Basic 和 C#）的标记语法。当网页被写入浏览器时，基于服务器的代码能够创建动态内容。在网页加载时，服务器在向浏览器返回页面之前，会执行页面内的基于服务器的代码。由于是在服务器上运行，这种代码能执行复杂的任务，比如访问数据库。Razor 基于 ASP.NET，它为 Web 应用程序的创建而设计，具体可参考后面的"背景知识"部分。

（5）实现添加新用户功能。首先在 HomeController 中添加方法，用于新用户注册，如程序清单10-5所示。

```
        public ActionResult Create( )
        {
            Models.Tb_User t = new Models.Tb_User();
            return View(t);
        }
        [HttpPost]
        public ActionResult Create(Models.Tb_User t)
        {
            db.Tb_User.Add(t);
            db.SaveChanges();
            return RedirectToAction("/Index");
        }
```

程序清单 10 - 5　新用户注册

其中 Create( ) 方法用于跳转到用户信息添加视图页面，而 Create(Models. Tb_User t) 方法用于接受客户端信息请求，并实现数据保存功能。

其次，在控制器中添加视图，名称为"Create"，其配置和"Index"视图类似，只是"支架模板"选择"Create"，生成视图后编辑程序代码，如程序清单 10 - 6 所示。

```
@model UserReg.Models.Tb_User
@{
    ViewBag.Title = "注册新用户";
}
<h2>注册新用户</h2>
@using (Html.BeginForm()) {
    @Html.ValidationSummary(true)
    <fieldset>
        <legend>注册新用户</legend>
        <div class = "editor - label">
            @Html.LabelFor(model => model.userID):
            @Html.EditorFor(model => model.userID)
            @Html.ValidationMessageFor(model => model.userID)
        </div>
        <div class = "editor - label">
            @Html.LabelFor(model => model.userName):
            @Html.EditorFor(model => model.userName)
            @Html.ValidationMessageFor(model => model.userName)
        </div>
```

```
            <div class="editor-label">
                @Html.LabelFor(model =>model.userPwd):
                @Html.EditorFor(model =>model.userPwd)
                @Html.ValidationMessageFor(model =>model.userPwd)
            </div>
            <div class="editor-label">
                @Html.LabelFor(model =>model.userMail):
                @Html.EditorFor(model =>model.userMail)
                @Html.ValidationMessageFor(model =>model.userMail)
            </div>
            <div class="editor-label">
                @Html.LabelFor(model =>model.userPhone):
                @Html.EditorFor(model =>model.userPhone)
                @Html.ValidationMessageFor(model =>model.userPhone)
            </div>
            <p>
                <input type="submit" value="保存"/>
            </p>
        </fieldset>
}
<div>
    @Html.ActionLink("返回管理页面","Index")
</div>
    @section Scripts{
    @Scripts.Render("~/bundles/jqueryval")
}
```

程序清单10-6 新用户注册视图

"Create"支架模板用于创建视图,其中带有创建模型新实例的表单,为模型的每一个属性生成一个标签和编辑器。在上面的程序清单中,"@Html.LabelFor()"主要是针对强类型,返回一个HTML label 元素和由指定表达式表示的属性名称;"@Html.EditorFor()"返回一个由表达式表示的对象中的每个属性所对应的 input 元素,主要是针对强类型;"@Html.ValidationMessageFor()"针对实体属性需要验证时所显示的验证消息。

(6)实现用户信息编辑功能。

首先在HomeController中添加方法,用于编辑用户信息,具体程序代码如程序清单10-7所示。

```
public ActionResult Edit(string userID)
    {
        Models.Tb_User user = db.Tb_User.Find(userID);
        if (user == null)
        {
            return View();
        }
        return View(user);
    }
    [HttpPost,ActionName("Edit")]
    public ActionResult Edit(Models.Tb_User t)
    {
        if (ModelState.IsValid)
        {
            db.Entry(t).State = EntityState.Modified;
            db.SaveChanges();
            return RedirectToAction("/Index");
        }
        return View(t);

    }
```

程序清单 10-7 实现用户信息编辑功能

在上面的程序中，第一个 Edit（string userID）方法用于从地址栏获取用户编号，根据用户编号到数据库中查找，找到后返回用户对象，并传递到编辑视图中；第二个方法用于接收用户修改后的数据，并保存到数据库中。其次，在控制器中添加视图，名称为"Edit"，其配置和"Index"视图类似，只是"支架模板"选择"Edit"，生成视图后编辑程序代码，如程序清单 10-8 所示。

```
@model UserReg.Models.Tb_User
@{
    ViewBag.Title = "用户信息编辑";
}
<h2>用户信息编辑</h2>
@using (Html.BeginForm()) {
@Html.ValidationSummary(true)
<fieldset>
    <legend>用户信息编辑</legend>
    <div class="editor-label">
```

```
            @Html.LabelFor(model =>model.userID):
            @Html.EditorFor(model =>model.userID)
            @Html.ValidationMessageFor(model =>model.userID)
        </div>
        <div class = "editor-label">
            @Html.LabelFor(model =>model.userName):
            @Html.EditorFor(model =>model.userName)
            @Html.ValidationMessageFor(model =>model.userName)
        </div>
        <div class = "editor-label">
            @Html.LabelFor(model =>model.userPwd)   :
            @Html.EditorFor(model =>model.userPwd)
            @Html.ValidationMessageFor(model =>model.userPwd)
        </div>
        <div class = "editor-label">
            @Html.LabelFor(model =>model.userMail):
            @Html.EditorFor(model =>model.userMail)
            @Html.ValidationMessageFor(model =>model.userMail)
        </div>
        <div class = "editor-label">
            @Html.LabelFor(model =>model.userPhone):
            @Html.EditorFor(model =>model.userPhone)
            @Html.ValidationMessageFor(model =>model.userPhone)
        </div>
        <p><input type = "submit" value = "保存"/>
        </p>
    </fieldset>
}<div>
    @Html.ActionLink("返回管理页面","Index")
</div>
@section Scripts{
    @Scripts.Render("~/bundles/jqueryval")
}
```

程序清单10-8 用户信息编辑视图

"Edit"支架模板用于创建一个带有编辑现有模型实例的表单,并为模型的每一个属性生成一个标签和输入框。

(7)实现用户信息查看功能。

首先在 HomeController 中添加方法，用于编辑用户信息，具体程序代码如程序清单 10 – 9 所示。

```csharp
public ActionResult Details(string userID)
{
    var model = db.Tb_User.First(a => a.userID == userID);
    return View(model);
}
```

程序清单 10 – 9　实现信息查看功能

其次，在控制器中添加视图，名称为"Details"，其配置和"Index"视图类似，只是"支架模板"选择"Details"。

（8）实现用户信息删除功能。

首先在 HomeController 中添加方法，用于编辑用户信息，具体程序代码如程序清单 10 – 10 所示。

```csharp
public ActionResult Delete(string userID)
{
    var model = db.Tb_User.First(a => a.userID == userID);
    return View(model);
}
[HttpPost,ActionName("Delete")]
public ActionResult DeleteConfirm(string userID)
{
    var model = db.Tb_User.First(a => a.userID == userID);
    db.Tb_User.Remove(model);
    db.SaveChanges();
    return RedirectToAction("Index");
}
```

程序清单 10 – 10　实现信息删除功能

在上面的程序中，Delete（string userID）方法用于根据用户编号，先找到这个用户对象，并传递到视图中，且接收的是 HttpGet 请求；DeleteConfirm（string userID）方法用于根据传递的用户编号，从数据库中删除该条数据，为了和第一个方法区分开来，它换了一个方法名称，而 ActionName 仍然采用"Delete"，并且接收的是 HttpPost 请求。

其次，在控制器中添加视图，名称为"Delete"，其配置和"Index"视图类似，只是"支架模板"选择"Delete"。

（9）实现根据用户姓名关键字搜索功能。

首先在 HomeController 中添加方法，用于根据用户姓名关键字搜索功能，具体程序代码如程序清单 10-11 所示。

```
[HttpPost,ActionName("Search")]
        public ActionResult Search(string key)
        {
            var model = from m in db.Tb_User select m;
            if (key!="")
            {
                model = model.Where(s =>s.userName.Contains(key));
            }
            return View(model);
        }
```

程序清单 10-11 实现根据用户姓名关键字搜索功能

在上面的程序中，根据用户传递的姓名关键字，如果关键字为空，则返回所有用户对象，否则将返回所有姓名中包含该关键字的用户信息，这里使用了 LINQ 和 Lambda 表达式来实现数据的过滤功能。

其次，在控制器中添加视图，名称为"Search"，其配置和"Index"视图相同。

（10）运行程序，验证程序运行效果。

背景知识

1. ADO. NET 实体框架

实体框架是 ADO. NET 中的一套支持开发面向数据的软件应用程序的技术。面向数据的应用程序的开发人员解决业务问题的实体、关系和逻辑构建模型，还必须处理用于存储和检索数据的数据引擎。数据可能跨多个各有不同协议的存储系统，甚至使用单个存储系统的应用程序也必须在存储系统的要求与编写高效且容易维护的应用程序代码之间取得平衡。

实体框架使开发人员可以采用特定于域的对象和属性（如客户和客户地址）的形式使用数据，而不必考虑存储这些数据的基础数据库表和列。借助实体框架，开发人员在处理数据时能够以更高的抽象级别工作，并且能够以相比传统应用程序更少的代码创建和维护面向数据的应用程序。

面向对象的编程对与数据存储系统的交互提出了一个难题。虽然类的组织结构通常可以比较接近地反映关系数据库表的组织结构，但这种对应关系并不完美。多个规范化表通常对应于单个类，而且类间关系的表示方式与表间关系的表示方式通常也不相同。

实体框架将逻辑模型中的关系表、列和外键约束映射到概念模型中的实体和关系。这在定义对象和优化逻辑模型方面都增加了灵活性。实体数据模型 工具基于概念模型生成可扩展数据类。这些类是分部类，可以通过开发人员添加的其他成员进行扩展。在默认情况下，为特定概念模型生成的类派生自基类，这些基类提供服务，将实体具体化为对象以便跟踪、保存和更改。开发人员可以像处理通过关联相关的对象一样使用这些类，处理实体和关系。

实体框架中包含 EntityClient 数据提供程序。此提供程序管理连接，将实体查询转换为特定于数据源的查询，并返回实体框架，将实体数据具体化为对象的数据读取器。当不需要对象具体化时，通过使应用程序执行 Entity SQL 查询并使用返回的只读数据读取器，还可以像使用标准 ADO.NET 数据提供程序一样使用 EntityClient 提供程序。实体框架体系结构如图 10 – 27 所示。

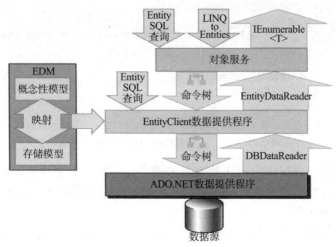

图 10 – 27　实体框架体系结构

2. 数据注释

数据注释定义在命名空间 System.ComponentModel.DataAnnotations 中，它提供了服务器端验证的功能，当然也支持客户端验证。其有 4 个特性可以应对一般的验证场合。

（1）Required：当实体属性值是 null 或空时，Required 特性将会引发一个验证错误。

（2）StringLength：指定允许输入字符串的最大长度。

（3）RegularExpression：正则表达式能够匹配的字符串，如果不能匹配，则报一个验证错误。

（4）Range：Range 特性用来指定数值类型值的最小值和最大值。

和验证特性一样，模型的元数据提供器会收集下面的显示（和编辑）注释信息，以便 HTML 辅助方法和 ASP.NET MVC 运行时其他组件的使用。HTML 辅助方法可以使用任何可用的元数据来改变模型的"显示"和"编辑"视图。

（1）Display：Display 特性可以为模型属性设置友好的显示名称，其次 Display 还支持显示属性的顺序。

（2）ScaffoldColumn：隐藏 Html 辅助方法（如 EditorForModel，DisplayForModel）显示一些属性。

（3）DisplayFormat：DisplayFormat 特性可以用来处理属性的各种格式化选项。当属性包含空值时，可以提供可选的显示文本，也可以为包含标记的属性关闭 HTML 编码，还可以为运行时指定一个应用于属性值的格式化字符串。

(4) ReadOnly：如果确保默认的模型绑定器不使用请求中的新值更新属性，可以给属性添加 ReadOnly 特性。

(5) DataType：DataType 特性可以为运行时提供关于属性的特定用途的信息。

(6) HiddenInput：HiddentInput 在名称空间 System. Web. Mvc 中，它可以告知运行时渲染一个 type 特性值为 " hidden" 的输入元素，也就是 " <input type = " hidden" value = " xxx" / >"。

3. Razor 视图引擎

Razor 视图引擎是 ASP. NET MVC3 中新扩展的内容，并且也是框架的默认视图引擎。Razor 为视图提供了一种精简的语法，最大限度地减少了语法和额外的字符，并且在视图标记语言中没有新的语法规则，同时 VisualStudio 又为 Razor 添加了智能感知功能，使得视图代码的编写非常流畅。

1) Razor 文件类型

Razor 可以在 VB. NET 和 C#中使用。分别对应了两种文件类型：. vbhtml 和. cshtml。

2) Razor 的标识符

@ 字符被定义为 Razor 服务器代码块的标识符，其后面是服务器代码。

3) Razor 的作用域

Razor 的作用域和 C#代码类似，也是使用大括号 {}，大括号里面是表示作用域的范围，代码块形如@{code}。在作用域（代码块）中，输出也是用@ 符号标识的。

4) 用 Razor 和 html 代码混合编写

在 Razor 中写 html 代码和在 html 代码中写 Razor 语句都是可以的，并且还有智能提示。

5) Razor 作用块注释

Razor 作用块里面是服务器代码，因此可使用服务器代码的注释，注释包括 "//" 和 "/ * * /"，分别是单行注释和多行注释。另外，Razor 注释还可以使用自身特有的 "@ * 注释的内容 * @" 的形式，支持单行和多行的。

6) Razor 类型转换

```
AsInt(),IsInt()
AsBool(),IsBool()
AsFloat(),IsFloat()
AsDecimal(),IsDecimal()
AsDateTime(),IsDateTime()
ToString()
```

7) 布局（Layout）

Llayout 方式布局就相当于模板，用户在其地址位置添加代码。这相当于定义好了框架，作为一个母版页，在它下面的页面需要修改不同代码的地方使用@ RenderBody() 方法。

8) Section 区域

Section 是定义在 Layout 页面中使用的。在 Layout 的父页面中使用 "@ RenderSection (" Section 名称 ")"。

4. HTML 辅助方法

HTML 辅助方法（HTML helper）用来辅助产生 HTML。用户在开发 View 的时候会面对许多 HTML 标签，处理这些标签很烦琐，为了降低 View 的复杂度，可以使用 HTML 辅助方法帮助产生一些 HTML 标签或内容，因为这些 HTML 标签都有固定的标准写法，所以将其包装成 HTML 辅助方法，从而令 View 开发更快速，也可以避免不必要的语法错误。常用的 HTML 辅助方法有以下几种：

1）Html.BeginForm()

该方法与传统的表单提交相同，主要是生成表单的 form 值，如果表单是强类型视图，则在提交表单的时候，会自动将表单元素 name 的名称与强类型视图中的类型实体的相同属性值进行填充；同样在表单中，如果是强类型视图，则可以直接使用 "@Model.UserName" 将值输送到指定位置。其一般和 using{} 一起使用，否则要在 form 结尾添加 Html.EndForm()。该方法分为 post 和 get，提交后，变量可以在 URL 地址栏中获取。Get 提交的时候，不会改变服务器的状态，客户端重复向服务器发送 Get 请求对服务器不会产生负面影响。post 提交表单中的所有元素，post 请求会改变服务器的状态。其使用方法如下：

```
@using( Html.BeginForm( "方法名","Controller 名",FormMethod.提交的方法,new { target = "_blank",@class = "表单的class名,方便定义样式",@id = "表单的id名,方便获取表单元素"} )){  }
```

2）Html.ValidationSummary()

该方法用于显示后台 ModelState.IsValid 验证失败后的提示错误信息，或者后台验证通过，但是某些逻辑验证没有通过时的信息。比如在登录失败时，就可以在视图中使用 "@Html.ValidationSummary（true,"登录失败，请重新检查你的用户名密码"）"。

3）Html.ValidationMessage()

该方法的功能和 Html.ValidationSummary() 类似，当 ModelState 字典中认证失败时，用来显示错误提示信息。

4）Html.ActionLink()

该方法用于渲染指定另外一个控制器操作的超链接，跟前面的 BeginForm 辅助方法一样。其具体使用方法如下：

```
@Html.ActionLink("Link Text 显示的链接名称","AnotherAction 要提交的控制器方法名称")
```

5）Html.TextBox()、Html.TextArea()

这两个方法主要用来渲染 HTML 的 textbox 和 textarea。其具体使用方法如下：

```
@Html.TextBox("ID 编号","文本框内容")
@Html.TextArea("ID 编号","文本域内容")
```

6）Html. Label( )

Label 辅助方法将返回一个 < label/ > 元素。其具体使用方法如下：

```
@ Html.Label("用户编号")
```

7）Html. DropDownList( )、Html. ListBox( )

这两个辅助方法都返回 select 元素，DropDownList 辅助方法只允许单选，而 ListBox 辅助方法则允许多选，后台绑定数据源一般使用 SelectListItem 类型。其具体使用方法如下：

```
new SelectListItem
{
    Text = "显示内容",
    Value = "对应的值",
    Selected = bool 值(是否选中)
}
```

8）Html. Password( )

该方法用于渲染密码字段。它除了不保留提交的值和使用密码掩码之外，其他基本和 TextBox 辅助方法一样

9）Html. CheckBox( )

该方法用于渲染复选框按钮（checked、unchecked）。它是唯一一个渲染两个输入元素的辅助方法，在没选中的时候，确保有值提交。其使用方法如下：

```
@ Html.CheckBox("isChecked")
对应于：
 < input name = "isChecked" id = "isChecked" type = "checkbox" value = "true"/>
 < input name = "isChecked" type = "hidden" value = "false"/>
```

10）Html. RadioButton( )

该方法用于渲染单选按钮，一般都是组合使用。其使用方法如下：

```
@ Html.RadioButton("Gender","男")
@ Html.RadioButton("Gender","女",true)
```

5. 控制器 Controller

Controller 是 ASP. NET MVC 的核心，负责处理浏览器请求，并作出响应。Cotroller 本身是一个类（Class），该类有多个方法（Method）。在这些方法中，只要是公开方法，该方法即被视为一个动作（Action）；只要有动作存在，就可以通过该动作方法接收网页请求并决定应响应的视图。

1) Controller 的基本要求：
（1）Controller 必须是公共（Public）类；
（2）Controller 的名称必须以"Controller"结尾；
（3）所有方法必须为 Public 方法。该方法可以没有参数，也可以有多个参数。
（4）必须继承 ASP.NET MVC 的 Controller 类，或继承实现 IController 接口的自定义类，或自身实现 IController 接口。

2) 动作名称选择器

当通过 ActionInvoker 选取 Controller 中的公共方法时，默认用 Reflection 方式取得 Controller 中具有相同名称的方法。例如：public ActionResult Index()，默认以"Index"作为选择器。当然，也可以通过在 Action 上使用 ActionName 属性（Attribute）来指定 Action，这就是动作名称选择器（Action Name Selector），例如：

```
[HttpGet,ActionName("Edit")]
public ActionResult Edit(string userID)
```

3) 动作方法选择器

在通过 ActionInvoker 选取 Controller 中的公共方法时，ASP.NET MVC 还提供了一个特性，即动作方法选择器（Action Method Selector），以帮助 ActionInvoker 选择适当的 Action。

若将 NonAction 属性应用在 Controller 中的 Action 方法上，即使该 Action 方法是公共方法，也会告知 ActionInvoker 不要选择这个 Action 来执行。这个属性主要用来保护 Controller 中的特定公共方法不会被发布到 Web 上。在功能尚未开发完成就要进行部署时，若暂时不想将此方法删除，也可以使用这个属性。

HttpGet、HttpPost、HttpDelete、HttpInput 属性是动作方法选择器的一部分，这些属性常用在需要接收窗口数据的时候。例如：创建两个同名的 Action，一个应用 HttpGet 属性来显示窗口 HTML，另一个应用 HttpPost 属性来接收窗口发送的值。

4) ActionResult 类

ActionResult 类是 Action 执行的结果，但 ActionResult 中并不包含执行结果，而是包含执行响应时所需要的信息。当 Action 返回 ActionResult 类之后，会由 ASP.NET MVC 执行。具体描述见表 10-1。

表 10-1 ActionResult 类

类	Controller 辅助方法	用途
ContentResult	Content	返回一段用户自定义的文字内容
EmptyResult		不返回任何数据，即不响应任何数据
JsonResult	Json	将数据序列转化成 JSON 格式返回
RedirectResult	Redirect	重定向到指定的 URL

续表

类	Controller 辅助方法	用途
RedirectToRouteResult	RedirectToAction RedirectToRoute	重定向到 Action 或 Route
ViewResult	View	使用 IViewInstance 接口和 IViewEngine 接口,实际输出的数据是 IViewEngine 接口和 View
PartialViewResult	PartialView	与 ViewResult 类相似,返回的是"部分显示"
FileResult	File	以二进制串流的方式返回一个文件数据
JavaScriptResult	JavaScript	返回 JavsScript 指令码

6. URL 路由

对于一个 ASP.NET MVC 应用来说,针对 HTTP 请求的处理实现在某个 Controller 类型的某个 Action 方法中,每个 HTTP 请求不再像 ASP.NET Web Forms 应用一样对应着一个物理文件,而是对应着某个 Controller 的某个 Action。目标 Controller 和 Action 的名称包含在 HTTP 请求的 URL 中,而 ASP.NET MVC 的首要任务就是通过当前 HTTP 请求的解析得到正确的 Controller 和 Action 的名称,这个过程是通过 ASP.NET MVC 的 URL 路由机制来实现的。

ASP.NET 定义了一个全局的路由表,路由表中的每个路由对象包含一个 URL 模板。目标 Controller 和 Action 的名称可以通过路由变量以占位符(比如"{controller}"和"{action}")定义在 URL 模板中,其也可以作为路由对象的默认值。对于每一个抵达的 HTTP 请求,ASP.NET MVC 会遍历路由表找到一个具有与当前请求 URL 模式匹配的路由对象,并最终解析出以 Controller 和 Action 名称为核心的路由数据。

在项目文件夹"App_Start"中,打开"RouteConfig.cs"文件即可以看到默认配置,如程序清单 10-12 所示。

```
public class RouteConfig
{
    public static void RegisterRoutes(RouteCollection routes)
    {
        routes.IgnoreRoute("{resource}.axd/{*pathInfo}");
        routes.MapRoute(
            name:"Default",
            url:"{controller}/{action}/{id}",
            defaults:new { controller ="Home",action ="Index",id =UrlParameter.Optional}
        );
    }
}
```

程序清单 10-12   URL 路由配置

默认的路由表包含一个路由（命名为"Default"），默认路由第一段 URL 映射到一个控制器名字，由第二段 URL 映射到一个动作，由第三段 URL 映射到一个参数（id）。例如在浏览器地址栏输入以下 URL：

```
/Home/Index/3
```

默认路由映射以下参数：

```
controller = Home
action = Index
id = 3
```

当请求"URL /Home/Index/3"时，以下代码会被执行：
HomeController.Index(3)

在 ASP.NET MVC 框架中的路由主要有以下两种用途：①匹配传入的请求，并把请求映射到控制器操作上；②构造传出的 URL，响应控制器的操作。

※ 能力大比拼，看谁做得又好又快 ※

基于本项目的数据库，实现注册用户登录功能，具体效果如图 10-28 所示。

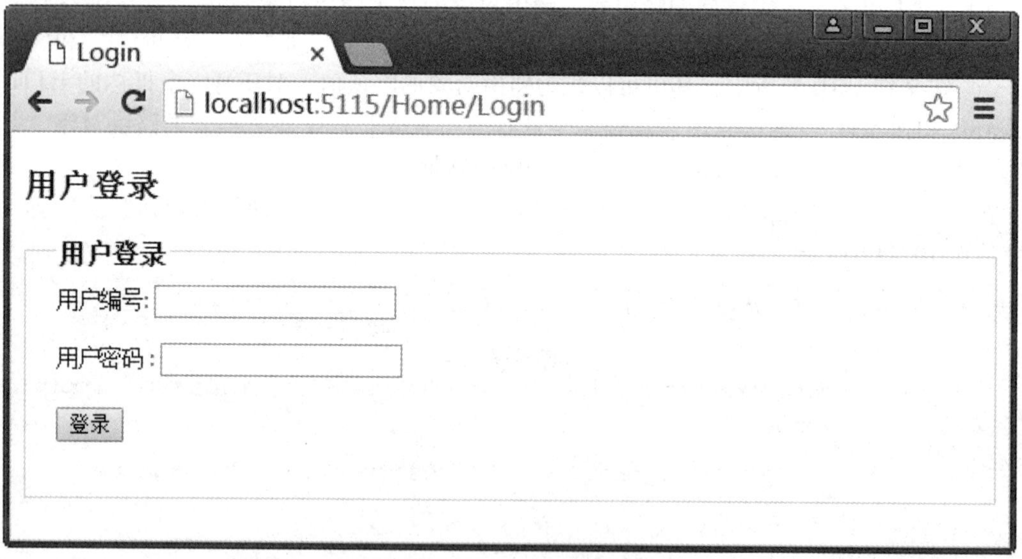

图 10-28 用户登录界面

如果用户编号不存在，则在"用户编号"文本框后面提示"用户不存在"，如图 10-29 所示。

如果用户名密码错误，则在"用户密码"文本框后提示"用户名密码错误"，如图10-30 所示。

如果用户名密码正确，则跳转到"Main"视图，并显示欢迎词"welecome：XX"，如图 10-31 所示。

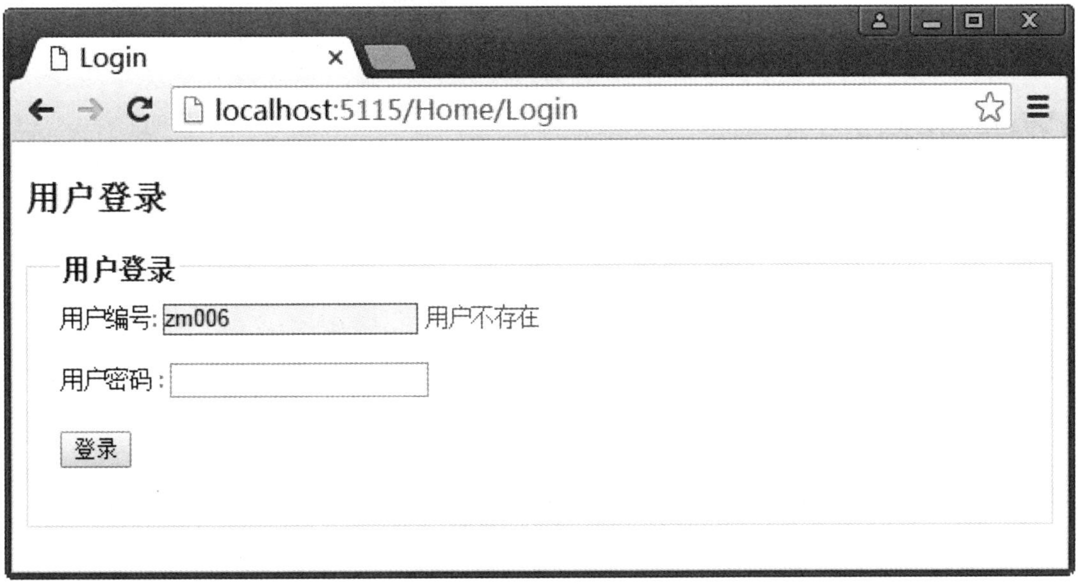

图 10-29 提示"用户不存在"

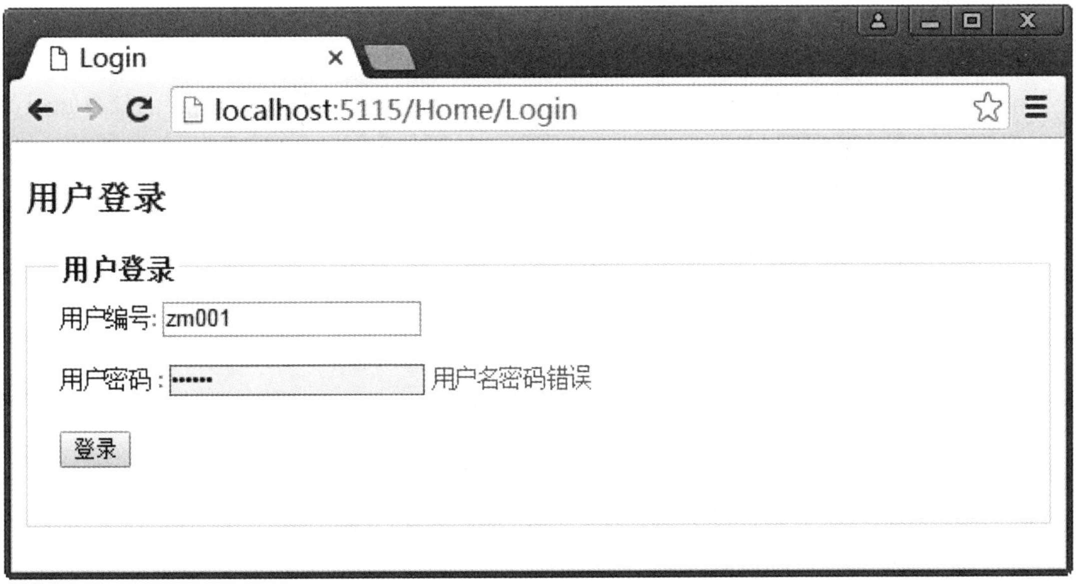

图 10-30 提示"用户名密码错误"

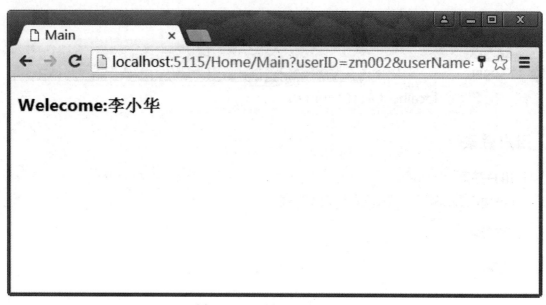

图 10-31 用户登录成功界面

任务小结

------你掌握了吗？

（1）ASP.NET MVC 程序的基本运作流程；

（2）使用 ASP.NET MVC 创建基本应用程序；

由于 ASP.NET MVC 框架涉及的知识很多，本项目只对 ASP.NET MVC 中的部分知识进行了简单的介绍，希望能够起到抛砖引玉的作用，提高大家对 ASP.NET MVC 框架的兴趣，进一步深入地学习 ASP.NET MVC 框架。

参 考 文 献

［1］明日科技．ASP.NET从入门到精通（第3版）［M］．北京：清华大学出版社，2012.
［2］李萍．ASP.NET（C#）动态网站开发案例教程（第2版）［M］．北京：机械工业出版社，2016.
［3］赛奎春，顾彦玲．ASP.NET项目开发全程实录（第3版）［M］．北京：清华大学出版社，2013.